国家级实验教学示范中心联席会计算机学科规划教材

教育部高等学校计算机类专业教学指导委员会推荐教材

面向"工程教育认证"计算机系列课程规划教材

数字逻辑（第2版）

◎ 卫朝霞 编著

U0230101

清华大学出版社

北京

内 容 简 介

本书在介绍数字逻辑基础知识的基础上,系统阐述了数字系统中组合逻辑电路与时序逻辑电路的分析及设计方法,同时介绍可编程技术在数字系统设计中的应用,使学生从对数字系统的了解开始,直到能使用数字集成电路实现工程所需的逻辑设计,为今后从事系统软硬件研制、开发和应用打下扎实的基础。全书共分7章,内容包括数字逻辑概述、布尔代数和逻辑化简、组合逻辑电路、触发器、时序逻辑电路、逻辑门电路、半导体存储器与可编程器件。

本书注重系统性、普及性和实用性的完美结合,既继承传统教材的优点,又结合当今数字逻辑的新特点及实际工程应用背景,介绍先进的逻辑器件及分析设计方法,力求达到概念清晰、深浅适中,体现相关领域的最新发展和思想。

本书可作为高等院校计算机科学与技术、电子工程、自动控制等专业的教材,也可供社会读者参考。

图书在版编目(CIP)数据

数字逻辑/卫朝霞编著. —2 版. —北京:清华大学出版社,2020.1(2024.9 重印)
(面向"工程教育认证"计算机系列课程规划教材)
ISBN 978-7-302-50675-1

Ⅰ. ①数… Ⅱ. ①卫… Ⅲ. ①数字逻辑-高等学校-教材 Ⅳ. ①TP302.2

中国版本图书馆 CIP 数据核字(2018)第 161197 号

责任编辑:付弘宇 常建丽
封面设计:刘 键
责任校对:焦丽丽
责任印制:刘海龙

出版发行:清华大学出版社
      网   址:https://www.tup.com.cn,https://www.wqxuetang.com
      地   址:北京清华大学学研大厦 A 座   **邮   编:**100084
      社 总 机:010-83470000   **邮   购:**010-62786544
      投稿与读者服务:010-62776969,c-service@tup.tsinghua.edu.cn
      质量反馈:010-62772015,zhiliang@tup.tsinghua.edu.cn
      课件下载:https://www.tup.com.cn,010-83470236
印 装 者:三河市龙大印装有限公司
经   销:全国新华书店
开   本:185mm×260mm   **印   张:**15.25   **字   数:**367 千字
版   次:2011 年 4 月第 1 版 2020 年 1 月第 2 版   **印   次:**2024 年 9 月第 10 次印刷
印   数:15501～17500
定   价:49.00 元

产品编号:069342-02

前　言

　　"数字逻辑"课程是计算机科学与技术(类)专业学生必修的一门重要专业基础课,在专业课程体系中起承上启下的作用,是学习"计算机组成原理""微机原理与接口技术""单片机原理与应用"等后继课程的基础。同时,"数字逻辑"课程又是一门实践性和应用性都很强的课程。随着计算机技术的迅速发展以及数字技术的广泛应用,新技术、新器件涌现的速度加快,使得该课程具有知识更新快、应用范围广、逻辑性强的特点。

　　本书在讲清数字逻辑电路的基本概念、理论方法的基础上,对一些已经很成熟的新技术和新器件有选择地介绍,增加了可编程逻辑器件和数字系统的内容,突出了 VHDL 在数字系统设计中的实际应用,从而加强了本书的针对性和实用性。

　　本书是编者在从事多年的教学和科研实践基础上编写而成的,内容全面、取材新颖、题例丰富,注重实践教学和能力培养,有利于教师授课和学生学习。读者对象主要是学习计算机及电子类课程的大学本科生。教师可以根据不同的课程安排和教学要求,合理分配本书各部分内容的课时比例,总教学学时为 64~72 学时。全书共 7 章。

　　第 1 章:数字逻辑概述,主要介绍数字系统中常用的数制及转换、带符号数的表示和编码。

　　第 2 章:布尔代数和逻辑化简,介绍逻辑代数、逻辑函数及其化简。

　　第 3 章:组合逻辑电路,主要介绍组合逻辑电路的分析和设计方法以及典型的中规模集成电路设计实例。

　　第 4 章:触发器,介绍常用触发器的组成、原理、外特性及其应用。

　　第 5 章:时序逻辑电路,主要介绍时序逻辑电路的分析和设计方法,还介绍了一些常用的中规模时序逻辑电路的集成器件。

　　第 6 章:逻辑门电路,介绍半导体基础知识和典型的 TTL 门电路及 CMOS 门电路的结构与原理。

　　第 7 章:半导体存储器与可编程器件。可编程器件是集成电路的重要分支,本章在存储器知识的基础上,介绍了目前常用的可编程器件的特点、原理和应用,并介绍了几种硬件描述语言及应用实例。

　　尽管编者教授该课程多年并努力编写好本书,但由于学识有限,书中难免存在不妥之处,敬请读者和同行批评指正。

编　者

2019 年 6 月

目 录

第 1 章 数字逻辑概述 ………………………………………………………… 1

1.1 基本概念 …………………………………………………………………… 1

　　1.1.1 数字量与模拟量 ………………………………………………… 1

　　1.1.2 逻辑电平与数字波形 …………………………………………… 2

　　1.1.3 时钟和时序图 …………………………………………………… 3

　　1.1.4 数字电路的应用和分类 ………………………………………… 4

1.2 数制与转换 ……………………………………………………………… 5

　　1.2.1 十进制数 ………………………………………………………… 5

　　1.2.2 二进制数 ………………………………………………………… 6

　　1.2.3 八进制数 ………………………………………………………… 7

　　1.2.4 十六进制数 ……………………………………………………… 7

　　1.2.5 数制间的转换 …………………………………………………… 7

1.3 带符号数 ………………………………………………………………… 10

　　1.3.1 原码 ……………………………………………………………… 10

　　1.3.2 反码 ……………………………………………………………… 11

　　1.3.3 补码 ……………………………………………………………… 12

　　1.3.4 浮点数 …………………………………………………………… 13

1.4 编码 ……………………………………………………………………… 14

　　1.4.1 二-十进制编码 ………………………………………………… 15

　　1.4.2 可靠性编码 ……………………………………………………… 16

　　1.4.3 字符编码 ………………………………………………………… 18

1.5 本章小结 ………………………………………………………………… 19

1.6 习题和自测题 …………………………………………………………… 20

第 2 章 布尔代数和逻辑化简 ……………………………………………… 23

2.1 逻辑函数 ………………………………………………………………… 23

　　2.1.1 基本概念 ………………………………………………………… 23

　　2.1.2 逻辑运算 ………………………………………………………… 24

2.2　逻辑代数的基本公式、定律和规则 ·· 26

　　2.2.1　公式和定律 ·· 26

　　2.2.2　基本规则 ·· 27

2.3　逻辑函数的表示法 ·· 28

　　2.3.1　真值表 ··· 28

　　2.3.2　逻辑表达式 ·· 29

　　2.3.3　卡诺图 ··· 29

　　2.3.4　波形图 ··· 29

　　2.3.5　逻辑电路图 ·· 29

2.4　逻辑表达式的形式 ·· 30

　　2.4.1　一般式 ··· 30

　　2.4.2　最小项和最大项 ·· 30

　　2.4.3　标准式 ··· 32

　　2.4.4　最简式 ··· 33

2.5　逻辑函数的化简 ··· 34

　　2.5.1　公式化简法 ·· 34

　　2.5.2　卡诺图化简法 ··· 36

　　2.5.3　化简中两个实际问题的考虑 ·· 41

2.6　本章小结 ··· 42

2.7　习题和自测题 ··· 42

第 3 章　组合逻辑电路 ·· 47

3.1　逻辑门电路符号和外部特性 ··· 47

　　3.1.1　基本逻辑门电路符号 ··· 47

　　3.1.2　复合逻辑门电路符号 ··· 48

　　3.1.3　逻辑门电路的外部特性 ·· 49

3.2　组合逻辑电路的分析 ··· 50

　　3.2.1　组合逻辑电路的分析步骤 ··· 50

　　3.2.2　组合逻辑电路的分析实例 ··· 51

3.3　组合逻辑电路的设计 ··· 53

　　3.3.1　组合逻辑电路的设计步骤 ··· 53

　　3.3.2　组合逻辑电路的设计实例 ··· 53

3.4　中规模通用集成电路的逻辑设计 ··· 55

　　3.4.1　加法器 ··· 55

　　3.4.2　数值比较器 ·· 59

　　3.4.3　编码器和译码器 ·· 61

　　3.4.4　数据选择器和数据分配器 ··· 71

　　3.4.5　综合应用实例 ··· 74

3.5　组合逻辑电路的险象 ··· 77

3.5.1 险象的产生 ‥‥‥‥‥‥‥‥‥‥‥‥‥‥‥‥‥ 77

3.5.2 险象的分类 ‥‥‥‥‥‥‥‥‥‥‥‥‥‥‥‥‥ 78

3.5.3 险象的判断 ‥‥‥‥‥‥‥‥‥‥‥‥‥‥‥‥‥ 78

3.5.4 险象的消除 ‥‥‥‥‥‥‥‥‥‥‥‥‥‥‥‥‥ 79

3.6 本章小结 ‥‥‥‥‥‥‥‥‥‥‥‥‥‥‥‥‥‥‥‥‥ 80

3.7 习题和自测题 ‥‥‥‥‥‥‥‥‥‥‥‥‥‥‥‥‥‥‥ 80

第4章 触发器 ‥‥‥‥‥‥‥‥‥‥‥‥‥‥‥‥‥‥‥‥‥‥‥ 86

4.1 触发器概述 ‥‥‥‥‥‥‥‥‥‥‥‥‥‥‥‥‥‥‥‥ 86

4.1.1 触发器的性质 ‥‥‥‥‥‥‥‥‥‥‥‥‥‥‥ 86

4.1.2 触发器的分类 ‥‥‥‥‥‥‥‥‥‥‥‥‥‥‥ 86

4.1.3 现态与次态 ‥‥‥‥‥‥‥‥‥‥‥‥‥‥‥‥‥ 87

4.2 基本 RS 触发器 ‥‥‥‥‥‥‥‥‥‥‥‥‥‥‥‥‥‥ 87

4.2.1 与非门构成的基本 RS 触发器 ‥‥‥‥‥‥‥ 87

4.2.2 或非门构成的基本 RS 触发器 ‥‥‥‥‥‥‥ 89

4.3 钟控触发器 ‥‥‥‥‥‥‥‥‥‥‥‥‥‥‥‥‥‥‥‥ 89

4.3.1 钟控 RS 触发器 ‥‥‥‥‥‥‥‥‥‥‥‥‥‥ 90

4.3.2 钟控 D 触发器 ‥‥‥‥‥‥‥‥‥‥‥‥‥‥‥ 91

4.4 主从触发器 ‥‥‥‥‥‥‥‥‥‥‥‥‥‥‥‥‥‥‥‥ 92

4.4.1 主从 RS 触发器 ‥‥‥‥‥‥‥‥‥‥‥‥‥‥ 92

4.4.2 主从 JK 触发器 ‥‥‥‥‥‥‥‥‥‥‥‥‥‥ 94

4.5 边沿触发器 ‥‥‥‥‥‥‥‥‥‥‥‥‥‥‥‥‥‥‥‥ 96

4.5.1 边沿 D 触发器 ‥‥‥‥‥‥‥‥‥‥‥‥‥‥‥ 96

4.5.2 边沿 JK 触发器 ‥‥‥‥‥‥‥‥‥‥‥‥‥‥ 96

4.6 集成触发器 ‥‥‥‥‥‥‥‥‥‥‥‥‥‥‥‥‥‥‥‥ 97

4.6.1 集成边沿 D 触发器 ‥‥‥‥‥‥‥‥‥‥‥‥ 98

4.6.2 集成边沿 JK 触发器 ‥‥‥‥‥‥‥‥‥‥‥‥ 98

4.7 T 触发器及 T′触发器 ‥‥‥‥‥‥‥‥‥‥‥‥‥‥‥ 99

4.7.1 T 触发器 ‥‥‥‥‥‥‥‥‥‥‥‥‥‥‥‥‥‥ 99

4.7.2 T′触发器 ‥‥‥‥‥‥‥‥‥‥‥‥‥‥‥‥‥‥ 99

4.8 触发器之间的转换 ‥‥‥‥‥‥‥‥‥‥‥‥‥‥‥‥‥ 100

4.9 本章小结 ‥‥‥‥‥‥‥‥‥‥‥‥‥‥‥‥‥‥‥‥‥ 102

4.10 习题和自测题 ‥‥‥‥‥‥‥‥‥‥‥‥‥‥‥‥‥‥ 102

第5章 时序逻辑电路 ‥‥‥‥‥‥‥‥‥‥‥‥‥‥‥‥‥‥‥ 109

5.1 时序逻辑电路的结构模型与分类 ‥‥‥‥‥‥‥‥‥‥ 109

5.1.1 时序逻辑电路的结构模型 ‥‥‥‥‥‥‥‥‥ 109

5.1.2 时序逻辑电路的分类 ‥‥‥‥‥‥‥‥‥‥‥ 110

5.2 时序逻辑电路的分析 ‥‥‥‥‥‥‥‥‥‥‥‥‥‥‥ 110

5.2.1　同步时序逻辑电路的分析 ·· 111

5.2.2　异步时序逻辑电路的分析 ·· 116

5.3　时序逻辑电路的设计 ·· 120

5.3.1　同步时序逻辑电路的设计 ·· 120

5.3.2　异步时序逻辑电路的设计 ·· 129

5.4　寄存器 ·· 136

5.4.1　基本寄存器 ··· 136

5.4.2　移位寄存器 ··· 136

5.4.3　寄存器的应用 ·· 138

5.5　计数器 ·· 139

5.5.1　同步计数器 ··· 140

5.5.2　异步计数器 ··· 143

5.5.3　计数器的应用 ·· 144

5.6　本章小结 ··· 145

5.7　习题和自测题 ··· 145

第 6 章　逻辑门电路 ··· 152

6.1　半导体基础 ·· 152

6.1.1　半导体二极管 ·· 153

6.1.2　半导体三极管 ·· 154

6.1.3　场效应管 ·· 155

6.1.4　开关特性 ·· 155

6.2　TTL 门电路 ·· 156

6.2.1　TTL 与非门 ·· 156

6.2.2　集电极开路输出门 ·· 157

6.2.3　三态输出门 ··· 157

6.2.4　TTL 门电路使用注意事项 ·· 158

6.3　CMOS 门电路 ··· 159

6.3.1　常见的 CMOS 门电路 ·· 159

6.3.2　CMOS 门电路使用注意事项 ··· 161

6.4　本章小结 ··· 162

6.5　习题和自测题 ··· 162

第 7 章　半导体存储器与可编程器件 ·· 166

7.1　半导体存储器 ··· 166

7.1.1　只读存储器 ··· 167

7.1.2　随机存取存储器 ·· 172

7.2　可编程器件 ·· 174

7.2.1　概述 ·· 174

7.2.2 可编程阵列逻辑 ┈┈┈┈┈┈┈┈┈┈┈┈┈┈┈┈ 176

7.2.3 通用阵列逻辑 ┈┈┈┈┈┈┈┈┈┈┈┈┈┈┈┈┈ 176

7.2.4 CPLD 和 FPGA ┈┈┈┈┈┈┈┈┈┈┈┈┈┈┈┈ 180

7.2.5 ISP 技术 ┈┈┈┈┈┈┈┈┈┈┈┈┈┈┈┈┈┈┈ 183

7.3 硬件描述语言 ┈┈┈┈┈┈┈┈┈┈┈┈┈┈┈┈┈┈┈┈ 183

7.3.1 概述 ┈┈┈┈┈┈┈┈┈┈┈┈┈┈┈┈┈┈┈┈┈ 183

7.3.2 VHDL/Verilog HDL 的开发流程 ┈┈┈┈┈┈┈ 184

7.3.3 VHDL 开发实例 ┈┈┈┈┈┈┈┈┈┈┈┈┈┈┈┈ 185

7.4 本章小结 ┈┈┈┈┈┈┈┈┈┈┈┈┈┈┈┈┈┈┈┈┈┈ 187

7.5 习题和自测题 ┈┈┈┈┈┈┈┈┈┈┈┈┈┈┈┈┈┈┈┈ 188

附录 A 常用逻辑门国标符号与非国标符号对照表 ┈┈┈┈┈┈┈┈ 192

附录 B 常用 TTL 型中小规模集成电路芯片型号索引 ┈┈┈┈┈┈ 194

附录 C 常用 MOS 型中小规模集成电路芯片型号索引 ┈┈┈┈┈ 200

附录 D 习题和自测题答案 ┈┈┈┈┈┈┈┈┈┈┈┈┈┈┈┈┈┈ 201

参考文献 ┈┈┈┈┈┈┈┈┈┈┈┈┈┈┈┈┈┈┈┈┈┈┈┈┈┈┈ 231

第 1 章

数字逻辑概述

在我们周围存在声、光、电、磁、力等各种形式的信号,目前对电信号的处理最方便,技术上也最成熟。工程上将载有信息的电信号(简称信号)分为模拟量信号和数字量信号两类,处理这两种信号的电路分别称为模拟电路和数字电路。

1.1 基 本 概 念

1.1.1 数字量与模拟量

模拟量具有连续的数值,它在时间上和幅度上都是连续变化的。自然界中大多数可以被测量的事物都以模拟量的形式出现,如温度、电场、速度等通过传感器变成电信号以及模拟语音的音频信号等。数字量具有离散的数值,它在时间上和幅度上都不连续,如数字式电子仪表、自动生产线上零件数量的统计、计算机内部处理的信号等。模拟信号与数字信号的对比如图 1-1 所示。

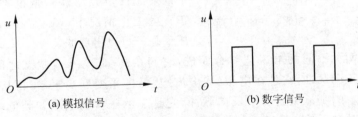

(a) 模拟信号   (b) 数字信号

图 1-1 模拟信号与数字信号的对比

在电学应用方面,数字量比模拟量具有一定的优势。目前,数字系统中的离散信号通常用电压和电流表示,它们一般由晶体管构成的电路产生,只有两个离散值(图 1-1(b)),因而也被称为二进制。一个二进制数又称为一个比特(bit),它有两个数值:1 和 0,在数字电路中可用高、低电平表示。数字电路在电路结构、工作状态、研究内容等方面都具有自己的一些特点,主要表现在以下几个方面。

(1) 数字电路研究的问题是逻辑关系,即输入信号与输出信号之间的因果关系,所以数字电路也称为数字逻辑电路,采用逻辑代数、真值表、卡诺图、特性方程、状态转换图、时序图和波形图等对其进行分析与研究。

(2) 研究数字电路逻辑关系的主要工具是布尔代数(也称逻辑代数)。逻辑函数为二值函数,概括了二值函数的表示方式、运算规律及变换规律。由于数字电路中的变量只有两个相对的状态,所以在逻辑代数中变量可用"0"和"1"表示完全对立的逻辑状态,并无数值大小关系，如开关有闭合和断开两种状态，可以用"1"表示闭合，用"0"表示断开。

（3）由于数字电路的输入和输出变量都只有两种状态，因此组成数字电路的半导体器件一般都工作于开关状态，即饱和状态和截止状态。当它们导通时相当于开关闭合，当它们截止时相当于开关断开。

（4）数字电路具有一定的逻辑运算能力，不仅可以对信号进行算术运算，而且还能进行逻辑判断。

（5）数字电路具有体积小、重量轻、可靠性高、抗干扰能力强、集成化程度高、价格低廉等优点，广泛应用于国民经济的各个领域。

1.1.2　逻辑电平与数字波形

数字信号是离散的，其大小常用有限位的二进制表示。二进制有两个基本数值 1 和 0。用来表示 1 和 0 的电压称为逻辑电平。理想情况下，一个电平为高电压，另一个电平为低电压。在实际的数字电路中，这个高电压和低电压分别对应某个指定的电压范围，而非一个特定值。指定的高电压范围和低电压范围之间是不能有重叠部分的。

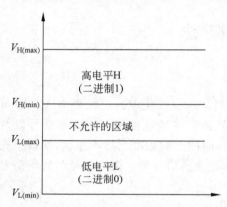

图 1-2　数字电路中高电平和低电平的通用范围

图 1-2 给出了数字电路中高电平和低电平的通用范围。$V_{H(max)}$ 表示高电平的最大值，$V_{H(min)}$ 表示高电平的最小值。$V_{L(max)}$ 表示低电平的最大值，$V_{L(min)}$ 表示低电平的最小值。在正常的工作情况下，$V_{H(min)}$ 和 $V_{L(max)}$ 之间的电压值是不可以出现的。

数字波形由两种不同的电平值组合而成，它们在高、低电平或状态之间不断地变换。图 1-3(a) 是一个正向脉冲，它是在电压（或电流）从低电平变到高电平，再从高电平变回到低电平时产生的。图 1-3(b) 是一个反向脉冲，它是在电压从高电平变到低电平，再从低电平变回到高电平时产生的。脉冲有两个边沿：在 t_0 时刻出现的为前沿，在 t_1 时刻出现的为后沿。数字波形由这一系列脉冲组成。

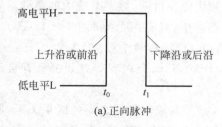
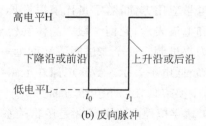

(a) 正向脉冲　　　　　　　　　　　　　(b) 反向脉冲

图 1-3　理想脉冲

在数字系统里遇到的大多数波形都是由一系列的脉冲组成的，有时称为脉冲序列，它们可以分为周期数字波形和非周期数字波形。周期波形就是在一个固定的时间间隔里不断重复自身，这个时间间隔称为周期 T。频率 f 是重复的速率，测量单位为赫兹（Hz），频率 f 是

周期 T 的倒数。非周期波形不会在一个固定的时间间隔里重复,它可能由脉冲宽度 t_w 不确定的脉冲组成,也可能由时间间隔不确定的脉冲组成,如图 1-4 所示。

周期波形的一个重要特性是它的占空比。占空比是脉冲宽度 t_w 和周期 T 的比值,可以用百分比表示。

$$占空比 = \left(\frac{t_w}{T}\right) \times 100\%$$

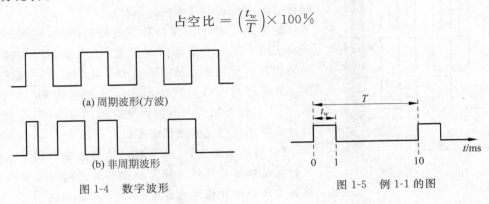

(a) 周期波形(方波)

(b) 非周期波形

图 1-4 数字波形

图 1-5 例 1-1 的图

【例 1-1】 图 1-5 为一个周期数字波形的一部分,单位为毫秒(ms),试计算:周期、频率、占空比。

解:(a)周期是从一个脉冲沿到下一个对应的脉冲沿的时间。这里的 T 是上升沿到下一个上升沿的时间,即周期,所以周期 $T = 10\text{ms}$。

(b)频率 $f = \dfrac{1}{T} = \dfrac{1}{10\text{ms}} = 100\text{Hz}$

(c)占空比 $= \left(\dfrac{t_w}{T}\right) \times 100\% = \left(\dfrac{1\text{ms}}{10\text{ms}}\right) \times 100\% = 10\%$

1.1.3 时钟和时序图

数字系统处理的二进制信息以波形的形式出现,它表示顺序序列的二进制位。当波形为高电平时,表示二进制 1;当波形为低电平时,表示二进制 0。每个位在一个波形序列里占的固定时间间隔叫作位时间。

时钟 在数字系统中,所有的波形都与一个基本时序波形同步,通常称为时钟(clock)。时钟是周期波,每个脉冲之间的间隔(周期)等于一个位时间。图 1-6 为一个时钟波形的例子。

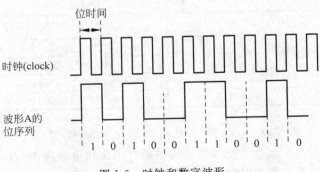

位时间

时钟(clock)

波形A的位序列

1 1 0 1 0 0 1 1 0 1 0

图 1-6 时钟和数字波形

在图 1-6 这种情况下,波形 A 的电平变化都发生在时钟波形的前沿。在其他情况下,电平的变化可以发生在时钟的后沿。在每个位时间内,波形 A 可为高电平,也可为低电平。这些高低电平组成了如图 1-6 所示的位序列。若干位组成一组就可以作为一个二进制信息使用,如表示数字或字母。数字波形携带二进制信息,而时钟波形本身并不携带任何信息。

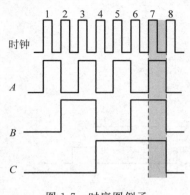

图 1-7　时序图例子

时序图　时序图就是数字波形的图形,它表示两个或两个以上波形的实际时间关系,还表示波形和波形之间的相互变化关系。图 1-7 给出了 3 个波形组成的时序图。从时序图可以确定波形之间的相互关系。例如,波形 A、B、C 仅在第 7 个时钟周期时同为高电平,在第 7 个时钟周期结束时又变回低电平。

【计算机小知识】　计算机的运行速度取决于系统使用的微处理器的类型。计算机运行速度的定义就是微处理器工作的时钟频率的最大值,如 3.5GHz。

1.1.4　数字电路的应用和分类

近年来,数字电子技术飞速发展,使工业、农业、科研、医疗以及人们的日常生活发生了根本性的变化。随着大规模、超大规模集成电路工艺的成熟,新型电子器件层出不穷,且成本日益降低,许多使用传统模拟技术的领域转而使用数字技术,这使得数字系统与模拟系统的竞争越来越激烈,如在电视技术、雷达技术、通信技术、航空航天技术、现代高科技电子产品等方面的应用。

与模拟电路一样,数字电路的发展经历了电子管、半导体分立元件电路、集成电路等几个时代,但其发展速度比模拟电路更快。从 20 世纪 60 年代开始,数字集成器件以双极型工艺制成了小规模逻辑器件,随后发展到中规模逻辑器件,直至微处理器的出现,使数字集成电路的性能发生了质的飞跃。按照结构的不同,可以将数字电路分为分立元件电路和集成电路。分立元件电路是指用导线将元器件连接起来的电路;集成电路是指采用半导体工艺将元器件、导线等集成制作在同一块硅片上构成的电路。按照集成度的大小,即组成集成电路的逻辑门或元器件的数量,可将数字电路分为小规模、中规模、大规模、超大规模集成电路,具体见表 1-1。

表 1-1　数字集成电路分类

类　　型	英文缩写	属　　性
小规模集成电路	SSI	1~10 门/片或 10~100 元件/片
中规模集成电路	MSI	10~100 门/片或 100~1000 元件/片
大规模集成电路	LSI	100~1000 门/片或 1000~100 000 元件/片
超大规模集成电路	VLSI	1000 门以上/片或 100 000 元件以上/片

按照所用半导体器件的不同,数字电路可以分为双极型(TTL 型)电路和单极型(CMOS 型)电路两种。以双极型晶体管为基本器件的集成电路称为双极型集成电路;以单极型晶体管为基本器件的集成电路称为单极型集成电路。逻辑门是数字电路中一种重要的

逻辑单元电路,TTL 逻辑门电路问世较早,其工艺不断改进,至今仍为主要的基本逻辑器件之一。但随着 CMOS 工艺的发展,TTL 的主导地位动摇,有被 CMOS 器件取代的趋势。

按照工作原理的不同,数字电路又可分为组合逻辑电路和时序逻辑电路。

此外,可编程逻辑器件(PLD),特别是现场可编程门阵列 FPGA,不仅规模大,而且将硬件与软件相结合,使器件的功能更加完善,使用更加灵活。可编程器件的飞速发展,使数字电子技术开创了新局面。后面章节将详细介绍数字逻辑电路。

1.2 数制与转换

数制也称为计数体制,是一种用一组固定的符号和统一的规则表示数值大小的计数方法。在日常生活中,人们习惯使用十进制数,实际上,人们在生产、生活中使用的计数法远不止十进制,如 24 小时为一天,采用的是二十四进制;7 天为一个星期,采用的是七进制;12 个月为一年,采用的是十二进制等。在数字电路中最常用的是二进制数。本节首先从十进制数开始分析,再引出其他不同的进位计数制。

1.2.1 十进制数

十进制计数制是人们最熟悉的计数体制,如十进制数 555.5,实质上可以表示为

$$555.5 = 5 \times 10^2 + 5 \times 10^1 + 5 \times 10^0 + 5 \times 10^{-1} \tag{1-1}$$

该数整数部分百位上的 5 代表 500,十位上的 5 代表 50,个位上的 5 代表 5;小数部分十分位上的 5 代表 0.5。可以看出,位于不同位置的数字符号具有不同的含义,所以该进位制包含一组数码和两个特征。

- 一组数码:用来表示某种进制的符号,如 0,1,2,3,…。
- 基数:数制所用的数码个数,如十进制有 10 个计数符号,所以十进制的基数是 10,十进制加法运算时"逢十进一",减法运算时"退一当十"。若用 R 表示,则称为 R 进制,规律为:做加法时"逢 R 进一",做减法时"退一当 R"。
- 位权:表示不同位置上的权值。某个数位的数值由该位数码的值乘以该位置的固定常数构成,这个固定的常数被称为"位权",简称"权"。如十进制数,整数部分各个位置上的权值(从小数点往左)依次是:$10^0,10^1,10^2,10^3,…$,小数部分各个位置上的权值(从小数点往右)依次是:$10^{-1},10^{-2},10^{-3},…$。

我们将式(1-1)中等号左侧的形式称为十进制的位置计数法,也称为并列表示法;式(1-1)中等号右侧的形式称为十进制数的多项式表示法,也称为按权展开式。

一般来说,任何一个十进制数 N 都可以表示为

$$\begin{aligned}(N)_{10} &= (K_{n-1}K_{n-2}\cdots K_1K_0 \cdot K_{-1}K_{-2}\cdots K_{-m})_{10}\\ &= K_{n-1}(10)^{n-1} + K_{n-2}(10)^{n-2} + \cdots + K_1(10)^1 + K_0(10)^0 +\\ &\quad K_{-1}(10)^{-1} + K_{-2}(10)^{-2} + \cdots + K_{-m}(10)^{-m}\\ &= \sum_{i=-m}^{n-1} K_i \cdot 10^i\end{aligned}$$

其中,括号外下标为十进制的基数 10,n 代表整数位数,m 代表小数位数,K_i 代表 0,1,2,…,9 这 10 个数字符号中的任何一个,记作 $0 \leqslant K_i \leqslant 9$。

由以上分析可知,十进制计数法具有以下特点:

(1) 必须有 10 个有序数字符号:0,1,2,3,4,5,6,7,8,9 和一个小数点符号".."。

(2) 遵循做加法运算时"逢十进一",做减法运算时"退一当十"的计数规则。

(3) 任何一个十进制数都可以表示成以 10 为底的幂的多项式。

数字设备中使用的计数制不止是十进制一种,将十进制进行推广,可得到基数为 R 的进位计数制的特点。

(1) 必须有 R 个有序数字符号:0,1,2,…,$R-1$ 和一个小数点符号".."。

(2) 遵循做加法运算时"逢 R 进一",做减法运算时"退一当 R"的计数规则。

(3) 任何一个 R 进制数 N 都可以表示为

$$
\begin{aligned}
(N)_R &= (K_{n-1}K_{n-2}\cdots K_1K_0 \cdot K_{-1}K_{-2}\cdots K_{-m})_R \\
&= K_{n-1}(R)^{n-1} + K_{n-2}(R)^{n-2} + \cdots + K_1(R)^1 + K_0(R)^0 + \\
&\quad K_{-1}(R)^{-1} + K_{-2}(R)^{-2} + \cdots + K_{-m}(R)^{-m} \\
&= \sum_{i=-m}^{n-1} K_i \cdot R^i
\end{aligned}
$$

其中,括号外下标为 R 进制的基数 R,n 代表整数位数,m 代表小数位数,K_i 代表 R 个数字符号中的任何一个,记作 $0 \leqslant K_i \leqslant R-1$。

1.2.2 二进制数

与十进制类似,二进制的数码符号有 0 和 1 两个,基数为 2,运算规则为"逢二进一",权为 2^n。任意一个二进制数 N 都可以表示为

$$
(N)_2 = (K_{n-1}K_{n-2}\cdots K_1K_0 \cdot K_{-1}K_{-2}\cdots K_{-m})_2 = \sum_{i=-m}^{n-1} K_i \cdot 2^i
$$

其中,n 代表整数位数,m 代表小数位数,K_i 为 0 或 1。

例如,二进制数 1101.01 代表的数为

$$
(1101.01)_2 = 1 \times 2^3 + 1 \times 2^2 + 0 \times 2^1 + 1 \times 2^0 + 0 \times 2^{-1} + 1 \times 2^{-2} = 13.25
$$

在数字系统和计算机中普遍采用的是二进制数。与十进制数相比,二进制数具有以下优点。

(1) 因为二进制数只有 0 和 1 两个数字符号,所以容易用电路元件的两个不同状态表示,如电平的高、低,灯泡的亮、灭,二极管的通、断等。表示时,将其中一个状态设定为"0",另一个状态设定为"1"。这种表示简单可靠、所用元器件少,且存储与传输二进制数也很方便。

(2) 运算规则简单,电路容易实现、控制。二进制数相应的算术运算规则见表 1-2。

表 1-2　二进制数相应的算术运算规则

加法运算	$0+0=0$	$0+1=1$	$1+0=1$	$1+1=10$	$11+11=110$
减法运算	$0-0=0$	$1-1=0$	$1-0=1$	$10-1=1$	$11-10=01$
乘法运算	$0\times0=0$	$0\times1=0$	$1\times0=0$	$1\times1=1$	$11\times11=1001$
除法运算	遵循十进制除法规则,如 $110\div11=10,110\div10=11$				

但是,我们对二进制数不熟悉,使用起来不习惯,而且二进制表示同一个数所用的位数比十进制数多,所以,计算机在运算时通常先将十进制数据转换成计算机能接受的二进制数

据,运算后再转换为十进制数输出结果。此外,为便于记忆、书写或打印,可采用八进制数和十六进制数。

1.2.3　八进制数

八进制具有 8 个不同的数字符号 0,1,2,3,4,5,6,7,基数为 8,运算规则为"逢八进一",权为 8^n。任何一个八进制数 N 都可以表示为

$$(N)_8 = (K_{n-1}K_{n-2}\cdots K_1K_0 \cdot K_{-1}K_{-2}\cdots K_{-m})_8 = \sum_{i=-m}^{n-1} K_i \cdot 8^i$$

其中,n 代表整数位数,m 代表小数位数,K_i 代表 8 个数字符号中的任何一个,记作 $0 \leqslant K_i \leqslant 7$。

例如,八进制数 72.1 代表的数为

$$(72.1)_8 = 7 \times 8^1 + 2 \times 8^0 + 1 \times 8^{-1} = 58.125$$

1.2.4　十六进制数

十六进制具有 16 个不同的数字符号:0,1,2,3,4,5,6,7,8,9,A,B,C,D,E,F,基数为 16,运算规则为"逢十六进一",权为 16^n。任何一个十六进制数 N 都可以表示为

$$(N)_{16} = (K_{n-1}K_{n-2}\cdots K_1K_0 \cdot K_{-1}K_{-2}\cdots K_{-m})_{16} = \sum_{i=-m}^{n-1} K_i \cdot 16^i$$

其中,括号外下标为十六进制的基数 16,n 代表整数位数,m 代表小数位数,K_i 代表 16 个数字符号中的任何一个,记作 $0 \leqslant K_i \leqslant F$。

例如,十六进制数 2A.1 代表的数为

$$(2A.1)_{16} = 2 \times 16^1 + A \times 16^0 + 1 \times 16^{-1} = 42.0625$$

一般地,用 $()_R$ 表示不同进制的数,如二进制用 $()_2$ 表示,十进制用 $()_{10}$ 表示等。此外,也可以用特定的字母表示对应的进制,如用 B 表示二进制,用 D 表示十进制,用 O 表示八进制,用 H 表示十六进制,其中 D 可省略不写。例如,1101.01B,72.1O,2A.1H。

【计算机小知识】　对于千兆字节的计算机存储器,以二进制指定存储地址是十分烦琐的。例如,在一个 4GB 的存储器中指定一个地址就需要 32 个数位,而使用 8 个十六进制数位表示 32 位编码就方便多了。

1.2.5　数制间的转换

1. R 进制数转换为十进制数

按权展开法:将任意一个 R 进制数转换成十进制数时,求出每位数字与其位权的乘积之和,即可得到相应的十进制数。

$$(K_{n-1}K_{n-2}\cdots K_1K_0 \cdot K_{-1}K_{-2}\cdots K_{-m})_R$$
$$= K_{n-1}(R)^{n-1} + K_{n-2}(R)^{n-2} + \cdots + K_1(R)^1 + K_0(R)^0$$
$$= K_{-1}(R)^{-1} + K_{-2}(R)^{-2} + \cdots + K_{-m}(R)^{-m}$$

【例 1-2】　写出 $(11101.1)_2$、$(152.7)_8$、$(A12.1)_{16}$ 对应的十进制数。

解:

$$(11101.1)_2 = 1 \times 2^4 + 1 \times 2^3 + 1 \times 2^2 + 0 \times 2^1 + 1 \times 2^0 + 1 \times 2^{-1} = 29.5$$
$$(152.7)_8 = 1 \times 8^2 + 5 \times 8^1 + 2 \times 8^0 + 7 \times 8^{-1} = 106.875$$

$$(A12.1)_{16} = A \times 16^2 + 1 \times 16^1 + 2 \times 16^0 + 1 \times 16^{-1} = 2578.0625$$

2. 十进制数转换为 R 进制数

1) 整数部分

除基取余——用十进制整数除以基数 R 取余数,直到商为 0,得到的余数从后向前排列,就可得到 R 进制数整数部分各位的数码。

2) 小数部分

乘基取整——用十进制小数乘以基数 R 取整数,直到小数部分为 0 或满足精度要求为止,得到的整数从前向后排列,就可得到 R 进制数小数部分各位的数码。

对于既有整数,又有小数的十进制数,可以先将整数和小数分别进行转换,然后再合并,得到所要的结果。下面以十进制向二进制转换为例说明转换过程。

【例 1-3】 将 $(29.25)_{10}$ 转换成二进制数。

解:整数部分转换方法:除 2 取余,将 29 反复除以 2,直到商为 0 为止,然后从后向前写出所得余数,即整数 29 对应的二进制。演算过程如图 1-8(a)所示。

小数部分转换方法:乘 2 取整,将 0.25 连续乘以 2,选取进位整数,直到乘积小数为 0 或满足精度为止,然后从前向后写出选取的整数,即小数 0.25 对应的二进制。演算过程如图 1-8(b)所示。

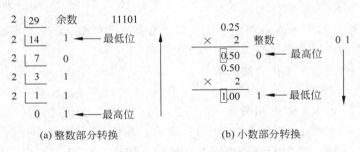

(a) 整数部分转换　　　　　　(b) 小数部分转换

图 1-8　十进制数转换为二进制数演算过程

由以上过程可得,$(29.25)_{10} = (11101.01)_2$。

注意:若十进制小数不能用有限位二进制小数精确表示,则应根据精度要求进行舍入处理。例如,要求二进制数为 m 位小数时,可求出 $m+1$ 位,然后对最后一位小数进行 0 舍 1 入处理。

同理,可采用"除 8 取余,乘 8 取整"的方法将十进制数转换为八进制数;用"除 16 取余,乘 16 取整"的方法将十进制数转换为十六进制数。

3. 二进制数和八进制数之间的转换

由于二进制和八进制间存在 $2^3 = 8^1$ 的特殊关系,所以 1 位八进制数和 3 位二进制数对应。

1) 二进制数转换为八进制数

从小数点开始,将二进制数整数部分从右向左 3 位一组,小数部分从左向右 3 位一组进行划分,最后一组若不足 3 位,则用 0 补足,然后写出每组对应的八进制字符,即可得到对应的八进制数。

【例 1-4】　将 $(1110100110.1011)_2$ 转换为八进制数。

解：

$$(1110100110.1011)_2 = (\underline{001}\ \underline{110}\ \underline{100}\ \underline{110}.\underline{101}\ \underline{100})_2 = (1646.54)_8$$

$$\ \ \ \ \ \ \ \ \ \downarrow\ \ \ \ \ \downarrow\ \ \ \ \ \downarrow\ \ \ \ \ \downarrow\ \ \ \ \downarrow\ \ \ \ \downarrow$$

$$\ \ \ \ \ \ \ \ \ 1\ \ \ \ \ \ 6\ \ \ \ \ \ 4\ \ \ \ \ \ 6.\ \ \ \ 5\ \ \ \ 4$$

所以，$(1110100110.1011)_2 = (1646.54)_8$。

2）八进制数转换为二进制数

以小数点为界，将每位八进制数用相应的 3 位二进制数代替，然后将其连在一起即可得到对应的二进制数。

【例 1-5】　将 $(5321.46)_8$ 转换为二进制数。

解：

$$(5\ \ \ \ \ 3\ \ \ \ \ 2\ \ \ \ \ 1.\ \ \ \ 4\ \ \ \ \ 6)_8$$

$$\downarrow\ \ \ \ \downarrow\ \ \ \ \downarrow\ \ \ \ \downarrow\ \ \ \ \downarrow\ \ \ \ \downarrow$$

$$(101\ \ 011\ \ 010\ \ 001.\ \ 100\ \ 110)_2$$

所以，$(5321.46)_8 = (101\ 011\ 010\ 001.100\ 110)_2$。

4. 二进制数和十六进制数之间的转换

由于二进制和十六进制间存在 $2^4 = 16^1$ 的关系，所以 1 位十六进制数和 4 位二进制数对应。

1）二进制数转换为十六进制数

从小数点开始，将二进制数整数部分从右向左 4 位一组，小数部分从左向右 4 位一组进行划分，最后一组若不足 4 位，则用 0 补足，然后写出每组对应的十六进制字符，即可得到对应的十六进制数。

【例 1-6】　将 $(1110100110.10101)_2$ 转换为十六进制数。

解：

$$(1110100110.10101)_2 = (\underline{0011}\ \underline{1010}\ \underline{0110}.\underline{1010}\ \underline{1000})_2 = (3A6.A8)_{16}$$

$$\ \ \ \ \ \ \ \ \ \downarrow\ \ \ \ \ \ \downarrow\ \ \ \ \ \ \downarrow\ \ \ \ \ \ \downarrow\ \ \ \ \ \downarrow$$

$$\ \ \ \ \ \ \ \ \ 3\ \ \ \ \ \ A\ \ \ \ \ \ 6.\ \ \ \ \ A\ \ \ \ 8$$

所以，$(1110100110.10101)_2 = (3A6.A8)_{16}$。

2）十六进制数转换为二进制数

以小数点为界，将每位十六进制数用相应的 4 位二进制数代替，然后将其连在一起即可得到对应的十六进制数。

【例 1-7】　将 $(5B21.4F)_{16}$ 转换为二进制数。

解：

$$(5\ \ \ \ \ B\ \ \ \ \ 2\ \ \ \ \ 1.\ \ \ \ 4\ \ \ \ \ F)_{16}$$

$$\downarrow\ \ \ \ \downarrow\ \ \ \ \downarrow\ \ \ \ \downarrow\ \ \ \ \downarrow\ \ \ \ \downarrow$$

$$(0101\ \ 1011\ \ 0010\ \ 0001.\ \ 0100\ \ 1111)_2$$

所以，$(5B21.4F)_{16} = (0101\ 1011\ 0010\ 0001.0100\ 1111)_2$。

5. 八进制数和十六进制数之间的转换

以二进制为桥梁，八进制数转换为十六进制数时，先将八进制数转换为二进制数，再将得到的二进制数转换为十六进制数；反之，十六进制数向八进制数转换时，先将十六进制数转换为二进制数，再将得到的二进制数转换为八进制数。

1.3　带符号数

前面讨论的数都没涉及符号，可认为都是正数。但是，在日常的书写中，我们常用正号"＋"或负号"－"加绝对值表示数值，如 $(+56)_{10}$，$(-23)_{10}$，$(+11011)_2$，$(-10110)_2$ 等，这种形式的数值称为真值。在数字系统或计算机中，数的正、负号也用二进制代码进行表示，最高位为符号位，用"0"表示正数，用"1"表示负数，其余位仍然表示数值。我们把在机器内使用的连同正、负号一起数字化的数称为机器数。机器数有原码、反码和补码 3 种表示方法。

1.3.1　原码

1. 原码表示法

原码表示法中，符号位用"0"表示正号，用"1"表示负号，数值位用绝对值 $|X|$ 表示。换句话说，原码就是数字化的符号位加上数的绝对值。设 X 是一个带符号数，$[X]_原$ 表示 X 的原码，则小数原码和整数原码的定义如下：

1）小数原码

设二进制小数 $X = \pm 0 \cdot x_{-1} x_{-2} \cdots x_{-m}$，则其原码为

$$[X]_原 = \begin{cases} X & 0 \leqslant X < 1 \\ 1 - X & -1 < X \leqslant 0 \end{cases}$$

【例 1-8】　若 $X_1 = +0.1101$，$X_2 = -0.1101$，则 $[X_1]_原 = 0.1101$，$[X_2]_原 = 1 - (-0.1101) = 1.1101$。

根据定义，小数"0"的原码有两种表示形式，即 $0.0\cdots0$ 或 $1.00\cdots0$。

2）整数原码

设二进制整数 $X = \pm x_{n-1} x_{n-2} \cdots x_0$，有 n 位数值位，则其原码为

$$[X]_原 = \begin{cases} X & 0 \leqslant X < 2^n \\ 2^n - X & -2^n < X \leqslant 0 \end{cases}$$

【例 1-9】　若 $X_1 = +1101$，$X_2 = -1101$，则：

五位字长的 $[X_1]_原 = 01101$，$[X_2]_原 = 2^4 - (-1101) = 10000 + 1101 = 11101$。

八位字长的 $[X_1]_原 = 00001101$，$[X_2]_原 = 2^7 - (-1101) = 10000000 + 1101 = 10001101$。

同样，整数"0"的原码也有两种形式，即 $00\cdots0$ 或 $10\cdots0$。

从定义可看出，原码有以下特点。

① 最高位为符号位，正数为"0"，负数为"1"，数值位与真值一样，保持不变。

② "0"的原码表示有两种不同的表示形式，以整数（8 位）为例：$[+0]_原 = 00000000$，$[-0]_原 = 10000000$。

③ 原码容易被理解，与代数中正负数的表示接近，实现乘、除运算时比较方便，但实现加、减运算时比较复杂。

2. 原码运算

因为原码中的符号位不是数值的一部分，所以需要将符号位和数值位分开处理，即取数

的绝对值运算,符号位单独处理。原码加法的规则如下。

(1) 判断被加数和加数的符号是同号,还是异号。

(2) 若是同号,将两数相加,结果的符号与被加数的符号一致。

(3) 若是异号,先比较两数绝对值(数值)的大小,然后用大数值减去小数值,结果的符号与大数值的符号一致。

【例 1-10】　若 $[X_1]_原=01101$,$[X_2]_原=11001$,用原码运算求 X_1+X_2。

解: 因为 X_1 为正数,X_2 为负数,异号,所以先比较两者绝对值(数值)的大小,$|X_1|=1101$,$|X_2|=1001$,$|X_1|>|X_2|$;再用大数减去小数,即 $|X_1|-|X_2|=1101-1001=0100$;最后判断结果的符号与绝对值大的数 X_1 一致,故为正。因此,$[X_1+X_2]_原=00100$。

原码运算中,$[X_1+X_2]_原\neq[X_1]_原+[X_2]_原$。为简化机器数的运算,需要用其他方法表示负数。

1.3.2　反码

1. 反码表示法

用反码表示带符号的二进制数时,符号位与原码相同,即用"0"表示正,用"1"表示负;数值位与符号位相关,正数反码的数值位和真值的数值位相同,而负数反码的数值位是真值的数值位按位取反("0"变成"1","1"变成"0")。设 X 表示真值,$[X]_反$ 表示 X 的反码,则小数和整数的反码定义式如下。

1) 小数反码

设二进制小数 $X=\pm0\cdot x_{-1}x_{-2}\cdots x_{-m}$,则其反码为

$$[X]_反=\begin{cases}X & 0\leqslant X<1\\(2-2^{-m})+X & -1<X\leqslant0\end{cases}$$

【例 1-11】　若 $X_1=+0.1101$,$X_2=-0.1101$,则

$$[X_1]_反=0.1101$$

$$[X_2]_反=2-2^{-4}+(-0.1101)=10-0.0001-0.1101=1.0010$$

根据定义,小数"0"的反码有两种表示形式,即 $0.0\cdots0$ 或 $1.1\cdots1$。

2) 整数反码

设二进制整数 $X=\pm x_{n-1}x_{n-2}\cdots x_0$,有 n 位数值位,则其反码为

$$[X]_反=\begin{cases}X & 0\leqslant X<2^n\\(2^{n+1}-1)+X & -2^n<X\leqslant0\end{cases}$$

【例 1-12】　若 $X_1=+1101$,$X_2=-1101$,则

五位字长的 $[X_1]_反=01101$,$[X_2]_反=(2^5-1)+(-1101)=100000-1-1101=10010$。

八位字长的 $[X_1]_反=00001101$,$[X_2]_反=(2^9-1)+(-1101)=1000000000-1-1101=11110010$。

同样,整数"0"的反码也有两种形式,即 $00\cdots0$ 或 $11\cdots1$。以整数(8 位)为例,$[+0]_反=00000000$,$[-0]_反=11111111$。

2. 反码运算

采用反码进行加、减运算时,无论是两数相加,还是两数相减,均可通过加法实现。反码

加、减运算规则如下。

$$[X_1+X_2]_\text{反}=[X_1]_\text{反}+[X_2]_\text{反}, \quad [X_1-X_2]_\text{反}=[X_1]_\text{反}+[-X_2]_\text{反}$$

与原码不同，反码运算时，符号和数值位一起参加运算。当符号位产生进位时，应将进位加到运算结果的最低位，才能得到最后的运算结果，否则结果出错。这个过程被称为"循环相加"。

在反码中，由 $[X]_\text{反}$ 求 $[-X]_\text{反}$ 的方法：符号位和数值位一起整体变反。

【例 1-13】 若 $X_1=+1101, X_2=-0010$，用反码运算求 X_1+X_2 和 X_1-X_2。

解：

$$[X_1]_\text{反}=01101, \quad [X_2]_\text{反}=11101, \quad [-X_2]_\text{反}=00010$$

$$[X_1+X_2]_\text{反}=[X_1]_\text{反}+[X_2]_\text{反}=01101+11101=01011$$

$$\begin{array}{r} 01101 \\ +11101 \\ \hline \boxed{1}01010 \\ +\qquad 1 \\ \hline 01011 \end{array}$$ （符号位进位循环加到最低位）

$$[X_1-X_2]_\text{反}=[X_1]_\text{反}+[-X_2]_\text{反}=01101+00010=01111$$

1.3.3 补码

1. 补码表示法

用补码表示带符号的二进制数时，符号位与原码、反码相同，即用"0"表示正，用"1"表示负；数值位与符号位有关，正数补码的数值位与真值相同，而负数补码的数值位是将真值的每一位取反，并在最低位加 1。设 X 表示真值，$[X]_\text{补}$ 表示 X 的补码，则小数和整数的补码定义式如下。

1）小数补码

设二进制小数 $X=\pm 0 \cdot x_{-1}x_{-2}\cdots x_{-m}$，则其补码为

$$[X]_\text{补}=\begin{cases} X & 0\leqslant X<1 \\ 2+X & -1\leqslant X<0 \end{cases}$$

【例 1-14】 若 $X_1=+0.1101, X_2=-0.1101$，则 $[X_1]_\text{补}=0.1101, [X_2]_\text{补}=2+(-0.1101)=10-0.1101=1.0011$。

小数"0"的补码只有一种表示形式，即 $0.0\cdots 0$。

2）整数补码

设二进制整数 $X=\pm x_{n-1}x_{n-2}\cdots x_0$，有 n 位数值位，则其补码为

$$[X]_\text{补}=\begin{cases} X & 0\leqslant X<2^n \\ 2^{n+1}+X & -2^n\leqslant X<0 \end{cases}$$

【例 1-15】 若 $X_1=+1101, X_2=-1101$，则

五位字长的 $[X_1]_\text{补}=01101, [X_2]_\text{补}=2^{n+1}+X=2^5+(-1101)=100000-1101=10011$。

八位字长的 $[X_1]_\text{补}=00001101, [X_2]_\text{补}=2^{n+1}+X=2^8+(-1101)=100000000-1101=11110011$。

同样，整数"0"的补码也只有一种表示形式，即 $00\cdots 0$。0 的补码表示与原码和反码不

同,是唯一的$[0]_{补}=0$。

2. 补码运算

采用补码进行加、减运算时最方便。与反码相同的是,补码运算时符号位和数值位一起参加运算,且在进行加、减运算的时候,均可转换为加法实现。不同的是,补码运算时若符号位有进位产生,则应将进位丢掉,才能得到正确的运算结果。补码运算规则如下:

$$[X_1+X_2]_{补}=[X_1]_{补}+[X_2]_{补}, \quad [X_1-X_2]_{补}=[X_1]_{补}+[-X_2]_{补}$$

在补码中,由$[X]_{补}$求$[-X]_{补}$的方法是:符号位和数值位一起变反,末位加1。

【例 1-16】 若 $X_1=+1101$,$X_2=-0010$,用补码运算求 X_1+X_2 和 X_1-X_2。

解:

$$[X_1]_{补}=01101$$

$$[X_2]_{补}=2^{n+1}+X=2^5+(-0010)=100000-0010=11110$$

$$[-X_2]_{补}=00010$$

$$[X_1+X_2]_{补}=[X_1]_{补}+[X_2]_{补}=01101+11110=01011$$

$$
\begin{array}{r}
01101 \\
+11110 \\
\hline
1\,01011
\end{array}
\text{(符号位进位丢掉)}
$$

$$[X_1-X_2]_{补}=[X_1]_{补}+[-X_2]_{补}=01101+00010=01111$$

【计算机小知识】 计算机在所有的算术运算中都使用补码表示负整数。原因是减去某个数和加上这个数的补码是一样的。计算机通过按位取反再加1形成补码。

溢出条件——当两个数加在一起,而表示和所需的位数超出了这两个数的位数,这时就会发生溢出,并由一个错误符号位指明。溢出仅发生在两个都是正数或者两个都是负数的情况下。如果相加结果得到的符号位和相加的两个数的符号不同,就表明发生了溢出。

1.3.4 浮点数

要表示很大的整数,就需要多个位。当需要表示的数值同时具有整数和小数部分时(如69.8152),就会有问题。基于科学计数法的浮点计数方法,可以表示很大及很小的数,而不用增加位数。当然,也可以表示同时具有整数和小数部分的数。

数在表示时有定点数和浮点数两种类型。若数的小数点位置固定不变,则称为定点数;反之,若数的小数点位置不固定,则称为浮点数。一般地,常用定点数表示整数,用浮点数表示实数。与定点数相比,用浮点数表示数的范围要大得多,精度也高。

1. 浮点数的形式

对整数来说,其表示的数据最小单位是1,所以可以认为它的小数点固定在数值的最后面,即数值最低位的右边。对浮点数来说,可以用科学计数法表示。

浮点数也称为实数,由两部分组成,再加上一个符号。浮点数 M 的一般形式为:$M=S\times2^P$,尾数 S 是浮点数中用来表示数字数值的部分,大小为 0~1。指数(也称为阶码)P 在浮点数中用来表示小数点要移动的位数。

例如,数值 1110.011 可表示为:$M=1110.011=0.1110011\times2^{+4}=0.1110011\times2^{+100}$。

为了充分利用尾数的二进制位数表示更多的有效数字,通常采用规格化形式表示浮点数,即将尾数的绝对值限定在某个范围内。规格化数的尾数应该满足:$1/2\leqslant|M|<1$。在

规格化数中，若尾数用原码表示，则小数点后的数值最高位应该为 1；若尾数用补码表示，则小数点后数值最高位应该与数的符号相反。

对于二进制浮点数来说，主要有 3 种形式：单精度、双精度和扩展精度。除了位数不同外，它们都具有相同的基本格式。单精度浮点数具有 32 位，双精度浮点数具有 64 位，而扩展精度浮点数具有 80 位。

2. 浮点数的运算

1）加、减运算

规格化浮点数的加、减运算可按照如下步骤进行。

① 判断操作数中是否有零存在，如果加数（或减数）为 0，则运算结果等于被加数（或被减数）；如果被加数为 0，则运算结果等于加数；如果被减数为 0，则运算结果等于减数变补。所以，当有操作数为 0 时，可以简化操作。

② 对阶。阶码大小不一样的两个浮点数进行加、减运算时，必须先将它们的阶码调整为一样大，该过程称为对阶。因为只有阶码相同，其尾数的权值才真正相同，才能对尾数进行加、减运算。一般来说，以大的阶码为准，调整小的阶码，使二者相等。

③ 阶码对齐后，尾数进行加、减运算。

④ 若运算后的结果不符合规格化约定，就需要对尾数移位，使之规格化，并相应地调整阶码。

【例 1-17】 若 $X_1 = 0.1100 \times 2^{001}$，$X_2 = 0.0011 \times 2^{011}$，求 $X_1 + X_2$。

解：因为两数阶码不一致，所以先对阶，将 X_1 的小数点向左移 2 位，同时阶码加 2，得到

$$X_1 = 0.1100 \times 2^{001} = 0.0011 \times 2^{011}$$

$$X_1 + X_2 = 0.0011 \times 2^{011} + 0.0011 \times 2^{011}$$

$$= (0.0011 + 0.0011) \times 2^{011} = 0.0110 \times 2^{011}$$

所得结果不是规格化数，将运算结果规格化后可得：0.1100×2^{010}。

2）乘除运算

浮点数在乘、除运算时，不需要对阶。对于乘法运算，将阶码相加，尾数相乘，最后对乘积做规格化即可；对于除法运算，将阶码相减，尾数相除即可得到运算结果。

【例 1-18】 若 $X_1 = 0.1100 \times 2^{001}$，$X_2 = 0.0011 \times 2^{011}$，求 $X_1 \times X_2$。

解：

$$X_1 \times X_2 = (0.1100 \times 2^{001}) \times (0.0011 \times 2^{011})$$

$$= (0.1100 \times 0.0011) \times 2^{001+011}$$

$$= 0.0010 \times 2^{100}$$

【计算机小知识】 在 CPU（中央处理器）外，计算机使用协处理器依靠浮点数执行复杂的数学计算，目的是释放 CPU 资源完成其他任务，从而提高性能。数字协处理器也称为浮点单元（FPU）。

1.4 编 码

在数字系统中，除了前面讲过的数码信息外，还有一类信息是代码信息。用来表示有特定意义信息（如数字、符号、文字等）的一定位数的二进制数码称为代码。用一定位数的二进制数码表示特定信息的过程，我们称之为编码。对于同一个信息，指定的方案不同，编码则

不同,所以编码不唯一。

1.4.1　二-十进制编码

在数字系统的输入输出过程中,为了既满足系统中使用二进制数的要求,又适应人们使用十进制数的习惯,通常使用 4 位二进制代码对十进制数字符号进行编码,简称二-十进制编码,又称 BCD 码。它既是二进制数的形式,又有十进制数的特点,便于传递、处理。

十进制数中有 0～9 共 10 个数字符号,由 4 位二进制代码可以组成 16 种不同的状态。从 16 种状态中取出 10 种状态表示 10 个数字符号的编码方案有很多,但不管哪种编码方案,都有 6 种状态不允许出现。根据代码中每一位是否有固定的权,通常将 BCD 码分为有权码和无权码两种类型。

常用的 BCD 码有 8421 码、5421 码、2421 码和余 3 码等,它们与十进制数字符号对应的编码见表 1-3。

表 1-3　常用的 BCD 码

十进制数	有权码			无权码
	8421 码	5421 码	2421 码	余 3 码
0	0000	0000	0000	0011
1	0001	0001	0001	0100
2	0010	0010	0010	0101
3	0011	0011	0011	0110
4	0100	0100	0100	0111
5	0101	1000	1011	1000
6	0110	1001	1100	1001
7	0111	1010	1101	1010
8	1000	1011	1110	1011
9	1001	1100	1111	1100

若 4 位二进制代码中的每一位都有固定的权值,则称为有权码,如 8421 码、5421 码、2421 码。余 3 码的每一位都没有固定的权值,是一种无权码。

1. 8421 码

8421 码是最常见的 BCD 码,从左到右每一位的位权分别是 $8(2^3)$、$4(2^2)$、$2(2^1)$、$1(2^0)$。在十进制的 10 个数字中,8421 码与一般的二进制表示完全一样,但要注意:8421 码中不允许出现 1010～1111 这 6 个代码,因为在十进制中没有任何数字符号与它们对应,所以它们被称为"伪码"。

【例 1-19】　写出 $(213.85)_{10}$ 对应的 8421 码,$(10111.10010110)_{8421}$ 对应的十进制数。

解: 因为十进制数和 8421 码之间是直接按位进行转换的,所以有:

$$(213.85)_{10} = (0010\quad 0001\quad 0011.1000\quad 0101)_{8421}$$

$$(10111.10010110)_{8421} = (0001\quad 0111.1001\quad 0110)_{8421} = (17.96)_{10}$$

2. 5421 码和 2421 码

这两种代码均是有权码,每个十进制数字符号都用 4 位二进制数表示。5421 码从左到右每一位的位权分别是 5、4、2、1,伪码是 0101、0110、0111、1101、1110、1111。2421 码从左到右每一位的位权分别是 2、4、2、1，伪码是 0101、0110、0111、1000、1001、1010。对于 2421 码来说，它又是一种自补码，是对 9 的自补代码，用其表示的数只要自身按位取反，就可以得到该数对 9 的补数的 2421 码。例如，6 的 2421 码是 1100，6 对 9 的补数是 9－6＝3，而 3 的 2421 码是 0011。可以看出，1100 和 0011 是按位取反的关系。

3. 余 3 码

对于同一个十进制数，这种代码比对应的 8421 码多 0011(3)，故得名"余 3 码"，伪码是 0000、0001、0010、1101、1110、1111。余 3 码也是一种自补码，但各位无对应的权值，所以是无权码。

【例 1-20】　写出 $(10111.10010110)_{8421}$ 对应的余 3 码。

解：

$$(10111.10010110)_{8421} = (0001 \quad 0111. 1001 \quad 0110)_{8421}$$
$$= (0100 \quad 1010. 1100 \quad 1001)_{余3码}$$

BCD 码在数字钟、数字温度计、数字仪表、使用七段显示器的设备及其他一些使用 BCD 码显示十进制数的装置中应用十分典型。尽管进行运算时 BCD 码不如二进制数那么有效和直接，但是如果仅局限于所需要的处理（如数字温度计），就显得特别有用。

【计算机小知识】　BCD 码在计算机中有时用来进行算术运算。在计算机中表示 BCD 码时，通常要"压缩"，使得 8 位数有两个 BCD 码。一般情况下，计算机进行 BCD 码加法运算就如同直接对二进制数进行相加一样。当 BCD 码相加或相减时，计算机程序员需要使用特殊的指令纠正运算结果。例如，在汇编语言里，程序中有 DAA（十进制加法调整）指令，用以自动纠正 BCD 码相加后的结果。

1.4.2　可靠性编码

为了减少代码在形成和传输过程中产生的错误，可以采用可靠性编码的方法。这种编码使代码在形成的过程中不易出错，或者在出错的时候易于被发现并进行纠正，以此提高系统的工作速度和可靠性。下面介绍两种简单、常用的可靠性编码——格雷码和奇偶校验码。

1. 格雷码

格雷码（Gray 码）是无权码，并不是算术编码，也就是没有赋予不同位的特定的权。格雷码的重要特征是，从一个码字到下一个连续码字仅有一位发生了变化。这个特征在许多应用程序中是非常重要的。例如，对于轴位编码器，在两个相邻顺序数之间，错误敏感度随着位数改变数目的增加而增加。

格雷码在相邻码字中只有一位改变的特征减小了出错概率。例如，两个相邻的十进制数 3 和 4，它们的普通二进制编码为 0011 和 0100，二者有三位不同。在用二进制计数器做加 1 计数时，从 0011 变化到 0100 需要三位发生改变。若这三位不能同时改变，那么在计数的过程中可能会在短暂的时间内出现其他错误代码，如最低位先变成 0，然后次低位变成 0，最后次高位变成 1，在这期间就会出现短暂的错误代码——0010 和 0000，这在系统中是不允许出现的。采用格雷码编码从形式上就杜绝了这种错误出现的可能性。表 1-4 为十进制数、二进制数、格雷码对照表。

表 1-4 十进制数、二进制数、格雷码对照表

十进制数	二进制数	格雷码	十进制数	二进制数	格雷码
0	0000	0000	8	1000	1100
1	0001	0001	9	1001	1101
2	0010	0011	10	1010	1111
3	0011	0010	11	1011	1110
4	0100	0110	12	1100	1010
5	0101	0111	13	1101	1011
6	0110	0101	14	1110	1001
7	0111	0100	15	1111	1000

从表 1-4 可以看出,任何相邻的十进制数,它们的格雷码有且仅有一位不同。格雷码可由二进制码转换得到,转换规则如下。

假设 n 位二进制数为 $B_{n-1}B_{n-2}\cdots B_1B_0$,对应的 n 位格雷码为 $G_{n-1}G_{n-2}\cdots G_1G_0$,则有 $G_{n-1}=B_{n-1}$,$G_i=B_{i+1}\oplus B_i(i=n-2,n-3,\cdots 1,0)$。其中,符号"$\oplus$"代表"异或"运算,运算规则如下:$0\oplus 0=0,1\oplus 1=0,0\oplus 1=1$。

【例 1-21】 将二进制数 110010101 转换为格雷码。

解:二进制数:

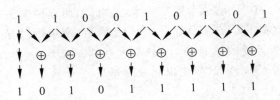

格雷码:

所以,二进制数对应的格雷码为 101011111。

2. 奇偶校验码

数据在传输的过程中可能会出现错误,如"0"发生错误变成"1","1"发生错误变成"0",通常可以采用奇偶校验码检查数据传输时是否出错。

一个代码组应该包含信息位和奇偶校验位两部分,其中信息位指需要传输的数据信息本身,可以是若干位二进制代码;校验位只有一位,是附加在数据信息上的,有两种方式:奇校验——信息位和校验位中"1"的个数为奇数;偶校验——信息位和校验位中"1"的个数为偶数。以 8421 码为数据信息,则 8421 码的奇偶校验码见表 1-5。

表 1-5 8421 码的奇偶校验码

十进制	奇校验		偶校验	
	信息位	校验位	信息位	校验位
0	0000	1	0000	0
1	0001	0	0001	1
2	0010	0	0010	1
3	0011	1	0011	0
4	0100	0	0100	1
5	0101	1	0101	0

续表

十进制	奇校验		偶校验	
	信息位	校验位	信息位	校验位
6	0110	1	0110	0
7	0111	0	0111	1
8	1000	0	1000	1
9	1001	1	1001	0

【例 1-22】 如表 1-6 所示,判断下列两组接收到的采用奇校验方式传输的信息是否出错?

表 1-6 相关资料

分组	信息位	校验位
(1)	001010	1
(2)	110011	0

解:因为采用的是奇校验方式,所以接收到信息后检测其中是否有奇数个"1",若是奇数个"1",则说明传输正确;否则说明传输错误。

(1) 信息位和校验位中"1"的总个数是 3 个,是奇数,所以传输正确。

(2) 信息位和校验位中"1"的总个数是 4 个,是偶数,所示传输有误,是非法码。

注意:奇、偶校验码只能用来检错,不能用来纠错。此外,若传输中发生偶数个错误,奇、偶校验码是无法检验的,所以只能发现奇数个错误。

1.4.3 字符编码

最常用的字符代码是 ASCII 码,即美国信息交换标准代码。ASCII 码有七位和八位两种版本,国际上通用的是七位版本,用 7 位二进制码表示,共有 128($2^7=128$)个字符,其中有控制字符 32 个、阿拉伯数字 10 个、大小写英文字母共 52 个、各种标点符号和运算符号 34 个。在计算机中,实际用 1 个字节(8 位)表示一个字符,最高位为"0",而汉字编码中机内码的每个字节最高位为"1",可防止与西文 ASCII 码的冲突。表 1-7 给出了七位 ASCII 码字符表。

表 1-7 七位 ASCII 码字符表

低 4 位 $a_3a_2a_1a_0$	高 3 位 $a_6a_5a_4$							
	000	001	010	011	100	101	110	111
0000	NUL	DLE	SP	0	@	P	`	p
0001	SOH	DC1	!	1	A	Q	a	q
0010	STX	DC2	"	2	B	R	b	r
0011	ETX	DC3	#	3	C	S	c	s
0100	EOT	DC4	$	4	D	T	d	t
0101	ENQ	NAK	%	5	E	U	e	u
0110	ACK	SYN	&.	6	F	V	f	v

续表

| 低 4 位 | 高 3 位 $a_6 a_5 a_4$ | | | | | | | |
$a_3 a_2 a_1 a_0$	000	001	010	011	100	101	110	111
0111	BEL	ETB	'	7	G	W	g	w
1000	BS	CAN	(	8	H	S	h	x
1001	HT	EM	)	9	I	Y	y	y
1010	LF	SUB	*	:	J	Z	g	z
1011	VT	E\C	+	;	K	[	k	{
1100	FF	FS	,	<	L	\	l	|
1101	CR	GS	—	=	M	]	m	}
1110	SO	RS	.	>	N	^	n	~
1111	SI	US	/	?	O		o	DEL

如前所述,ASCII 码的字符个数是有限的,对于大多数拉丁语言来说,这些字符已经够用。但是,许多亚洲和东方语言所用的字符远远大于 ASCII 码所能表示的范围。为了突破 ASCII 码字符数的限制,用一种简单的方法针对大数量字符的语言编写计算机程序,Unicode 编码应运而生。

Unicode 编码是用双字节表示一个字符,从而在更大范围内将数字代码映射到多种语言的字符集。Unicode 码给每个字符和符号赋予一个永久、唯一的 16 位数值,称为码点,共有 65 536 个码点,整个码点空间被划分成块,每块的码点数为 16 的倍数。世界上主要语系都分配了不同数量的码点,一些常用符号也分配了码点。由于每个字符长度固定不变,不再使用多字节字符和 ESC 字符序列,从而使软件编制大大简化。

Unicode 标准已经被许多公司采用,如 Apple、HP、IBM、JustSystem、Microsoft、Oracle、Sun、Sybase、Unisys 等。此外,最新的标准都需要 Unicode 编码,如 XML、Java、ECMAScript (JavaScript)、LDAP、CORBA 3.0、WML 等,且 Unicode 是实现 ISO/IEC 10646 的正规方式,许多操作系统、所有最新的浏览器和许多其他产品都支持它。Unicode 编码解决了计算机国际化带来的许多问题,该标准的出现及相关工具的存在是近年来全球软件技术最重要的发展趋势。

1.5 本章小结

工程中的电信号包括数字信号和模拟信号。模拟信号具有连续的数值,数字信号具有离散的数值。数字逻辑电路是对数字信号进行传输、处理的电子线路,具有体积小、重量轻、可靠性高、抗干扰能力强、集成化程度高、价格低廉等特点。按照集成度的大小不同,数字电路可分为小规模、中规模、大规模、超大规模集成电路;按照所用元件的不同,数字电路可分为双极型(TTL 型)电路和单极型(CMOS 型)电路;按照工作原理的不同,数字电路又可分为组合逻辑电路和时序逻辑电路。

常用的计数制有二、八、十、十六进制。对于 R 进制,有 R 个数字符号,遵循"逢 R 进一"的规则。任意 R 进制数转换为十进制数时都利用权展开式。十进制数转换为其他进制数时,整数部分采用除基取余法,小数部分采用乘基取整法。利用二进制数、八进制数、十六进制数的位数关系,可以实现二、八、十六进制数之间的转换。

连同正、负号一起数字化的二进制数称为机器数,根据数值位的不同表示方法,机器数有原码、反码和补码几种。数的表示有定点数和浮点数两种,浮点数的运算建立在定点数运算的基础上。

二进制数不仅可以表示数值,而且可以表示符号及文字等信息。BCD码是用4位二进制代码表示1位十进制数的编码,常用的BCD码有8421码、余3码等。采用可靠性编码的方法可以减少代码在形成和传输过程中产生的错误。

1.6 习题和自测题

习题(答案见附录D)

1. 试将下列二进制数转换为十进制数、八进制数、十六进制数。
   (1) $(110011)_2$ (2) $(1100.11)_2$ (3) $(1.1001)_2$ (4) $(101.001)_2$

2. 试将下列十进制数转换为二进制数(小数点后保留五位)、八进制数及十六进制数。
   (1) $(46)_{10}$ (2) $(23.75)_{10}$ (3) $(5.254)_{10}$ (4) $(65.9)_{10}$

3. 试将下列八进制数和十六进制数转换为二进制数。
   (1) $(13.5)_8$ (2) $(362)_8$ (3) $(1B.F)_{16}$ (4) $(5A.FB)_{16}$

4. 试将下列十进制数转换为8421码和余3码。
   (1) $(36)_{10}$ (2) $(73.75)_{10}$

5. 试将下列8421码、2421码及余3码转换为相应的十进制数。
   (1) $(100100110101)_{8421}$ (2) $(010011011011)_{2421}$ (3) $(10010011.0101)_{余3码}$

6. 分别用原码、补码、反码表示下列各数(字长为8位,其中符号位占1位)。
   (1) $+1101$ (2) -1101 (3) $+0.1101$ (4) -0.1101

7. 已知 $X_1=+12,X_2=-23$,试分别用反码和补码运算求 X_1+X_2 和 X_1-X_2。

8. 试给出格雷码转换为二进制码的转换方案。

9. 简述数字电路的分类。

10. 简述数字量和模拟量,并简述数字量与模拟量相比的优点。

自测题(答案见附录D)

一、单选题

1. 下列3个数对应的十进制数最大的是( )。
   (A) $(30)_8$ (B) $(10110)_2$ (C) $(00101000)_{8421}$ (D) 27

2. 8421码10000011的二进制码为( )。
   (A) 10000011 (B) 10100100 (C) 11001011 (D) 1010011

3. 2421码为10111111,与其相等的十进制数是( )。
   (A) 59 (B) 82 (C) 277 (D) 1115

4. 八进制数573.7对应的十六进制数是( )。
   (A) 17C.7 (B) 17B.E (C) 17B.7 (D) 17B.5

5. 二进制数10111+01101等于( )。
   (A) 11212 (B) 11111 (C) 11000 (D) 100100

6. 二进制数 1101－0100 等于(　　　)。

　　(A) 1001　　　　　　(B) 1000　　　　　　(C) 1100　　　　　　(D) 1010

7. ＋25 的补码是 00011001，－25 的补码等于(　　　)。

　　(A) 01100110　　　　(B) 11100111　　　　(C) 11100110　　　　(D) 01100111

8. 二进制数 11000110 转换为格雷码，等于(　　　)。

　　(A) 00100101　　　　(B) 11100101　　　　(C) 10100101　　　　(D) 11011010

9. 格雷码 10101111 转换为二进制数，等于(　　　)。

　　(A) 11001011　　　　(B) 01001010　　　　(C) 11001100　　　　(D) 11001010

10. 下面的奇校验码有错的是(　　　)。

　　(A) 10101010　　　　　　　　　　　　　　(B) 11001011

　　(C) 0111001100　　　　　　　　　　　　　(D) 11001010111

11. $2\times10^1+6\times10^0$ 等于(　　　)。

　　(A) 10　　　　　　　(B) 260　　　　　　　(C) 2.6　　　　　　　(D) 26

12. 二进制数 1101 等于下面的十进制数(　　　)。

　　(A) 3　　　　　　　　(B) 11　　　　　　　(C) 13　　　　　　　(D) 49

13. 二进制数 11011101 等于下面的十进制数(　　　)。

　　(A) 121　　　　　　　(B) 221　　　　　　　(C) 441　　　　　　　(D) 256

14. 十进制数 19 等于下面的二进制数(　　　)。

　　(A) 10011　　　　　　(B) 10110　　　　　　(C) 11100　　　　　　(D) 01110

15. 十进制数 175 等于二进制数(　　　)。

　　(A) 11001111　　　　(B) 10101110　　　　(C) 10101111　　　　(D) 11101111

16. 01111＋11010 的和等于(　　　)。

　　(A) 101001　　　　　(B) 101010　　　　　(C) 110101　　　　　(D) 101000

17. 110－010 的差等于(　　　)。

　　(A) 101　　　　　　　(B) 010　　　　　　　(C) 011　　　　　　　(D) 100

18. 十进制数＋122 的补码表示形式为(　　　)。

　　(A) 01111010　　　　(B) 11111010　　　　(C) 01000101　　　　(D) 10000101

19. 十进制数－34 的补码表示形式为(　　　)。

　　(A) 11110110　　　　(B) 11011110　　　　(C) 11011101　　　　(D) 10111011

20. 单精度浮点二进制数总共有(　　　)。

　　(A) 8 位　　　　　　(B) 16 位　　　　　　(C) 24 位　　　　　　(D) 32 位

21. 在补码形式中，二进制数 10010011 等于十进制数(　　　)。

　　(A) ＋91　　　　　　(B) －19　　　　　　(C) ＋109　　　　　　(D) －109

22. 二进制数 101100111001010 在八进制中可以写为(　　　)。

　　(A) $(54712)_8$　　　　　　　　　　　　　(B) $(131262)_8$

　　(C) $(B392)_8$　　　　　　　　　　　　　(D) $(26345)_8$

23. 二进制数 111110001101011110100010 在十六进制中可以写为(　　　)。

　　(A) $(E8C7B2)_{16}$　　　　　　　　　　　(B) $(F8D7A2)_{16}$

　　(C) $(F8C7B2)_{16}$　　　　　　　　　　　(D) $(E7D7A2)_{16}$

24. $(E7B9)_{16}$ 的二进制数为（   ）。

   （A）1111011110111001   （B）1110011010111001

   （C）1110011110111001   （D）1111011111011001

25. 十进制数 473 的 BCD 码为（   ）。

   （A）010011110011   （B）110001110011

   （C）101001110011   （D）010001110011

26. 下面的偶校验码中是错误码的为（   ）。

   （A）01001110   （B）01110011   （C）10100101   （D）101110011

27. 有连续值的量是（   ）。

   （A）二进制量   （B）模拟量   （C）数字量   （D）自然量

28. 位的含义是（   ）。

   （A）一个 1 或一个 0   （B）少量的数据

   （C）二进制数   （D）答案（A）和（C）

29. 在一个给定的数字波形中，每隔 10ms 出现一个脉冲，则频率为（   ）。

   （A）100Hz   （B）10Hz   （C）1Hz   （D）1000Hz

30. 在一个给定的数字波形中，其周期为脉冲宽度的两倍，则占空比为（   ）。

   （A）100%   （B）40%   （C）50%   （D）30%

二、判断题

1. 二进制数字系统是一个有两个数字的有权系统。   （   ）

2. 十进制数字系统是一个有 10 个数字的有权系统。   （   ）

3. 在二进制数中，11＋11＝22。   （   ）

4. 在带符号数中，最右边的位是符号位。   （   ）

5. BCD 编码表示二-十进制编码。   （   ）

6. 十六进制数有 16 个字符，其中 6 个是字母字符。   （   ）

7. 数字量是离散的值，模拟量是连续的值。   （   ）

8. 在数字系统中，高电平只能用 1 表示，低电平只能用 0 表示。   （   ）

9. 时钟脉冲波形本身就携带有信息。   （   ）

10. 在正逻辑中，低电平表示二进制 1。   （   ）

第 2 章

布尔代数和逻辑化简 ◄

　　1847 年,英国数学家乔治·布尔(G. Boole)提出了用数学分析的方法表示命题陈述的逻辑结构,并成功地将形式逻辑归结为一种代数演算,从而诞生了有名的"布尔代数"。后来,贝尔实验室的研究员克劳德·香农(C. E. Shannon)将布尔代数的一些基本前提和定理应用于开关和继电器网络的分析与描述,称为二值布尔代数,又称为开关代数、逻辑代数。

　　逻辑代数是二值运算中基本的数学工具,用来研究数字电路的输出量和输入量之间的因果关系,所以数字电路也称为逻辑电路。

2.1　逻　辑　函　数

2.1.1　基本概念

　　逻辑代数是从哲学领域中的逻辑学发展而来的。所谓逻辑,是指事物的前因和后果遵循的规律。描述一个逻辑问题时,要交待清楚问题产生的条件以及引起的结果,若这些条件和结果都可以用逻辑变量(取值只有"真"和"假"两种可能,分别用"1"代表"真","0"代表"假")定义,那么表示条件的逻辑变量就是输入变量,表示结果的逻辑变量就是输出变量。在逻辑关系问题中,一定的逻辑结果必然是由一定的逻辑条件引起的,即输出变量的取值依赖于输入变量的取值,我们将描述输入变量和输出变量之间逻辑关系的逻辑表达式称为逻辑函数。逻辑电路就是能够实现输入变量和输出变量逻辑关系的电路,其功能可由相应的逻辑函数描述。下面给出几个相关的概念。

　　1. 逻辑函数

　　设输入变量为 $A_1,A_2,A_3,\cdots,A_n$,输出变量为 F,当 $A_1,A_2,A_3,\cdots,A_n$ 的值被确定后,F 的值就被唯一地确定下来,则称 F 是 $A_1,A_2,A_3,\cdots,A_n$ 的逻辑函数,记为 $F=f(A_1,A_2,A_3,\cdots,A_n)$。注意,逻辑变量和逻辑函数的取值只能是"0"和"1"。

　　2. 逻辑函数相等

　　设有两个逻辑函数 $F=f(A_1,A_2,A_3,\cdots,A_n)$ 和 $G=g(A_1,A_2,A_3,\cdots,A_n)$,若对于输入变量 $A_1,A_2,A_3,\cdots,A_n$ 的任意一组取值,F 和 G 的值都相同,则称逻辑函数 F 和逻辑函数 G 相等,记为 $F=G$。

　　3. 反函数

　　设有两个逻辑函数 $F=f(A_1,A_2,A_3,\cdots,A_n)$ 和 $G=g(A_1,A_2,A_3,\cdots,A_n)$,若对于输入变量 $A_1,A_2,A_3,\cdots,A_n$ 的任意一组取值,F 和 G 的值都相反,则称逻辑函数 F 和逻辑函数 G 互为反函数,记为 $F=\bar{G}$。

2.1.2　逻辑运算

在逻辑代数中,逻辑变量之间的运算称为逻辑运算。基本的逻辑关系有逻辑乘、逻辑加、逻辑非 3 种,与之对应的基本逻辑运算有"与"运算、"或"运算和"非"运算。除了"与""或""非"3 种基本运算外,常用的运算还有由它们构成的复合逻辑运算。

1. 基本逻辑运算

1）"与"运算

当且仅当决定事件（Y）发生的全部条件（A、B、C、…）都满足时,Y 才发生,我们称这样的因果关系为"与"逻辑关系,可用以下关系式表示（运算符"·"可省略不写）。

$$Y = A \cdot B \cdot C \cdot D \cdots$$

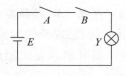

图 2-1　"与"逻辑示例图

图 2-1 是两个开关串联的电路,当且仅当开关 A 和 B 都闭合时,灯泡 Y 才会发亮,否则灯泡不亮。

若用二元常量"0"和"1"表示该电路的逻辑关系,"0"表示开关断开、灯泡熄灭,"1"表示开关闭合、灯泡发亮,则可以得到表 2-1 的"与"逻辑真值表。真值表是一种用表格形式反映逻辑函数输入输出取值对应关系的一种表示方法。

表 2-1　"与"逻辑真值表

A	B	Y	A	B	Y
0	0	0	1	0	0
0	1	0	1	1	1

2）"或"运算

当决定事件（Y）发生的全部条件（A、B、C、…）中只要有一个条件满足时,Y 就会发生,我们称这样的因果关系为"或"逻辑关系,可用以下关系式表示。

$$Y = A + B + C + D + \cdots$$

图 2-2 是两个开关并联的电路,开关 A 和 B 都断开时,灯泡 Y 不会发亮;若 A 和 B 中有一个闭合或两个都闭合,灯泡 Y 就会发亮。

同样,用"0"表示开关断开,灯泡熄灭,用"1"表示开关闭合,灯泡发亮,则可以得到表 2-2 的"或"逻辑真值表。

图 2-2　"或"逻辑示例图

表 2-2　"或"逻辑真值表

A	B	Y	A	B	Y
0	0	0	1	0	1
0	1	1	1	1	1

3）"非"运算

当决定事件（Y）发生的条件 A 不满足时,Y 才会发生;反之,Y 不会发生。我们称这样的因果关系为"非"逻辑关系,可用以下关系式表示。

$$Y = \overline{A}$$

在图 2-3 所示电路中,当开关 A 断开时,灯泡 Y 才发亮;当开关 A 闭合时,灯泡 Y 熄灭。

用"0"表示开关断开,灯泡发亮,"1"表示开关闭合,灯泡熄灭,则可以得到表 2-3 所示的"非"逻辑真值表。

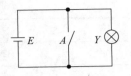

图 2-3 "非"逻辑示例图

表 2-3 "非"逻辑真值表

A	Y
0	1
1	0

2. 复合逻辑运算

由"与""或""非"3 种基本运算可构成"与非""或非""与或非""异或""同或"等复合运算。表 2-4 和表 2-5 分别给出了相关的逻辑表达式和真值表。

表 2-4 复合运算的逻辑表达式

运算类型	逻辑表达式
与非	$Y = \overline{A \cdot B}$
或非	$Y = \overline{A + B}$
与或非	$Y = \overline{AB + CD}$
异或	$Y = A\overline{B} + \overline{A}B = A \oplus B$
同或	$Y = AB + \overline{A}\,\overline{B} = \overline{A\overline{B} + \overline{A}B} = A \odot B$

表 2-5 复合运算的真值表

(a) "与非"逻辑真值表($Y = \overline{A \cdot B}$)

A	B	Y	A	B	Y
0	0	1	1	0	1
0	1	1	1	1	0

(b) "或非"逻辑真值表($Y = \overline{A + B}$)

A	B	Y	A	B	Y
0	0	1	1	0	0
0	1	0	1	1	0

(c) "与或非"逻辑真值表($Y = \overline{AB + CD}$)

A	B	C	D	Y	A	B	C	D	Y
0	0	0	0	1	1	0	0	0	1
0	0	0	1	1	1	0	0	1	1
0	0	1	0	1	1	0	1	0	1
0	0	1	1	0	1	0	1	1	0
0	1	0	0	1	1	1	0	0	0
0	1	0	1	1	1	1	0	1	0
0	1	1	0	1	1	1	1	0	0
0	1	1	1	0	1	1	1	1	0

续表

(d) "异或"逻辑真值表($Y=A\bar{B}+\bar{A}B=A\oplus B$)

A	B	Y	A	B	Y
0	0	0	1	0	1
0	1	1	1	1	0

(e) "同或"逻辑真值表($Y=AB+\bar{A}\bar{B}=\overline{A\bar{B}+\bar{A}B}=A\odot B$)

A	B	Y	A	B	Y
0	0	1	1	0	0
0	1	0	1	1	1

【计算机小知识】 在微处理器中,算术逻辑单元(ALU)根据程序的指令对数字数据执行算术运算和逻辑运算。逻辑运算等价于基本逻辑门的运算,但是每次至少处理8位。程序中通过使用逻辑指令指定相应的逻辑运算,如与指令、或指令、非指令、异或指令等。指令经过汇编或编译过程变成可以被微处理器理解并执行的二进制代码。

2.2 逻辑代数的基本公式、定律和规则

逻辑代数和普通代数一样,作为一个完整的代数系统,它具有用于运算的一些基本定律和规则。下面介绍逻辑代数的基本公式定律和规则。

2.2.1 公式和定律

逻辑代数的基本定律与公式见表2-6。

表 2-6 逻辑代数的基本定律与公式

名　称		公式与定律			
常量运算	与运算	$0 \cdot 0=0$	$0 \cdot 1=0$		$1 \cdot 1=1$
	或运算	$0+0=0$	$0+1=1$		$1+1=1$
	非运算	$\bar{0}=1$	$\bar{1}=0$		
基本公式	0-1 律	$A+0=A$	$A \cdot 1=A$	$A+1=1$	$A \cdot 0=0$
	互补律	$A+\bar{A}=1$		$A \cdot \bar{A}=0$	
	等幂律	$A+A=A$		$A \cdot A=A$	
	双重否定律	$\bar{\bar{A}}=A$			
基本定理	结合律	$(A \cdot B) \cdot C=A \cdot (B \cdot C)$		$(A+B)+C=A+(B+C)$	
	交换律	$A \cdot B=B \cdot A$		$A+B=B+A$	
	分配律	$A(B+C)=AB+AC$		$A+BC=(A+B)(A+C)$	
	摩根定理	$\overline{AB}=\bar{A}+\bar{B}$		$\overline{A+B}=\bar{A} \cdot \bar{B}$	
常用公式	还原律	$AB+A\bar{B}=A$		$(A+B)(A+\bar{B})=A$	
	吸收律	$A+AB=A$	$A(A+B)=A$	$A(\bar{A}+B)=AB$	$A+\bar{A}B=A+B$
	冗余律	$AB+\bar{A}C+BC=AB+\bar{A}C$			

关于以上公式和定律的证明,最直接的方法是列出等号两边函数的真值表,若真值表完全相同,则说明等式成立。下面对其中几个公式进行证明。

1. $A+BC=(A+B)\cdot(A+C)$

证明：
$$A+BC=A(1+B+C)+BC=A+AB+AC+BC$$
$$=(AA+AC)+(AB+BC)=A(A+C)+B(A+C)$$
$$=(A+B)\cdot(A+C)$$

2. $(A+B)(A+\overline{B})=A$

证明：
$$(A+B)(A+\overline{B})=A+A\overline{B}+AB+B\overline{B}=A(1+\overline{B}+B)=A$$

3. $A+\overline{A}B=A+B$

证明：
$$A+\overline{A}B=A(1+B)+\overline{A}B=A+AB+\overline{A}B=A+(A+\overline{A})B=A+B$$

4. $AB+\overline{A}C+BC=AB+\overline{A}C$

证明：
$$AB+\overline{A}C+BC=AB+\overline{A}C+(A+\overline{A})BC=AB+\overline{A}C+ABC+\overline{A}BC$$
$$=(AB+ABC)+(\overline{A}C+\overline{A}BC)=AB(1+C)+\overline{A}C(1+B)$$
$$=AB+\overline{A}C$$

2.2.2 基本规则

逻辑代数中有 3 个重要的规则，即代入规则、对偶规则和反演规则，这些规则的使用可以将 2.2.1 节的基本逻辑公式和定律进行推广。

1. 代入规则

在任何一个逻辑等式中，若用同一个逻辑函数替换其中的某一个变量，等式仍然成立，则该规则为代入规则。

【例 2-1】 (1) $A(C+D)=AC+AD$，若用 $A+B$ 替换 A，则有
$$(A+B)(C+D)=(A+B)C+(A+B)D$$

(2) $A+CD=(A+C)(A+D)$，若用 AB 替换 A，则有 $AB+CD=(AB+C)(AB+D)$。

2. 对偶规则

将逻辑函数 Y 中的所有"·"换成"+"，"+"换成"·"，"0"换成"1"，"1"换成"0"，并保持原函数的运算顺序不变，即可得到新的逻辑函数 Y'，Y' 被称为原函数 Y 的对偶式，或者称 Y 与 Y' 互为对偶式。

【例 2-2】 若 $Y=AB+\overline{C}D$，则 $Y'=(A+B)(\overline{C}+D)$。

【例 2-3】 若 $Y=\overline{A+B+\overline{C}\overline{D}}$，则 $Y'=\overline{AB(\overline{C}+\overline{D})}$。

【例 2-4】 若 $A\cdot(B+C)=A\cdot B+A\cdot C$，对等式两边均运用对偶规则，则有
$$A+(B\cdot C)=(A+B)\cdot(A+C)$$

上例说明，若两个逻辑式相等，则它们的对偶式也必然相等。

利用对偶规则，可以减轻我们记忆公式和证明公式的负担。另外，在证明某些复杂逻辑式时，也可通过证明对偶式来完成。

3. 反演规则

将逻辑函数 Y 中的所有"·"换成"+"，"+"换成"·"，"0"换成"1"，"1"换成"0"，单个

原变量和反变量互换，并保持原函数的运算顺序不变，即可得到新的逻辑函数 $\overline{Y}$，则称 $\overline{Y}$ 为原函数 Y 的反函数。利用反演规则，可以很容易地求出原函数相应的反函数。

【例 2-5】 若 $Y=AB+\overline{C}D$，则 $\overline{Y}=(\overline{A}+\overline{B})(C+\overline{D})$。

【例 2-6】 若 $Y=\overline{A+B+\overline{CD}}$，则 $\overline{Y}=\overline{\overline{AB}(C+D)}$。

与对偶规则类似，若两个逻辑式相等，则它们的反函数必然相等。

注意：

（1）在运用对偶规则和反演规则时，必须按照以下顺序进行：先括号，再"与"，然后"或"，最后"非"。

（2）两次对偶等于原函数，即 $Y''=Y$；两次取反等于原函数，即 $\overline{\overline{Y}}=Y$。

（3）异或运算和同或运算既互为对偶式，又互为反函数。若 $Y=A\oplus B$，则有 $Y'=A\odot B$，$\overline{Y}=A\odot B$。

2.3 逻辑函数的表示法

描述逻辑函数的方法有很多种，常用的方法有真值表、逻辑表达式、卡诺图、波形图、逻辑电路图等。每种方法各有特点，它们分别适用于不同场合，但针对某个具体问题而言，它们仅是同一问题的不同描述形式，彼此之间可以很方便地相互变换。下面通过一个例子对几种描述方法加以介绍。

【例 2-7】 某人去听音乐会。如果用 A 表示是否有空闲时间，B 表示是否买到音乐会的票，Y 表示最终是否听音乐会，逻辑函数 $Y=f(A,B)$ 就表示了两个逻辑条件 (A,B) 和逻辑结果 Y 之间的逻辑关系。

很显然，在本例中，只有 A 和 B 都成立，即 A 和 B 都为"真"的时候，Y 才能发生，其余情况 Y 均为"假"。现在把"真"用"1"表示，"假"用"0"表示，将以上分析的逻辑关系分别用几种不同的方法进行描述。

2.3.1 真值表

真值表是一种用表格形式表示逻辑函数的方法，是由逻辑变量的所有可能取值组合以及相对应的逻辑函数值构成的表格。由于一个逻辑变量只有 0 和 1 两种取值，故对于有 n 个输入变量的逻辑函数，就应该有 2^n 种可能的输入取值组合，所列出的真值表也应该有 2^n 行。上例的逻辑关系可以用表格形式列举出来，得到的表 2-7 即例 2-7 的真值表。

表 2-7 例 2-7 的真值表

A	B	Y	A	B	Y
0	0	0	1	0	0
0	1	0	1	1	1

真值表由两部分组成，左边两栏列出输入变量的所有取值组合，为了不发生遗漏，通常各输入变量取值组合按照二进制数码由小到大的顺序列出；右边一栏为逻辑函数值，即输出变量的值。

真值表是一种十分有用的逻辑工具，在逻辑问题的分析和设计中，将经常用到这种工具。

2.3.2　逻辑表达式

逻辑表达式是由逻辑变量、逻辑运算符和必要的括号构成的式子。例如，

$$F = f(A,B,C,D) = (A + B)\overline{C}D$$

在逻辑表达式中，等式右边的字母称为输入逻辑变量，左边的字母称为输出逻辑变量，字母上面没有"非"运算符的称为原变量(如 A)，若有"非"运算符的称为反变量(如 $\overline{C}$)。

对于例 2-7 中某人去听音乐会，两个条件 A 和 B 同时满足时某人去听音乐会这个事件才会发生，即当 A、B 同时为 1 时，Y 才是 1，它们之间满足的是"与"逻辑的关系，所以例 2-7 的逻辑表达式为 $Y=AB$。

2.3.3　卡诺图

卡诺图是由逻辑变量所有可能取值组合的小方格构成的平面图形，这种方法主要用于逻辑函数的化简。

卡诺图和真值表有相似之处，因为它呈现了所有可能的输入变量的取值组合，以及这些取值对应的输出值。和真值表的行列组织样式不同，卡诺图是小方格的阵列，其中每个小方格对应输入变量的一组取值，卡诺图中小方格的数目等于输入变量取值组合的总数目，也就是真值表中行的数目。对于 3 个变量，小方格的数目是 $2^3=8$。对于 4 个变量，小方格的数目为 $2^4=16$。

卡诺图可用于具有 2 个、3 个、4 个和 5 个变量的逻辑函数的化简。在所有小方格排成的阵列图中，需满足矩阵的横方向和纵方向的逻辑变量的取值为格雷码顺序排列。具体细节将在后面章节详细讨论。例 2-7 $Y=AB$ 的卡诺图如图 2-4 所示。

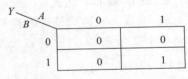

图 2-4　例 2-7 $Y=AB$ 的卡诺图

2.3.4　波形图

波形图是一种用输入电平的高低变化动态表示输出变化的图形。该图形是由输入变量的所有可能取值组合的高、低电平及其对应的输出函数值的高、低电平构成的图形。例 2-7 $Y=AB$ 的波形图如图 2-5 所示。

2.3.5　逻辑电路图

逻辑电路图是一种用规定好的图形符号表示逻辑函数运算关系的表示方法。本例中描述的是一种"与"逻辑关系，所以例 2-7 $Y=AB$ 的逻辑电路图如图 2-6 所示。

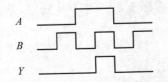

图 2-5　例 2-7 $Y=AB$ 的波形图

图 2-6　例 2-7 $Y=AB$ 的逻辑电路图

2.4　逻辑表达式的形式

2.4.1　一般式

同一个逻辑函数的表达式可以有多种形式,常见的一般形式主要有以下5种。

1. 与或表达式

与或表达式是指由若干与项进行或运算而构成的表达式。每个与项可以是单个变量的原变量或者反变量,也可以由多个原变量或者反变量相与组成,如 $Y=\overline{A}B+A\overline{B}C+C$。

与项又被称为乘积项,相应的"与或表达式"又称为"积之和"表达式。

2. 或与表达式

或与表达式是指由若干或项进行与运算构成的表达式。每个或项可以是单个变量的原变量或者反变量,也可以由多个原变量或者反变量相或组成,如 $Y=(A+B)(\overline{A}+C)\overline{D}$。

或项又被称为和项,相应的"或与表达式"又称为"和之积"表达式。

3. 与非-与非表达式

与非-与非表达式是指由若干与非项再进行与非运算而构成的表达式。每个与非项可以是单个变量的原变量或者反变量,也可以由多个原变量或者反变量相与非组成,如 $Y=\overline{\overline{AB}\cdot\overline{ABC}}$。

4. 或非-或非表达式

或非-或非表达式是指由若干或非项再进行或非运算而构成的表达式。每个或非项可以是单个变量的原变量或者反变量,也可以由多个原变量或者反变量相或非组成,如 $Y=\overline{\overline{A+B}+\overline{\overline{A}+C}}$。

5. 与或非表达式

与或非表达式是指由若干与项进行或运算之后,再整体进行非运算构成的表达式,如 $Y=\overline{\overline{A}B+A\overline{C}}$。

以上5种表达式虽然形式不同,每种形式相应的逻辑电路也不同,但由于它们都是同一个逻辑函数的不同表示形式,所以它们的逻辑功能是相同的,这些表达式之间可以相互等价转换。

2.4.2　最小项和最大项

1. 最小项的定义与性质

定义:如果一个 n 个变量函数的与项包含 n 个变量,每个变量均以原变量或反变量的形式出现,且仅出现一次,则该与项被称为最小项,又称标准积。对于 n 变量,共有 2^n 个最小项,如

一变量 A 可组成2个最小项: A、$\overline{A}$。

二变量 A、B 可组成4个最小项: $\overline{A}\overline{B}$、$\overline{A}B$、$A\overline{B}$、AB。

三变量 A、B、C 可组成8个最小项: $\overline{A}\overline{B}\overline{C}$、$\overline{A}\overline{B}C$、$\overline{A}B\overline{C}$、$\overline{A}BC$、$A\overline{B}\overline{C}$、$A\overline{B}C$、$AB\overline{C}$、$ABC$。

为了叙述和书写方便,通常用符号 m_i 表示最小项。下标 i 的确定方法如下:最小项中的变量顺序确定后,将其中的原变量记作"1",反变量记作"0",可得到一个二进制数,该二进

制数对应的十进制数即为下标 i 的值。例如,上述三变量的 8 个最小项可表示为

$$m_0 = \overline{A}\,\overline{B}\,\overline{C} \quad m_1 = \overline{A}\,\overline{B}C \quad m_2 = \overline{A}B\overline{C} \quad m_3 = \overline{A}BC$$

$$m_4 = A\overline{B}\,\overline{C} \quad m_5 = A\overline{B}C \quad m_6 = AB\overline{C} \quad m_7 = ABC$$

列出这 8 个最小项的取值情况,即可得到表 2-8 所示的真值表。

表 2-8　三变量最小项的真值表

A B C	m_0	m_1	m_2	m_3	m_4	m_5	m_6	m_7	$m_i m_j$	$\sum m_i$
0　0　0	1	0	0	0	0	0	0	0	0	1
0　0　1	0	1	0	0	0	0	0	0	0	1
0　1　0	0	0	1	0	0	0	0	0	0	1
0　1　1	0	0	0	1	0	0	0	0	0	1
1　0　0	0	0	0	0	1	0	0	0	0	1
1　0　1	0	0	0	0	0	1	0	0	0	1
1　1　0	0	0	0	0	0	0	1	0	0	1
1　1　1	0	0	0	0	0	0	0	1	0	1

从表 2-8 可以看出,最小项具有一些重要的性质。

性质 1:对于任意一个最小项,有且只有一组变量的取值使其为 1。并且,最小项不同,使其值为 1 的变量取值也不同。如 $m_0 = \overline{A}\,\overline{B}\,\overline{C}$,只有当 A、B、C 均为 0 时,才有 $m_0 = 1$;如 $m_6 = AB\overline{C}$,只有当 A、B、C 为 110 时,才有 $m_6 = 1$。

性质 2:相同变量构成的任何两个不同的最小项相与都为 0,记作 $m_i m_j = 0 (i \neq j)$。如 $m_0 = \overline{A}\,\overline{B}\,\overline{C}$,$m_1 = \overline{A}\,\overline{B}C$,则有 $m_0 m_1 = \overline{A}\,\overline{B}\,\overline{C} \cdot \overline{A}\,\overline{B}C = 0$。

性质 3:n 变量逻辑函数的全部最小项相或为 1,记作 $\sum\limits_{i=0}^{2^n-1} m_i = 1$。

性质 4:n 变量的每个最小项有 n 个逻辑相邻项。所谓两个项相邻,是指有且仅有一个变量为互补变量,而其他变量取值都相同的两个项。具有相邻性的两个最小项相或可以合并成一项并消去一个变量。如 $\overline{A}\,\overline{B}\,\overline{C}$ 的相邻最小项有 $\overline{A}\,\overline{B}C$、$\overline{A}B\overline{C}$、$A\overline{B}\,\overline{C}$,其中 $\overline{A}\,\overline{B}\,\overline{C} + \overline{A}\,\overline{B}C = \overline{A}\,\overline{B}(\overline{C}+C) = \overline{A}\,\overline{B}$。

2. 最大项的定义与性质

定义:如果一个 n 个变量函数的"或项"包含全部 n 个变量,每个变量均以原变量或反变量的形式出现,且仅出现一次,则该"或项"被称为最大项,又称标准和。对于 n 变量,共有 2^n 个最大项,如

一变量 A 可组成 2 个最大项:A、$\overline{A}$。

二变量 A、B 可组成 4 个最大项:$A+B$、$A+\overline{B}$、$\overline{A}+B$、$\overline{A}+\overline{B}$。

三变量 A、B、C 可组成 8 个最大项:

$A+B+C, A+B+\overline{C}, A+\overline{B}+C, A+\overline{B}+\overline{C}, \overline{A}+B+C, \overline{A}+B+\overline{C}, \overline{A}+\overline{B}+C, \overline{A}+\overline{B}+\overline{C}$。

为了叙述和书写方便,通常用符号 M_i 表示最大项。下标 i 的确定方法如下:最大项中的变量顺序确定后,将其中的原变量记作"0",反变量记作"1",可得到一个二进制数,该二进制数对应的十进制数即为下标 i 的值。例如,上述三变量的 8 个最大项可表示为

$$M_0 = A+B+C \quad M_1 = A+B+\overline{C} \quad M_2 = A+\overline{B}+C \quad M_3 = A+\overline{B}+\overline{C}$$

$$M_4 = \overline{A} + B + C \quad M_5 = \overline{A} + B + \overline{C} \quad M_6 = \overline{A} + \overline{B} + C \quad M_7 = \overline{A} + \overline{B} + \overline{C}$$

列出这 8 个最大项的取值情况，即可得到表 2-9 所示的真值表。

表 2-9　三变量最大项的真值表

A	B	C	M_0	M_1	M_2	M_3	M_4	M_5	M_6	M_7	$M_i + M_j$	$\prod M_i$
0	0	0	0	1	1	1	1	1	1	1	1	0
0	0	1	1	0	1	1	1	1	1	1	1	0
0	1	0	1	1	0	1	1	1	1	1	1	0
0	1	1	1	1	1	0	1	1	1	1	1	0
1	0	0	1	1	1	1	0	1	1	1	1	0
1	0	1	1	1	1	1	1	0	1	1	1	0
1	1	0	1	1	1	1	1	1	0	1	1	0
1	1	1	1	1	1	1	1	1	1	0	1	0

从表 2-9 可以看出，最大项也有一些重要的性质。

性质 1：对于任意一个最大项，有且只有一组变量的取值使其为 0。并且，最大项不同，使其值为 0 的变量取值也不同。如 $M_0 = A + B + C$，只有当 A、B、C 均为 0 时，$M_0 = 0$ 才成立；如 $M_5 = \overline{A} + B + \overline{C}$，只有当 A、B、C 为 101 时，$M_5 = 0$ 才成立。

性质 2：相同变量构成的任何两个不同最大项相或为 1，记作 $M_i + M_j = 1 (i \neq j)$。如 $M_0 = A + B + C$，$M_1 = A + B + \overline{C}$，则有 $M_0 + M_1 = (A + B + C) + (A + B + \overline{C}) = 1$。

性质 3：n 变量逻辑函数的全部最大项相与为 0，记作 $\prod\limits_{i=0}^{2^n-1} M_i = 0$。

性质 4：n 变量的每个最大项有 n 个逻辑相邻项。

3. 最小项与最大项的关系

以三变量为例，共有 8 个最小项，利用反演规则可以得到：

$$\overline{m_0} = \overline{\overline{A}\,\overline{B}\,\overline{C}} = A + B + C = M_0 \quad \overline{m_1} = \overline{\overline{A}\,\overline{B}C} = A + B + \overline{C} = M_1$$

$$\overline{m_2} = \overline{\overline{A}B\overline{C}} = A + \overline{B} + C = M_2 \quad \overline{m_3} = \overline{\overline{A}BC} = A + \overline{B} + \overline{C} = M_3$$

$$\overline{m_4} = \overline{A\overline{B}\,\overline{C}} = \overline{A} + B + C = M_4 \quad \overline{m_5} = \overline{A\overline{B}C} = \overline{A} + B + \overline{C} = M_5$$

$$\overline{m_6} = \overline{AB\overline{C}} = \overline{A} + \overline{B} + C = M_6 \quad \overline{m_7} = \overline{ABC} = \overline{A} + \overline{B} + \overline{C} = M_7$$

观察可发现，下标编号相同的最大项和最小项互为反函数。推广可知，n 变量组成的最小项和最大项互为反函数，记为 $\overline{m_i} = M_i$，或者 $\overline{M_i} = m_i$。

2.4.3　标准式

逻辑函数表达式的标准式主要有"标准与或式"和"标准或与式"两种类型。

1. 标准与或式（最小项表达式）

由若干个最小项相或构成的逻辑表达式称为"标准与或表达式"，也叫作最小项表达式。任何一个逻辑函数表达式都可以表示成唯一一组最小项之和的形式，一般可以采用拆项法和真值表法求得逻辑函数的最小项表达式。

拆项法：对一般与或表达式，利用公式 $A + \overline{A} = 1$ 对乘积项中缺少的变量进行配项，然后用分配律 $(A + \overline{A})B = AB + \overline{A}B$ 将添加项后的式子展开，即可得到最小项表达式。

真值表法：列出真值表，真值表中的每一行实质上就是一个最小项，将输出函数为"1"的所有最小项相"或"，即可得到最小项表达式。

【例 2-8】 写出 $Y=AB+\overline{B}C$ 的最小项表达式。

解：① 用拆项法求解。

$$Y=AB+\overline{B}C=AB(C+\overline{C})+(A+\overline{A})\overline{B}C=ABC+AB\overline{C}+A\overline{B}C+\overline{A}\overline{B}C$$
$$=\overline{A}\overline{B}C+A\overline{B}C+AB\overline{C}+ABC=m_1+m_5+m_6+m_7=\sum m(1,5,6,7)$$

② 用真值表法求解。例 2-8 真值表见表 2-10。

表 2-10　例 2-8 真值表

A	B	C	Y	A	B	C	Y
0	0	0	0	1	0	0	0
0	0	1	1	1	0	1	1
0	1	0	0	1	1	0	1
0	1	1	0	1	1	1	1

由表 2-10 可知，有 4 组取值可使 $Y=1$，将这 4 组对应的最小项相加，便可得到该函数的最小项表达式：$Y=\overline{A}\overline{B}C+A\overline{B}C+AB\overline{C}+ABC=m_1+m_5+m_6+m_7=\sum m(1,5,6,7)$。

2. 标准或与式（最大项表达式）

由若干个最大项相与构成的逻辑表达式称为"标准或与表达式"，也叫作最大项表达式。任何一个逻辑函数表达式都可以表示成唯一一组最大项之积的形式。因为前面讨论过最小项和最大项的关系，所以这里可以通过最小项表达式求最大项表达式。

【例 2-9】 写出 $Y=AB+\overline{B}C$ 的最大项表达式。

解：$Y=\overline{A}\overline{B}C+A\overline{B}C+AB\overline{C}+ABC=m_1+m_5+m_6+m_7=\sum m(1,5,6,7)$
$$=\overline{\sum m(0,2,3,4)}=\overline{m_0+m_2+m_3+m_4}=\overline{m_0}\cdot\overline{m_2}\cdot\overline{m_3}\cdot\overline{m_4}$$
$$=\prod M(0,2,3,4)$$

2.4.4 最简式

用化简后的逻辑表达式构造电路，可以使电路结构更加简单，电路工作更加稳定、可靠。一个逻辑函数的最简表达式可以分为最简与或式、最简与非-与非式、最简或与式、最简或非-或非式、最简与或非式这几种形式。对逻辑函数表达式进行化简时，往往先将其化为最简与或表达式，然后再根据需要转化成其他形式。下面通过例子给出几种最简表达式的形式，以及它们之间的转换方法。

1. 最简与或式

乘积项最少并且每个乘积项中的变量也最少的与或表达式称为最简与或式。

$$Y=\overline{A}B\overline{E}+\overline{A}B+A\overline{C}+A\overline{C}E+B\overline{C}+\overline{B}\overline{C}D=\overline{A}B+A\overline{C}+B\overline{C}=\overline{A}B+A\overline{C}$$

2. 最简与非-与非式

非号最少并且每个非号下面乘积项中的变量也最少的与非-与非表达式称为最简与非-与非式。在最简与或表达式的基础上两次取反，然后用摩根定律去掉下面的非号即可得到最简与非-与非式。

$$Y = \overline{A}B + A\overline{C} = \overline{\overline{\overline{A}B + A\overline{C}}} = \overline{\overline{\overline{A}B} \cdot \overline{A\overline{C}}}$$

3. 最简或与式

括号最少并且每个括号内相加的变量也最少的或与表达式称为最简或与式。若 $Y = \overline{A}B + A\overline{C}$，则先求出反函数的最简与或表达式，有：

$$\overline{Y} = \overline{\overline{A}B + A\overline{C}} = (A + \overline{B})(\overline{A} + C) = A\overline{B} + AC + \overline{B}C = A\overline{B} + AC$$

再利用反演规则写出函数的最简或与表达式：$\overline{\overline{Y}} = Y = (A + B)(\overline{A} + \overline{C})$。

4. 最简或非-或非式

非号最少并且每个非号下面相加的变量也最少的或非-或非表达式称为最简或非-或非式。先求出逻辑函数的最简或与表达式，然后两次取反，最后用摩根定律去掉下面的非号即可。

$$Y = (A + B)(\overline{A} + \overline{C}) = \overline{\overline{(A + B)(\overline{A} + \overline{C})}} = \overline{\overline{A + B} + \overline{\overline{A} + \overline{C}}}$$

5. 最简与或非式

非号下面相加的乘积项最少并且每个乘积项中相乘的变量也最少的与或非表达式称为最简与或非式。将最简或非-或非表达式中大非号下面的非号用摩根定律去掉，便可得到最简与或非表达式：

$$Y = \overline{\overline{A + B} + \overline{\overline{A} + \overline{C}}} = \overline{A\overline{B} + AC}$$

2.5 逻辑函数的化简

在数字系统中，实现某一逻辑功能的逻辑电路的复杂性与描述该功能的逻辑表达式的复杂性直接相关。一般来说，逻辑函数表达式越简单，设计出来的相应逻辑电路也就越简单。因此，为了简化电路结构、降低系统成本、提高可靠性，必须对逻辑函数进行化简。

逻辑函数化简常用的方法有：公式法（代数法）、卡诺图法和列表法，其中列表法也称为Q-M法，化简的基本思想类似于卡诺图法，但步骤比卡诺图法更加严谨。如果函数的变量较少，可以用手工的方式采用约定的表格，按照一定的规则进行；若函数变量较多，可通过计算机程序实现。下面主要介绍公式化简法和卡诺图化简法。

2.5.1 公式化简法

所谓公式化简法，就是运用逻辑代数的基本公式、定理、规则化简逻辑函数表达式的一种方法。常用的公式化简法有并项法、吸收法、配项法、消去冗余项法等。

1. 并项法

利用公式 $A + \overline{A} = 1$，将两项合并为一项，并消去相关变量。

【例 2-10】 化简下列逻辑函数：$Y_1 = AB\overline{C} + \overline{A}B\overline{C} + \overline{B}\overline{C}$，$Y_2 = \overline{A}BC + \overline{A}\overline{B} + \overline{A}\overline{C}$。

解：

$$Y_1 = AB\overline{C} + \overline{A}B\overline{C} + \overline{B}\overline{C} = (A + \overline{A})B\overline{C} + \overline{B}\overline{C} = B\overline{C} + \overline{B}\overline{C} = (B + \overline{B})\overline{C} = \overline{C}$$

$$Y_2 = \overline{A}BC + \overline{A}\overline{B} + \overline{A}\overline{C} = \overline{A}BC + \overline{A}(\overline{B} + \overline{C}) = \overline{A}BC + \overline{A}\,\overline{BC} = \overline{A}(BC + \overline{BC}) = \overline{A}$$

2. 吸收法

（1）利用公式 $A+AB=A$，消去多余项。

【例 2-11】 化简下列逻辑函数：$Y_1=\overline{A}B+\overline{A}B(\overline{C}+D)$，$Y_2=\overline{\overline{A}\,\overline{BC}}(AB+CD)+A+BC$。

解：

$$Y_1=\overline{A}B+\overline{A}B(\overline{C}+D)=\overline{A}B$$

$$Y_2=\overline{\overline{A}\,\overline{BC}}(AB+CD)+A+BC=(A+BC)(AB+CD)+(A+BC)=A+BC$$

（2）利用公式 $A+\overline{A}B=A+B$，消去多余项。

【例 2-12】 化简下列逻辑函数：$Y_1=AB+\overline{AB}CD$，$Y_2=AB+\overline{A}C+\overline{B}C$。

解：

$$Y_1=AB+\overline{AB}CD=AB+CD$$

$$Y_2=AB+\overline{A}C+\overline{B}C=AB+(\overline{A}+\overline{B})C=AB+\overline{AB}C=AB+C$$

3. 配项法

（1）利用公式 $A+A=A$，为某项配上能合并的项。

【例 2-13】 化简逻辑函数：$Y=ABC+AB\overline{C}+A\overline{B}C+\overline{A}BC$。

解：

$$Y=ABC+AB\overline{C}+A\overline{B}C+\overline{A}BC$$
$$=(ABC+ABC+ABC)+AB\overline{C}+A\overline{B}C+\overline{A}BC$$
$$=(ABC+AB\overline{C})+(ABC+A\overline{B}C)+(ABC+\overline{A}BC)$$
$$=AB+AC+BC$$

（2）利用公式 $A=A(B+\overline{B})$ 进行配项，为某个"与"项添加其缺少的变量，然后再进行化简。

【例 2-14】 化简逻辑函数：$Y=AB+\overline{B}C+ACD$。

解：

$$Y=AB+\overline{B}C+ACD=AB+\overline{B}C+A(B+\overline{B})CD$$
$$=AB+\overline{B}C+ABCD+A\overline{B}CD$$
$$=(AB+ABCD)+(\overline{B}C+A\overline{B}CD)$$
$$=AB+\overline{B}C$$

4. 消去冗余项法

利用公式 $AB+\overline{A}C+BC=AB+\overline{A}C$，将冗余项 BC 以及和其相"与"的项都消去。

【例 2-15】 化简逻辑函数：$Y_1=AB+\overline{A}C+BC(D+\overline{E})$，$Y_2=\overline{A}C+\overline{A}\overline{B}C+\overline{C}D+\overline{A}BD$。

解：

$$Y_1=AB+\overline{A}C+BC(D+\overline{E})=AB+\overline{A}C$$
$$Y_2=\overline{A}C+\overline{A}\overline{B}C+\overline{C}D+\overline{A}BD=\overline{A}C(1+\overline{B})+\overline{C}D+\overline{A}BD$$
$$=\overline{A}C+\overline{C}D+\overline{A}BD=(\overline{A}C+\overline{C}D+\overline{A}D)+\overline{A}BD$$
$$=\overline{A}C+\overline{C}D+(\overline{A}D+\overline{A}BD)=\overline{A}C+\overline{C}D+\overline{A}D(1+B)$$
$$=\overline{A}C+\overline{C}D+\overline{A}D=\overline{A}C+\overline{C}D$$

5. 综合举例

在实际应用中，逻辑函数一般比较复杂，所以应该灵活地综合运用已学的公式、定理、定律以及规则进行逻辑函数表达式的化简。

【例 2-16】　化简逻辑函数：$Y = A\bar{C}D + ACD + ABD + \bar{A}C + CD$。

解：

$$Y = A\bar{C}D + ACD + ABD + \bar{A}C + CD = AD(\bar{C} + C) + ABD + \bar{A}C + CD$$
$$= AD + ABD + \bar{A}C + CD = AD(1 + B) + \bar{A}C + CD$$
$$= AD + \bar{A}C + CD = AD + \bar{A}C$$

【例 2-17】　化简逻辑函数：$Y = (\bar{B} + D)(A + \bar{B} + D + G)(C + E)(\bar{C} + G)(A + E + G)$。

解：（1）先求解 Y 的对偶函数 Y'，并对其进行化简得：

$$Y' = \bar{B}D + A\bar{B}DG + CE + \bar{C}G + AEG = \bar{B}D(1 + AG) + CE + \bar{C}G + AEG$$
$$= \bar{B}D + (CE + \bar{C}G + AEG) = \bar{B}D + CE + \bar{C}G$$

（2）因为有 $Y'' = Y$，所以求 Y' 的对偶函数，即可得到 Y 的最简或与式。

$$Y = Y'' = (\bar{B} + D)(C + E)(\bar{C} + G)$$

2.5.2　卡诺图化简法

卡诺图化简法又称为图形化简法。与前面的公式化简法相比，这种方法简单、直观、容易掌握，因而在逻辑设计中得到了广泛应用。

1. 卡诺图的构成

将逻辑函数真值表中的最小项按照矩阵形式重新排列，且使矩阵纵向和横向的逻辑变量的取值按照格雷码的顺序排列，由此得到的图形就是卡诺图。n 变量的逻辑函数有 2^n 个最小项，因此相应的卡诺图上应有 2^n 个小方格，每个小方格代表一个相应的最小项。图 2-7 给出了 1 个变量，2 个变量，3 个变量，4 个变量，5 个变量的卡诺图。可按照相同的原则做出 5 变量以上的卡诺图，但当变量较多时，卡诺图较为复杂，不易观察相邻项，所以当函数变量个数等于或大于 5 个时，较少使用卡诺图。

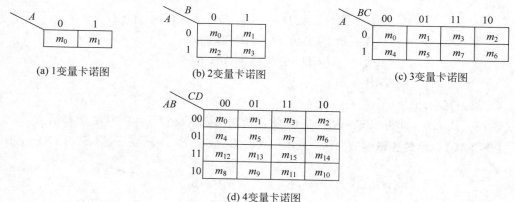

图 2-7　卡诺图结构

2. 用卡诺图表示逻辑函数

1) 由真值表填函数卡诺图

若逻辑函数是以真值表的形式给出,则将真值表中的每组变量取值组合对应的函数值填入卡诺图中对应的小方格内即可。

【例 2-18】　逻辑函数 Y 的真值表见表 2-11,试画出其相关的卡诺图。

表 2-11　例 2-18 真值表

A	B	C	Y
0	0	0	1
0	0	1	0
0	1	0	1
0	1	1	0
1	0	0	1
1	0	1	0
1	1	0	1
1	1	1	0

解：由表 2-11 可知,当 ABC 取值为 000、010、100 和 110 时,Y 的取值为 1。所以,在卡诺图中,变量 ABC 取以上 4 组值时,相应的小方格内填"1",其余方框内填"0"。本例的卡诺图如图 2-8 所示。

2) 由标准与或表达式填函数卡诺图

若逻辑函数表达式为标准与或式(最小项表达式),则在卡诺图中在给定的最小项对应的小方格内填"1",其余的小方格内填"0"即可。

【例 2-19】　试画出逻辑函数 $Y = \sum m(1,5,6,7)$ 的卡诺图。

解：因为最小项表达式中最小项的下标为 7,所以变量最少为 3 个。画出 3 变量卡诺图,并在 m_1,m_5,m_6,m_7 对应的小方格内填"1",其余的小方格内填"0",如图 2-9 所示。

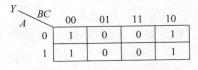

图 2-8　例 2-18 卡诺图

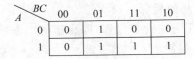

图 2-9　例 2-19 卡诺图

3) 标准或与表达式

若逻辑函数表达式为最大项表达式(标准或与式),则在卡诺图中在给定的最大项对应的小方格内填"0",其余小方格内填"1"即可。

【例 2-20】　试画出逻辑函数 $Y = \prod M(0,2,4,5)$ 的卡诺图。

解：在最大项 M_0,M_2,M_4,M_5 对应的小方格内填"0",其余小方格内填"1",如图 2-10 所示。

4) 由一般与或表达式填函数卡诺图

若逻辑函数不是标准与或式,则在卡诺图中找到所有含有与或表达式中乘积项的最小项(该乘积项为这些最小项的公因子),并在相应的小方格内填"1",其余的小方框内填"0"。

【例 2-21】 试画出逻辑函数 $Y=AB+\overline{B}C+BCD$ 的卡诺图。

解：找出所有包含 AB、$\overline{B}C$、BCD 的最小项,并在卡诺图中相应的方格内填"1",其余的方格内填"0",如图 2-11 所示。

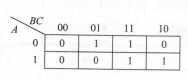

A \ BC	00	01	11	10
0	0	1	1	0
1	0	0	1	1

图 2-10　例 2-20 卡诺图

AB \ CD	00	01	11	10
00	0	0	1	1
01	0	0	1	0
11	1	1	1	1
10	0	0	1	1

图 2-11　例 2-21 卡诺图

5）由一般或与表达式填函数卡诺图

若逻辑函数不是标准或与式,则可采用以下两种方法画出卡诺图：①利用反演规则先将逻辑函数取反,得到反函数的与或表达式,然后在反函数对应的小方格内填"0",其余的小方格内填"1"；②在卡诺图中找到所有含有或与表达式中和项的最大项,并在相应的小方格内填"0",其余的小方格内填"1"。注意,或项中的原变量用"0"表示,反变量用"1"表示。

【例 2-22】 试画出逻辑函数 $Y=(A+B+C)(\overline{A}+\overline{C}+D)(C+D)$ 的卡诺图。

解：在卡诺图中找到所有含有 $(A+B+C)$、$(\overline{A}+\overline{C}+D)$、$(C+D)$ 的项,并在相应的小方格内填"0",其余的小方格内填"1",如图 2-12 所示。

AB \ CD	00	01	11	10
00	0	0	1	1
01	0	1	1	1
11	0	1	1	0
10	0	1	1	0

图 2-12　例 2-22 卡诺图

3. 卡诺图的性质

若两个最小项(最大项)之间只有一个变量不同,其余变量都相同,则称它们为逻辑相邻。逻辑相邻的最小项(最大项)在卡诺图中也是相邻的。对于 n 个变量的逻辑函数,在其卡诺图中,每个小方格具有 n 个相邻的小方格。在卡诺图中,相邻项的形式有几何相邻、相对相邻、重叠相邻 3 种。

1）几何相邻

在几何位置上相邻,即相邻的小方格具有共同边界。如图 2-7(d)中,m_5 与 m_1、m_4、m_7、m_{13} 几何相邻。

2）相对相邻

在卡诺图中,处于同一行或同一列两端的小方格为相对相邻。如图 2-7(d)中,m_0 与 m_2、m_{12} 和 m_{14}、m_1 和 m_9、m_2 和 m_{10} 均为相对相邻最小项。

3）重叠相邻

将相邻两幅卡诺图重叠后,位置重叠的小方格为重叠相邻。如图 2-7(e)中,m_9 与 m_{13}、m_{25} 和 m_{29} 均为重叠相邻最小项。

利用卡诺图化简函数,实质上就是寻找相邻的最小项,因为两个相邻项可以合并为一项并消去一个变量。例如,ABC 和 $\overline{A}BC$ 相邻,有 $ABC+\overline{A}BC=BC$,可消去变量 A；$(A+B+C)$ 和 $(A+\overline{B}+C)$ 相邻,有 $(A+B+C)(A+\overline{B}+C)=A+C$,可消去变量 B。若有 2^m 个相邻项,则合并后可以消去 m 个变量。例如,$AB\overline{C}\overline{D}$、$AB\overline{C}D$、$ABCD$ 和 $ABC\overline{D}$ 这 4 项($2^2=4$)为相邻项,合并后可消去 C、D 两个变量。

$$AB\overline{C}\,\overline{D} + AB\overline{C}D + ABCD + ABC\overline{D} = AB\overline{C}(D+\overline{D}) + ABC(D+\overline{D})$$
$$= AB\overline{C} + ABC = AB$$

图 2-13 给出了几种常见的几何相邻和相对相邻的示意图。

(a) 两个格子相邻图1

(b) 两个格子相邻图2

(c) 两个格子相邻图3

(d) 4个格子相邻图1

(e) 4个格子相邻图2

(f) 4个格子相邻图3

(g) 4个格子相邻图4

(h) 8个格子相邻图1

(i) 8个格子相邻图2

(j) 8个格子相邻图3

图 2-13　常见的几何相邻、相对相邻的示意图

以 5 变量的逻辑函数为例,图 2-14 给出了重叠相邻的示意图。

4. 用卡诺图化简函数

采用卡诺图进行逻辑函数化简的步骤如下。

AB \ CDE	000	001	011	010		100	101	111	110
00	0	0	0	0		0	0	0	0
01	**1**	**1**	0	0		**1**	**1**	0	0
11	**1**	**1**	0	0		**1**	**1**	0	0
10	0	0	0	0		0	0	0	0

图 2-14　重叠相邻的示意图

（1）将逻辑函数化为"与-或"形式或者"或-与"形式。

（2）画出逻辑函数卡诺图,并在相应的小方格内填入"0"或"1"。

（3）找出可以合并的相邻项,圈卡诺圈。合并时,必须是 2^m 个逻辑相邻的项进行合并,消去 m 个变量;圈卡诺圈时,圈越大越好,圈的个数越少越好;每个项可以被圈多次,但是每个卡诺圈中至少包含一个新的项;保证组成函数的所有项至少要被圈过一次。

（4）根据所圈卡诺圈写出逻辑函数的最简式。

【例 2-23】 用卡诺图将逻辑函数 $Y = \sum m(1,5,6,7)$ 化为最简与-或式。

解：逻辑函数 Y 的卡诺图如图 2-15 所示。

因为 m_1 和 m_5 相邻,合并后结果为 $\bar{B}C$;m_6 和 m_7 相邻,合并后结果为 AB,所以该函数的最简与-或式为 $Y=\bar{B}C+AB$。

【例 2-24】 用卡诺图将逻辑函数 $Y = \prod M(0,2,4,5)$ 化为最简或-与式。

解：逻辑函数 Y 的卡诺图如图 2-16 所示。

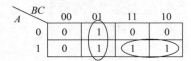

图 2-15　例 2-23 卡诺图

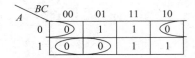

图 2-16　例 2-24 卡诺图

因为 M_0 和 M_2 相邻,合并后结果为 $A+C$;M_4 和 M_5 相邻,合并后结果为 $\bar{A}+B$,所以该函数的最简或-与式为 $Y=(A+C)(\bar{A}+B)$。

【例 2-25】 用卡诺图将逻辑函数 $Y=AB+\bar{B}C+BCD$ 化为最简与-或式。

解：逻辑函数 Y 的卡诺图如图 2-17 所示。由卡诺图可得该函数的最简与-或式为 $Y=AB+\bar{B}C+CD$。

【例 2-26】 用卡诺图将逻辑函数 $Y=(A+B+C)(\bar{A}+\bar{C}+D)(C+D)$ 化为最简或-与式。

解：逻辑函数 Y 的卡诺图如图 2-18 所示。由卡诺图可得该函数的最简或-与式为 $Y=(A+B+C)(\bar{A}+D)(C+D)$。

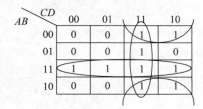

图 2-17　例 2-25 卡诺图

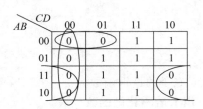

图 2-18　例 2-26 卡诺图

2.5.3　化简中两个实际问题的考虑

1. 包含无关项的逻辑函数的化简

在分析某些具体逻辑函数或设计逻辑电路时,会遇到这样的情况:函数值不确定,可以是任意值或者某些输入变量的取值不会出现。我们将这些变量的取值组合对应的最小项或最大项称为无关项、约束项或任意项,用符号"d/D""×"或"ϕ"表示,其中"d"表示无关最小项,"D"表示无关最大项。无关项的函数值既可以取"0",也可以取"1",只要使表达式最简单即可。

含有无关项的最小项表达式和最大项表达式如下。

① 最小项表达式:$F = \sum m(\ ) + \sum d(\ )$,其中无关项满足约束条件 $\sum d(\ ) = 0$。

② 最大项表达式:$F = \prod M(\ ) \cdot \prod D(\ )$,其中无关项满足约束条件 $\prod D(\ ) = 1$。

【例 2-27】　将逻辑函数 $Y = \sum m(1,5,6,7) + \sum d(0,2,4)$ 化为最简与-或式。

解:逻辑函数 Y 的卡诺图如图 2-19 所示。

因为 m_0、m_1、m_4 和 m_5 相邻,所以将无关项 m_0 和 m_4 的值取为 1,合并后结果为 $\bar{B}$;m_4、m_5、m_6 和 m_7 相邻,合并后结果为 A,所以该函数的最简与-或式为 $Y = \bar{B} + A$。

【例 2-28】　已知约束条件为 $\bar{B}\bar{C} = 0$,试化简逻辑函数 $Y = AB + \bar{B}C + BCD$。

解:输入变量的取值要受约束条件为 $\bar{B}\bar{C} = 0$ 的限制,将约束条件转变为最小项之和的形式,则有 $\bar{A}\bar{B}\bar{C}\bar{D} + \bar{A}\bar{B}\bar{C}D + A\bar{B}\bar{C}\bar{D} + A\bar{B}\bar{C}D = 0$,得到的 4 个最小项均为无关项,即 $\sum d(0,1,8,9) = 0$,所以,逻辑函数 Y 的卡诺图如图 2-20 所示。

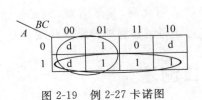

图 2-19　例 2-27 卡诺图

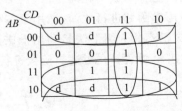

图 2-20　例 2-28 卡诺图

由卡诺图可得该函数的最简与-或式为 $Y = A + \bar{B} + CD$。

2. 多输出逻辑函数的化简

实际中,常常会由同一组输入变量产生多个输出函数,解决这类问题时就会涉及多输出函数的化简问题。若独立考虑各个输出函数的最简表达式,根据这些表达式设计出逻辑电路,再将它们拼在一起,并不能保证得到的逻辑电路整体最简。因为各个输出函数之间可能具有某些共同的部分,所以应该把多个输出函数作为整体对待,而不是分开考虑。

解决多输出逻辑函数的化简,关键在于找出各输出的公共项,以便在构造电路时可以共享公共项相关的逻辑部件,从而使电路整体上达到最简。

【例 2-29】　化简下面的多输出函数:

$$Y_1 = \sum m(2,3,4,5,6,7,10,11,14,15), \quad Y_2 = \sum m(2,4,5,6,10,14)$$

解：分别做出两个函数的卡诺图，如图 2-21 所示。观察并找出二者的共同项，化简可得：$Y_1 = \overline{A}B\overline{C} + C$，$Y_2 = \overline{A}B\overline{C} + C\overline{D}$。

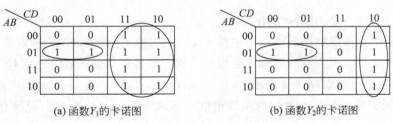

| (a) 函数Y_1的卡诺图 | | (b) 函数Y_2的卡诺图 |

图 2-21　例 2-29 卡诺图

说明：虽然逻辑函数 $Y_1 = \overline{A}B\overline{C} + C$ 不是最简表达式，但是对于多输出的整体构造来说，已达到了最简。

2.6　本 章 小 结

同一个逻辑函数可用真值表、逻辑函数表达式、卡诺图、逻辑电路图、波形图这几种形式表示，这几种表示形式可以互相转换。在后面学习数字电路的分析与设计时，会涉及真值表与逻辑电路图的转换，所以应该引起注意。

逻辑代数是研究数字逻辑电路的重要工具，利用逻辑代数可以解决电路的分析和设计问题。与、或、非是 3 种基本逻辑运算，将这 3 种逻辑运算复合可得到与非、或非、与或非、异或几个常用的逻辑运算。

常用的逻辑函数的化简方法有公式法和图形法。公式法是利用逻辑代数的公式、定理及规则对逻辑函数进行化简，适用于各种较复杂的逻辑函数，但需要熟练掌握公式、定理和规则，并灵活运用；图形法是利用卡诺图对逻辑函数进行化简，简单直观，但是不适用于变量太多的逻辑函数。在对逻辑函数进行化简时，要充分利用随意项使结果最简。

2.7　习题和自测题

习题（答案见附录 D）

1. 当变量 A、B、C 的取值分别为 001、011 及 110 时，求下列函数的值。

(1) $F = AB + A\overline{C}$

(2) $F = (A + \overline{B} + \overline{C})(A + B)$

(3) $F = \overline{A(B + \overline{C})}$

2. 判断以下命题的真假。

(1) 若已知 $X + Y = X + Z$，则有 $Y = Z$；

(2) 若已知 $XY = XZ$，则有 $Y = Z$；

(3) 若已知 $X + Y = X + Z$，则有 $XY = XZ$。

3. 用真值表及代数法证明下列等式。

(1) $\overline{A}B + A\overline{B} + B = A + B$

(2) $(AB) \oplus (AC) = A(B \oplus C)$

(3) $\overline{AC} + AB = \overline{A}C + A\overline{B}$

4. 写出下列逻辑函数的对偶式 F' 及反函数 $\overline{F}$。

(1) $F = AB + A(\overline{C} + \overline{D})$

(2) $F = [(AB + \overline{C})D + DE]G$

(3) $F = \overline{A(B + \overline{C})} + \overline{A + \overline{BC}}$

5. 将下列逻辑函数化为"标准与或式"和"标准或与式"。

(1) $F = (A + B)(\overline{A} + \overline{C})$

(2) $F = \overline{A\overline{C} + BC}$

6. 用逻辑代数法和卡诺图法将下列逻辑函数化成最简与或表达式。

(1) $F = (A + \overline{A}C)(A + CD + D)$

(2) $F = A\overline{B} + A\overline{C} + A\overline{C}D + BC$

(3) $F = \overline{\overline{AC} + \overline{B}C + B(A \oplus C)}$

(4) $F(A,B,C) = \sum m(0,2,4,6,7)$

(5) $F(A,B,C,D) = \sum m(0,1,2,5,8,9,10,12,14)$

(6) $F(A,B,C,D) = \sum m(0,4,6,8,13) + \sum d(1,2,3,9,10,11)$

(7) $F = (A \oplus B)C\overline{D} + \overline{A}B\overline{C} + \overline{A}CD$，且 $AB + CD = 0$

7. 将下列逻辑函数化为最简与非式、最简或非式及最简与或非式。

(1) $F = AD + BC\overline{D} + (\overline{A} + \overline{B})C$

(2) $F(A,B,C,D) = \sum m(0,1,2,4,6,10,14,15)$

8. 用卡诺图将下列逻辑函数化为整体最简的与或表达式。

$$\begin{cases} F_1 = AC\overline{D} + CD \\ F_2 = ABC\overline{D} + \overline{A}BCD + A\overline{B}\overline{C}\overline{D} + BCD + \overline{C}\overline{D} \end{cases}$$

9. 对下面的每个表达式，应用摩根定理对函数式进行变换。

(1) $F_1 = \overline{A + \overline{B}}$

(2) $F_2 = \overline{\overline{A} \cdot \overline{B}}$

(3) $F_3 = \overline{ABC}$

(4) $F_4 = \overline{A + B + C}$

(5) $F_5 = \overline{A(B + C)}$

(6) $F_6 = \overline{AB + \overline{C}D}$

(7) $F_7 = \overline{\overline{AB} + \overline{CD}}$

(8) $F_8 = \overline{(A + \overline{B})(\overline{C} + D)}$

10. 使用卡诺图将表 2-12 确定的逻辑函数化简为最简与或式。

表 2-12　真值表

A	B	C	F
0	0	0	1
0	0	1	1
0	1	0	0
0	1	1	1
1	0	0	1
1	0	1	1
1	1	0	0
1	1	1	1

自测题(答案见附录 D)

一、单选题

1. 逻辑表达式 $\overline{A}+B+\overline{C}+D$ 是(　　)。

　(A) 一个乘积项　　(B) 一个和项　　(C) 一个文字项　　(D) 一个补码项

2. 逻辑表达式 $\overline{A}BCD$ 是(　　)。

　(A) 一个乘积项　　(B) 一个和项　　(C) 一个文字项　　(D) 始终等于1

3. 选项(　　)的式子表述了如果与门的一个输入总是1,那么输出就等于另外一个输入。

　(A) $X+X=X$　　(B) $X+1=1$　　(C) $X \cdot X=X$　　(D) $X \cdot 1=X$

4. 根据摩根定理,选项(　　)是正确的。

　(A) $\overline{\overline{A}+\overline{B}+C}=AB\overline{C}$　　　　(B) $\overline{ABC}=\overline{A}+\overline{B}+\overline{C}$

　(C) $\overline{\overline{AB}+\overline{CD}}=ABCD$　　　　(D) 以上答案都正确

5. 逻辑表达式 $F=AB+CD$ 表示(　　)。

　(A) 一个 4 输入与门　　　　(B) 一个异或门

　(C) 两个与运算再相或　　　　(D) 两个或运算再相与

6. 选项(　　)的式子属于最小项表达式。

　(A) $AB+\overline{A}B+\overline{A}\overline{B}$　　　　(B) $\overline{A}BC+B\overline{C}D$

　(C) $A\overline{B}CD+\overline{A}B+\overline{A}$　　　　(D) $ABD+\overline{A}BC+\overline{A}BD$

7. 选项(　　)的式子属于最大项表达式。

　(A) $(A+B)(\overline{B}+C)(\overline{C}+D)$

　(B) $(\overline{A}+B)(A+\overline{B})$

　(C) $(A+\overline{B}+C)(\overline{A}+B)$

　(D) $(A+B+D)(\overline{A}+B+C)(\overline{A}+\overline{B}+D)$

8. 一个 4 变量的卡诺图有(　　)个小方格。

　(A) 4　　　　　　　　　　(B) 8

　(C) 16　　　　　　　　　(D) 32

9. 在一个 4 变量的卡诺图中,一个 2 变量乘积项是由下列(　　)产生的。

　(A) 为 1 的 2 个小方格组成　　(B) 为 1 的 3 个小方格组成

　(C) 为 1 的 4 个小方格组成　　(D) 为 1 的 8 个小方格组成

10. 对于异或门，下列等式错误的是(　　　)。

    (A) $A \oplus 1 = \bar{A}$　　　　　　　　　　(B) $A \oplus 0 = A$

    (C) $A \oplus \bar{B} = \overline{A \oplus B}$　　　　　　　　(D) $\bar{A} \oplus \bar{B} = A \oplus \bar{B}$

11. 使逻辑函数 $F = \bar{A}C + B\bar{C}$ 输出为 1 的输入变量(A、B、C)的组合是(　　　)。

    (A) $(000, 010, 110)$　　　　　　　　(B) $(011, 010, 101)$

    (C) $(001, 110, 111)$　　　　　　　　(D) $(011, 101, 111)$

12. 逻辑函数 $F = \overline{A + \bar{B}C} + \overline{A(B + \bar{C})}$ 的反函数等于(　　　)。

    (A) $\bar{F} = (A + \bar{B}C) + A(B + \bar{C})$　　　　(B) $\bar{F} = A(\bar{B} + \bar{C}) + (\bar{A} + \bar{B}C)$

    (C) $\bar{F} = \overline{A\bar{B} + C} \cdot \overline{\bar{A} + B\bar{C}}$　　　　(D) $\bar{F} = \overline{\bar{A}\,\overline{\bar{B} + C}} \cdot \overline{\bar{A} + B\bar{C}}$

13. 逻辑函数 $F = \bar{A} + \overline{A(B + C)}$ 的对偶函数等于(　　　)。

    (A) $F' = A \cdot \overline{\bar{A} + \bar{B}C}$　　　　　　　(B) $F' = \bar{A} \cdot \overline{A + \bar{B}C}$

    (C) $F' = A \cdot \overline{\bar{A} + B\bar{C}}$　　　　　　　(D) $F' = \bar{A} \cdot \overline{\bar{A} + \bar{B}C}$

14. n 个变量，共有(　　　)个最小项，其全部最小项之和为(　　　)。

    (A) $2n, 1$　　　　(B) $2n, 0$　　　　(C) $2^n, 1$　　　　(D) $2^n, 0$

15. 对于 n 个变量的逻辑函数，在其卡诺图中，每个小方格具有(　　　)个相邻的小方格。

    (A) n　　　　　　(B) $2n$　　　　　　(C) 2^n　　　　　(D) $n+1$

16. 逻辑函数 $F = (\bar{A} + \bar{C})(A + B)$ 的标准与或式为(　　　)。

    (A) $F = (\bar{A} + \bar{B} + \bar{C})(\bar{A} + B + \bar{C})(A + B + \bar{C})(A + B + C)$

    (B) $F = \bar{A}B + A\bar{C} + B\bar{C}$

    (C) $F = \bar{A}\bar{B}\bar{C} + \bar{A}B\bar{C} + A\bar{B}\bar{C} + AB\bar{C}$

    (D) $F = \bar{A}B\bar{C} + A\bar{B}\bar{C} + AB\bar{C}$

17. 逻辑函数 $F = \overline{\bar{B}C + A\bar{C}}$ 的标准或与式为(　　　)。

    (A) $F = (\bar{B} + \bar{C})(\bar{A} + C)$

    (B) $(A + B + C)(A + B + C)$

    (C) $F = \bar{A}\bar{B} + \bar{B}C + \bar{A}C$

    (D) $F = (\bar{A} + \bar{B} + \bar{C})(A + \bar{B} + \bar{C})(\bar{A} + B + \bar{C})(\bar{A} + \bar{B} + C)$

18. 已知 $F(A, B, C) = \sum m(0,1,2,3,4,5,6)$，则 $F = ($　　　$)$。

    (A) ABC　　　　(B) $A + B + C$　　　　(C) $\bar{A} + \bar{B} + \bar{C}$　　　　(D) $\bar{A}\bar{B}\bar{C}$

19. 逻辑表达式 $A + B + C + \bar{A} + A\bar{B} = ($　　　$)$。

    (A) A　　　　　(B) $\bar{A}$　　　　　(C) 1　　　　　(D) $A + B + C$

20. 下列等式不成立的是(　　　)。

    (A) $A + \bar{A}B = A + B$　　　　　　　(B) $(A + B)(A + C) = A + BC$

    (C) $A\bar{B} + \bar{A}B + AB + \bar{A}\bar{B} = 1$　　　(D) $AB + AC + BC = AB + BC$

21. 所有的逻辑函数表达式都可以由(　　　)实现。

    (A) 只用与非门或者只用或非门　　　(B) 与门、或门和非门的组合

    (C) 与非门和或非门的组合　　　　　(D) 以上答案都正确

22. 表达式 $F = A\bar{B}\bar{C}D + \bar{A}BCD + ABC\bar{D}($　　　$)$。

    (A) 不能化简　　　　　　　　　　　(B) 可以化简为 $ABC\bar{D} + \bar{A}BC$

（C）可以化简为 $\overline{A}BC+A\overline{B}$　　　　　　　（D）以上答案都不对

23. 为了实现表达式 $F=\overline{A}B\overline{C}D+\overline{A}BCD+ABC\overline{D}$，需要 1 个或门和（　　）。

　　（A）1 个与门　　　　　　　　　　　　　　（B）3 个与门

　　（C）3 个与门和 4 个非门　　　　　　　　（D）3 个与门和 3 个非门

24. 逻辑函数 $F(A,B,C,D)=\sum m(0,2,8,10,13,15)$（　　）。

　　（A）不能化简　　　　　　　　　　　　　　（B）可以化简为 $\overline{B}\overline{D}+ABD$

　　（C）可以化简为 $\overline{A}\overline{B}\overline{D}+A\overline{B}\overline{D}+ABD$　　（D）可以化简为 $\overline{B}\overline{C}\overline{D}+\overline{B}C\overline{D}+ABD$

25. 表达式 $F(A,B,C,D)=\sum m(8,10,13,15)+\sum d(5,7,12,14)$（　　）。

　　（A）可以化简为 $A\overline{B}\overline{D}+ABD$　　　　　（B）可以化简为 $A\overline{D}+BD$

　　（C）可以化简为 $A\overline{D}+AB$　　　　　　　　（D）答案 B、C 都正确

26. 与最小项表达式 $F(A,B,C)=m_0+m_3+m_4+m_7$ 相等的逻辑函数为（　　）。

　　（A）$F=B\odot C$　　　　　　　　　　　　　　（B）$F=\overline{A}B\overline{C}+AB\overline{C}$

　　（C）$F=\overline{B}C+B\overline{C}$　　　　　　　　　　（D）$F=\sum m(0,4)$

27. 逻辑函数 $F=A\overline{B}+\overline{B}DEG+\overline{A}B+B$ 的最简式为（　　）。

　　（A）$F=\overline{B}$　　　　（B）$F=B$　　　　（C）$F=0$　　　　（D）$F=1$

28. 逻辑函数 $F(A,B,C)=A\odot C$ 的最小项标准式为（　　）。

　　（A）$F=\sum m(0,3)$　　　　　　　　　　　（B）$F=\overline{A}C+A\overline{C}$

　　（C）$F=m_0+m_2+m_5+m_7$　　　　　　　（D）$F=\sum m(0,1,6,7)$

29. 最小项 $\overline{A}\overline{B}C\overline{D}$ 的逻辑相邻项是（　　）。

　　（A）$ABCD$　　　　（B）$\overline{A}BCD$　　　　（C）$\overline{A}B\overline{C}D$　　　　（D）$A\overline{B}C\overline{D}$

30. 函数 F 的卡诺图如图 2-22 所示，其最简与或表达式是（　　）。

　　（A）$F=\overline{A}\overline{B}D+\overline{A}B\overline{D}+A\overline{B}\overline{D}$

　　（B）$F=A\overline{B}\overline{C}+\overline{A}C\overline{D}+\overline{A}\overline{B}D$

　　（C）$F=A\overline{B}\overline{C}+\overline{A}\overline{B}D+\overline{A}C\overline{D}$

　　（D）$F=\overline{A}\overline{B}D+\overline{A}B\overline{D}+A\overline{C}\overline{D}$

CD \ AB	00	01	11	10
00	0	1	0	1
01	1	0	0	0
11	1	0	0	0
10	0	1	0	1

图 2-22　函数 F 的卡诺图

二、判断题

1. 在变量相同的情况下，具有相同标号的最大项和最小项互为相反数。　　　　（　　）

2. 在卡诺图化简中，卡诺圈圈到的变量个数越多越好，不需要满足任何条件。　（　　）

3. $F(A,B,C)=\prod M(0,1,2,3,4,5,6,7)=0$。　　　　　　　　　　　　　　　　（　　）

4. 利用卡诺图化简时，同一个卡诺圈内的 2^m 个相邻项可以合并，合并后能消去 m 个变量。　　　　　　　　　　　　　　　　　　　　　　　　　　　　　　　　（　　）

5. 若已知 $XY=XZ$，则有 $X+Y=X+Z$。　　　　　　　　　　　　　　　　　　（　　）

6. 在布尔代数中的加等效于或运算。　　　　　　　　　　　　　　　　　　　　（　　）

7. 在布尔代数中的乘等效于与非运算。　　　　　　　　　　　　　　　　　　　（　　）

8. 与或项指的是一系列乘积。　　　　　　　　　　　　　　　　　　　　　　　（　　）

9. 最小项是由所有变量相或构成的一个乘积项。　　　　　　　　　　　　　　　（　　）

10. 无关项是指不会出现的输入组合，在卡诺图的化简中其取值可以是 1，也可以是 0。

　　　　　　　　　　　　　　　　　　　　　　　　　　　　　　　　　　　　　（　　）

第 3 章

组合逻辑电路

数字逻辑电路可以分为组合逻辑电路和时序逻辑电路。组合逻辑电路是指电路任意时刻的输出状态只与该时刻的输入状态有关,而与该时刻之前的状态无任何关系,即组合逻辑电路不具有记忆功能,其输出与输入的关系具有即时性。而时序逻辑电路的输出不仅与当前时刻的输入状态有关,而且还与电路之前的状态有关,所以,时序逻辑电路具有记忆功能,后面章节将对其进行讨论。

3.1 逻辑门电路符号和外部特性

在数字电路中,逻辑运算的应用十分广泛,不同的逻辑运算在电路中都有自己不同的门电路符号,它们是组成各种数字电路的基本单元。本节将介绍基本逻辑门电路符号、复合逻辑门电路符号以及逻辑门电路的外部特性。

3.1.1 基本逻辑门电路符号

基本逻辑门电路指实现简单逻辑关系的电路,如与门、或门及非门。在逻辑电路中,输入和输出一般用高、低电平表示两种不同的状态。逻辑电路电平的高、低可用逻辑"0"和"1"表示,若用逻辑"1"表示高电平,逻辑"0"表示低电平,则称该体制为正逻辑体制;反之,若用逻辑"0"表示高电平,逻辑"1"表示低电平,则称为负逻辑体制。对于同一个电路,既可用正逻辑表示,也可用负逻辑表示。如"与"逻辑的功能表,见表 3-1(a),H 表示高电平,L 表示低电平,分别进行正、负逻辑赋值,得到表 3-1(b)和表 3-1(c),观察发现,正逻辑下的与门,在负逻辑下却实现或逻辑运算。

表 3-1(a) "与"逻辑的功能表

A	B	Y	A	B	Y
L	L	L	H	L	L
L	H	L	H	H	H

表 3-1(b) 正逻辑下"与"逻辑的真值表

A	B	Y	A	B	Y
0	0	0	1	0	0
0	1	0	1	1	1

表 3-1(c)　负逻辑下"与"逻辑的真值表

A	B	Y	A	B	Y
1	1	1	0	1	1
1	0	1	0	0	0

同理可知，正逻辑的或门在负逻辑中实现与运算；正逻辑的非门在负逻辑中仍然实现非运算。以后章节若无特别说明，均采用正逻辑体制。

1. 与逻辑门电路符号

与门。将实现"与"逻辑关系的电路称为与门电路。二输入端的"与"门对应的国际符号如图 3-1 所示。

2. 或逻辑门电路符号

或门。将实现"或"逻辑关系的电路称为或门电路。二输入端的"或"门对应的国际符号如图 3-2 所示。

3. 非逻辑门电路符号

非门。将实现"非"逻辑关系的电路称为非门电路，也称为反相器。"非"门对应的国际符号如图 3-3 所示。

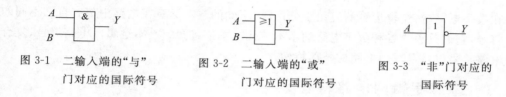

图 3-1　二输入端的"与"门对应的国际符号　　图 3-2　二输入端的"或"门对应的国际符号　　图 3-3　"非"门对应的国际符号

3.1.2　复合逻辑门电路符号

由 3 种基本逻辑运算可以组合成多种复合逻辑运算。"与非""或非""与或非""异或""同或"这几种复合逻辑门电路的国际符号如图 3-4 所示。

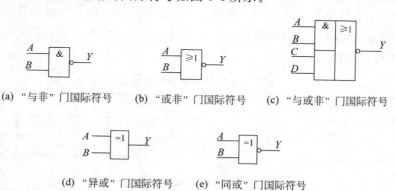

(a)　"与非"门国际符号　　(b)　"或非"门国际符号　　(c)　"与或非"门国际符号

(d)　"异或"门国际符号　　(e)　"同或"门国际符号

图 3-4　复合逻辑门电路的国际符号

注意：本书给出的门电路符号均为中国国标符号，除此符号外，每种逻辑门电路还有自己的惯用符号和美国国标符号。

逻辑门电路是实现基本逻辑运算和常用逻辑运算的数字电路。表 3-2 给出了 3 种基本逻辑门和常用逻辑门电路的两种国标符号和惯用符号,更多的逻辑门电路符号请参考附录 A。

表 3-2 逻辑门电路符号

名称	中国国标符号	惯用符号和美国国标符号	逻辑运算
与门			$F=AB$
或门			$F=A+B$
非门			$F=\overline{A}$
与非门			$F=\overline{AB}$
或非门			$F=\overline{A+B}$
异或门			$F=\overline{A}B+A\overline{B}=A\oplus B$
同或门			$F=\overline{A}\,\overline{B}+AB=A\odot B$
与或非门			$F=\overline{AB+CD}$

需要特别说明的是,逻辑门电路符号不能主观臆造。表 3-2 给出的符号都有具体的逻辑电路器件存在,在市场上是可以买到的。

3.1.3 逻辑门电路的外部特性

以 TTL 与非门为例,逻辑门电路的外部特性主要表现在以下几个主要参数。

(1) 输出高电平 U_{OH}:TTL 与非门的一个或几个输入为低电平时的输出电平。产品规范值 $U_{OH}\geqslant 2.4\text{V}$,标准高电平 $U_{SH}=2.4\text{V}$。

(2) 高电平输出电流 I_{OH}:输出为高电平时,提供给外接负载的最大输出电流,超过此值会使输出高电平下降。I_{OH} 表示电路的拉电流负载能力。

(3) 输出低电平 U_{OL}:TTL 与非门的输入全为高电平时的输出电平。产品规范值 $U_{OL}\leqslant 0.4\text{V}$,标准低电平 $U_{SL}=0.4\text{V}$。

(4) 低电平输出电流 I_{OL}:输出为低电平时,外接负载的最大输出电流,超过此值会使输出低电平上升。I_{OL} 表示电路的灌电流负载能力。

(5) 扇入系数 N_I:指一个门电路允许的输入端的最大数目。一般为 $2\sim 5$,最多不超过 8 个。

(6) 扇出系数 N_O:指一个门电路的输出能带同类门的最大数目,它反映了门电路的带负载能力。一般 TTL 门电路的 $N_O \geq 8$，功率驱动门的 N_O 可达 25。

（7）最大工作频率 f_{max}：若超过此频率，电路就不能正常工作。

（8）输入开门电平 U_{ON}：是在额定负载下使与非门的输出电平达到标准低电平 U_{SL} 的输入电平。它表示使与非门开通的最小输入电平。一般 TTL 门电路的 $U_{ON} \approx 1.8\text{V}$。

（9）输入关门电平 U_{OFF}：使与非门的输出电平达到标准高电平 U_{SH} 的输入电平。它表示使与非门关断所需的最大输入电平。一般 TTL 门电路的 $U_{OFF} \approx 0.8\text{V}$。

（10）高电平输入电流 I_{IH}：输入为高电平时的输入电流，即当前级输出为高电平时，本级输入电路造成的前级拉电流。

（11）低电平输入电流 I_{IL}：输入为低电平时的输出电流，即当前级输出为低电平时，本级输入电路造成的前级灌电流。

（12）平均传输时间 t_{pd}：信号通过与非门时所需的平均延迟时间。在工作频率较高的数字电路中，信号经过多级传输后造成的时间延迟会影响电路的逻辑功能。

（13）空载功耗：与非门空载时电源总电流 I_{CC} 与电源电压 V_{CC} 的乘积。

3.2 组合逻辑电路的分析

组合逻辑电路可以有一个或多个输入端，也可以有一个或多个输出端。图 3-5 给出了组合逻辑电路的示意框图。

由此可看出，数字信号在电路中是从输入端到输出端的单向传递，函数表达式的形式如下。

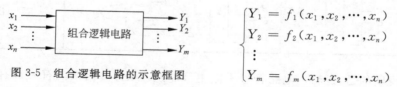

$$\begin{cases} Y_1 = f_1(x_1, x_2, \cdots, x_n) \\ Y_2 = f_2(x_1, x_2, \cdots, x_n) \\ \vdots \\ Y_m = f_m(x_1, x_2, \cdots, x_n) \end{cases}$$

图 3-5 组合逻辑电路的示意框图

对组合逻辑电路的研究，主要从分析、设计及运用 3 个方面进行。

（1）给出具体的组合逻辑电路，对其进行分析并确定其逻辑功能。

（2）依据给出的具体需求，设计出相关的组合逻辑电路，完成所需功能。

（3）掌握常用中小规模器件的逻辑功能，并能灵活运用于工程实践中。

组合逻辑电路的分析，是指已知某一组合逻辑电路图，通过列出其对应的逻辑表达式、真值表，分析出该电路完成的功能。

3.2.1 组合逻辑电路的分析步骤

给定一个组合逻辑电路图时，具体的分析步骤如下。

（1）根据逻辑电路图，从输入端到输出端逐级写出逻辑表达式。

（2）利用公式法或卡诺图法，对所得逻辑表达式进行化简，得到最简逻辑表达式。

（3）根据得到的最简表达式列出真值表。

（4）依据真值表或最简表达式，对逻辑电路进行分析，确定其逻辑功能，并进行文字描述或进行电路改进。

3.2.2　组合逻辑电路的分析实例

下面通过几个实例,给出对组合逻辑电路具体的分析过程。

【例 3-1】　试分析图 3-6 所示的组合逻辑电路图,给出逻辑功能。

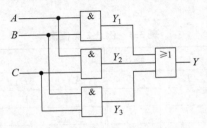

图 3-6　例 3-1 逻辑电路图

解:由逻辑电路图逐级写出逻辑表达式:

$$\begin{cases} Y_1 = A \cdot B \\ Y_2 = A \cdot C \\ Y_3 = B \cdot C \\ Y = Y_1 + Y_2 + Y_3 \end{cases}$$

将 Y_1、Y_2、Y_3 的表达式代入 Y 的表达式中,可得 $Y = AB + AC + BC$。

由于以上表达式已经是最简表达式,所以可直接列出对应的真值表,见表 3-3。

表 3-3　例 3-1 真值表

输入			输出	输入			输出
A	B	C	Y	A	B	C	Y
0	0	0	0	1	0	0	0
0	0	1	0	1	0	1	1
0	1	0	0	1	1	0	1
0	1	1	1	1	1	1	1

由表 3-3 可看出,只有当 3 个输入变量中的两个或 3 个取值为 1 时,输出值才为 1,其他情况输出均为 0。所以,该电路是一个多数表决电路,即用来判断输入变量中是否有多数变量为 1。

【例 3-2】　试分析图 3-7 所示的组合逻辑电路图,并给出逻辑功能。

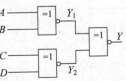

图 3-7　例 3-2 逻辑电路图

解:由电路图逐级写出逻辑表达式,并将 Y_1 和 Y_2 的表达式代入 Y 的表达式中,可得:

$$\left. \begin{aligned} Y_1 &= \overline{A \oplus B} = AB + \overline{A}\,\overline{B} \\ Y_2 &= \overline{C \oplus D} = CD + \overline{C}\,\overline{D} \\ Y &= \overline{Y_1 \oplus Y_2} = Y_1 Y_2 + \overline{Y_1}\,\overline{Y_2} \end{aligned} \right\} \Rightarrow$$

$$Y = Y_1 Y_2 + \overline{Y_1}\,\overline{Y_2}$$
$$= (AB + \overline{A}\,\overline{B})(CD + \overline{C}\,\overline{D}) + (A\overline{B} + \overline{A}B)(C\overline{D} + \overline{C}D)$$
$$= ABCD + AB\overline{C}\,\overline{D} + \overline{A}\,\overline{B}CD + \overline{A}\,\overline{B}\,\overline{C}\,\overline{D} +$$
$$A\overline{B}C\overline{D} + A\overline{B}\,\overline{C}D + \overline{A}BC\overline{D} + \overline{A}B\overline{C}D$$

列出相应真值表,见表 3-4。

表 3-4　例 3-2 真值表

输入				输出	输入				输出
A	B	C	D	Y	A	B	C	D	Y
0	0	0	0	1	1	0	0	0	0
0	0	0	1	0	1	0	0	1	1
0	0	1	0	0	1	0	1	0	1
0	0	1	1	1	1	0	1	1	0
0	1	0	0	0	1	1	0	0	1
0	1	0	1	1	1	1	0	1	0
0	1	1	0	1	1	1	1	0	0
0	1	1	1	0	1	1	1	1	1

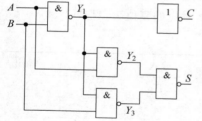

图 3-8　例 3-3 逻辑电路图

仔细观察表 3-4,分析可发现,当输入变量中有奇数个"1"时,电路的输出为"0";反之,当输入为全"0"和有偶数个"1"时,电路的输出为"1",所以该电路是一个奇偶校验器。

以上两个例子的逻辑电路都只有一个输出变量,所以为单输出组合逻辑电路,反之,若组合逻辑电路有多个输出量,则称为多输出组合逻辑电路。下面给出一个多输出组合逻辑电路的例子。

【例 3-3】 试分析图 3-8 所示的两输出电路的逻辑功能。

解:由逻辑电路图分别写出两个输出的逻辑表达式,并进行化简。

$$C = \overline{Y_1} = \overline{\overline{AB}} = AB$$

$$S = \overline{Y_2 \cdot Y_3} = \overline{\overline{Y_1 A} \cdot \overline{Y_1 B}} = \overline{\overline{\overline{AB} \cdot A} \cdot \overline{\overline{AB} \cdot B}} = \overline{\overline{A\overline{B}} \cdot \overline{\overline{A}B}} = A\overline{B} + \overline{A}B = A \oplus B$$

列出真值表,见表 3-5。

表 3-5　例 3-3 真值表

输　入		输　　出	
A	B	C	S
0	0	0	0
0	1	0	1
1	0	0	1
1	1	1	0

分析以上真值表可以看出,若 A、B 为两个二进制的加数,则 S 为这两个数的和,C 为两数相加向高位的进位,所以该电路可作为运算器中的基本单元电路——半加器。后面章节

将对加法器进行详细介绍。

3.3 组合逻辑电路的设计

3.3.1 组合逻辑电路的设计步骤

组合逻辑电路的设计过程与分析过程互逆,是根据所给逻辑问题设计出相关的逻辑电路,以满足逻辑功能要求的过程。一般来说,组合逻辑电路的设计按照以下步骤进行。

(1) 分析逻辑问题,抽象出逻辑输入变量和输出变量。

(2) 依据逻辑要求列出真值表。

(3) 根据真值表列出逻辑函数表达式。

(4) 对表达式进行化简或变形,使之与给定器件匹配。

(5) 根据逻辑表达式做出逻辑电路图。

3.3.2 组合逻辑电路的设计实例

下面通过两个实例分别给出单输出组合逻辑电路和多输出组合逻辑电路的设计过程。

【例 3-4】 试设计一个裁判表决器。假设在某舞蹈考试的考场有 3 位考官,其中一位是主考官,二位是副考官。当考生完成表演后,由考官按下自己面前的按钮决定该考生是否通过考试。若有两位或两位以上考官通过(其中一位必须是主考官),则表明考生通过考试。试用与非门实现电路,完成该表决器。

解:(1) 抽象输入变量与输出变量。

根据逻辑问题,有 3 位考官进行评分,所以设定 3 个输入变量 A、B、C 分别代表这 3 位考官,其中 A 表示主考官,B 和 C 表示副考官,取值为"1"时表示考官认为合格,取值为"0"时表示考官认为不合格;每位考生的考试结果只有两种结果,所以用 1 个输出变量 Y 表示,取值为"1"时表示考试通过,取值为"0"时表示考试不通过。

(2) 由给出的条件列出真值表,见表 3-6。

表 3-6 例 3-4 真值表

输入			输出	输入			输出
A	B	C	Y	A	B	C	Y
0	0	0	0	1	0	0	0
0	0	1	0	1	0	1	1
0	1	0	0	1	1	0	1
0	1	1	0	1	1	1	1

(3) 由以上真值表写出逻辑函数表达式,并转换为最简与非表达式:

$$Y = A\bar{B}C + AB\bar{C} + ABC = (A\bar{B}C + ABC) + (AB\bar{C} + ABC)$$

$$= AC + AB = \overline{\overline{AC + AB}} = \overline{\overline{AC} \cdot \overline{AB}}$$

(4) 画出逻辑电路图,如图 3-9 所示。

【例3-5】 现有两个水泵 L 和 S 往某个深井内加水，其中水泵 L 的功率大于水泵 S 的功率，示意图如图3-10所示。当水位低于 A 点时，需要两个水泵一起工作进行抽水；当水位位于 A 点和 B 点之间时，只要水泵 L 工作即可；当水位位于 B 点和 C 点之间时，只需要水泵 S 工作；若水位位于 C 点或 C 以上时，水泵不需要工作。试用与非门设计一个控制电路控制这两个水泵的工作（输入仅提供原变量）。

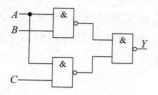
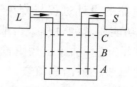

图3-9　例3-4逻辑电路图　　　　图3-10　例3-5示意图

解： 设输入逻辑变量为 A、B、C，输出变量为 L、S，当水高于某一水位时，取值为"1"，否则为"0"；水泵工作时，取值为"1"，否则为"0"。两个水泵工作时的逻辑取值如下。

当水位低于 A 点时，有 $A=0,B=0,C=0$ 时，$L=1,S=1$；

当水位位于 A 点和 B 点之间时，有 $A=1,B=0,C=0$ 时，$L=1,S=0$；

当水位位于 B 点和 C 点之间时，有 $A=1,B=1,C=0$ 时，$L=0,S=1$；

若水位位于 C 点或 C 以上时，有 $A=1,B=1,C=1$ 时，$L=0,S=0$。

除了以上情况外，其他情况均不会出现，可视为随意项。列出真值表，见表3-7。

表3-7　例3-5真值表

输入			输出		输入			输出	
A	B	C	L	S	A	B	C	L	S
0	0	0	1	1	1	0	0	1	0
0	0	1	×	×	1	0	1	×	×
0	1	0	×	×	1	1	0	0	1
0	1	1	×	×	1	1	1	0	0

利用卡诺图（图3-11）进行化简，可得：

$$\begin{cases} L = \overline{B} \\ S = \overline{A} + B\overline{C} \end{cases}$$

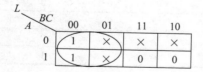
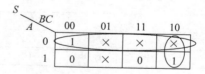

图3-11　例3-5卡诺图

画出逻辑电路图，如图3-12所示。

若要求用与非门实现，则逻辑表达式变为

$$\begin{cases} L = \overline{B} = \overline{B \cdot 1} \\ S = \overline{A} + B\overline{C} = \overline{\overline{\overline{A} + B\overline{C}}} = \overline{A \cdot \overline{B\overline{C}}} = \overline{A \cdot \overline{B\overline{C} \cdot 1}} \end{cases}$$

根据逻辑函数表达式,画出相应逻辑电路图,如图 3-13 所示。

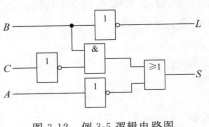

图 3-12　例 3-5 逻辑电路图

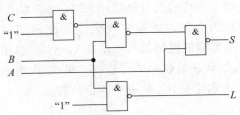

图 3-13　例 3-5 用与非门构造的逻辑电路图

3.4　中规模通用集成电路的逻辑设计

为了使用方便,可以将常用组合逻辑电路的设计标准化,制造成各类中、小规模的集成电路芯片,具有通用性强、扩展性好、兼容性好、功耗小、可靠性强、输入负载小等优点。采用中小规模集成电路构造数字系统,可以使数字系统的装配密度增大、结构简化、体积缩小、重量减轻、功耗降低、可靠性提高、设计实现和维护较容易,而且使用方便。本节将介绍几种常用的中规模通用集成电路。

3.4.1　加法器

所谓加法器,是指能够实现加法运算的电路。在计算机及其他数字系统中采用的是二进制的表示方法,不管是加、减运算,还是乘、除运算,均要转换为二进制的加法运算。所以,加法器是算术逻辑运算单元的基本逻辑电路。

1. 半加器

两个 1 位二进制数相加时,只考虑本位的相加,不考虑低位来的进位,这种相加被称为半加。能够实现半加功能的逻辑电路称为半加器。第 3.2 节中的例 3-3 给的是一个实现半加器的逻辑电路图,对图 3-8 进行改进,可得到用异或门以及与门构造的半加器。逻辑函数表达式如下:

$$\begin{cases} C = AB \\ S = A \oplus B \end{cases}$$

图 3-14 给出了改进后半加器的逻辑电路图(a)和逻辑符号(b)。

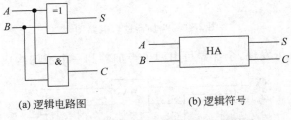

(a) 逻辑电路图　　　　　(b) 逻辑符号

图 3-14　半加器的逻辑电路图与逻辑符号

2. 全加器

两个1位的二进制数相加时,除了考虑本位的相加外,还要考虑低位来的进位,这种相加被称为全加。能够实现全加功能的逻辑电路称为全加器。全加器的逻辑符号如图3-15所示,真值表见表3-8,其中,C_{n-1}代表低位来的进位,A_n 和 B_n 代表本位的两个加数,S_n 代表本位和,C_n 代表向高位的进位。

图 3-15　全加器的逻辑符号

表 3-8　全加器真值表

输入			输出		输入			输出	
A_n	B_n	C_{n-1}	C_n	S_n	A_n	B_n	C_{n-1}	C_n	S_n
0	0	0	0	0	1	0	0	0	1
0	0	1	0	1	1	0	1	1	0
0	1	0	0	1	1	1	0	1	0
0	1	1	1	0	1	1	1	1	1

由真值表写出全加器本位和与进位信号的表达式,并进行变形可得:

$$C_n = \overline{A_n}B_nC_{n-1} + A_n\overline{B_n}C_{n-1} + A_nB_n\overline{C_{n-1}} + A_nB_nC_{n-1}$$
$$= (\overline{A_n}B_nC_{n-1} + A_n\overline{B_n}C_{n-1}) + (A_nB_n\overline{C_{n-1}} + A_nB_nC_{n-1})$$
$$= (\overline{A_n}B_n + A_n\overline{B_n})C_{n-1} + A_nB_n(\overline{C_{n-1}} + C_{n-1})$$
$$= (A_n \oplus B_n)C_{n-1} + A_nB_n$$

$$S_n = \overline{A_n}\,\overline{B_n}C_{n-1} + \overline{A_n}B_n\overline{C_{n-1}} + A_n\overline{B_n}\,\overline{C_{n-1}} + A_nB_nC_{n-1}$$
$$= (\overline{A_n}\,\overline{B_n}C_{n-1} + A_nB_n C_{n-1}) + (\overline{A_n}B_n\overline{C_{n-1}} + A_n\overline{B_n}\,\overline{C_{n-1}})$$
$$= (\overline{A_n}\,\overline{B_n} + A_nB_n)C_{n-1} + (\overline{A_n}B_n + A_n\overline{B_n})\overline{C_{n-1}}$$
$$= (\overline{A_n \oplus B_n})C_{n-1} + (A_n \oplus B_n)\overline{C_{n-1}}$$
$$= A_n \oplus B_n \oplus C_{n-1}$$

根据逻辑表达式画出逻辑电路图,如图3-16所示。

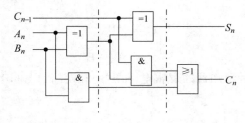

图 3-16　全加器逻辑电路图

仔细观察图3-16可发现,全加器可由两个半加器和一个或门构成,如图3-17所示。

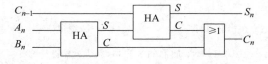

图 3-17　半加器构成全加器

3. n 位加法器

若要实现 n 位二进制数的加法运算,可以采用串行结构或是并行结构。下面以两个 4 位二进制数 $A_3A_2A_1A_0$ 和 $B_3B_2B_1B_0$ 相加为例,给出这两种不同的结构。

1) 串行进位加法器

4 位串行进位加法器原理图如图 3-18 所示,由 4 个全加器级联构成,低位全加器的进位输出与相邻的高位全加器的进位输入相连,各全加器的进位按照由低位向高位逐级串行传递,并形成一个进位链。

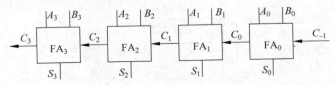

图 3-18　4 位串行进位加法器原理图

串行进位加法器具有电路简单的特点。又由于每一位相加的和都与本位进位输入有关,最高位只有在其他各低位全部相加并产生进位信号之后,才能产生最后的运算结果,所以运算速度较慢,而且位数越多,运算速度越低。

2) 超前进位加法器

超前进位加法器不必逐级传递进位信号,解决了串行进位加法器速度慢的问题。由于超前进位加法器可以根据输入信号同时形成各位向高位的进位,所以又被称为先行进位加法器、并行进位加法器。

4 位二进制数 $A_3A_2A_1A_0$ 和 $B_3B_2B_1B_0$ 相加,令 $P_i = A_i \oplus B_i$,$G_i = A_iB_i$,则第 i 位的进位信号为 $C_i = (A_i \oplus B_i)C_{i-1} + A_iB_i = P_iC_{i-1} + G_i$,各位相加产生的进位表达式如下。

$$C_0 = P_0C_{-1} + G_0$$
$$C_1 = P_1C_0 + G_1 = P_1(P_0C_{-1} + G_0) + G_1 = P_1P_0G_{-1} + P_1G_0 + G_1$$
$$C_2 = P_2C_1 + G_2 = P_2(P_1P_0C_{-1} + P_1G_0 + G_1) + G_2$$
$$= P_2P_1P_0C_{-1} + P_2P_1G_0 + P_2G_1 + G_2$$
$$C_3 = P_3C_2 + G_3 = P_3(P_2P_1P_0C_{-1} + P_2P_1G_0 + P_2G_1 + G_2) + G_3$$
$$= P_3P_2P_1P_0C_{-1} + P_3P_2P_1G_0 + P_3P_2G_1 + P_3G_2 + G_3$$

式中,P_i 被称为进位传递函数,G_i 为进位产生函数。由以上式子可以看出,各全加器的进位信号只与最低位的进位信号有关,所以,在输入两个加数及 C_{-1} 之后,可同时并行产生 $C_0 \sim C_3$,而不必像串行进位加法器需逐级传递进位信号。由基本门电路构成的超前进位加法器如图 3-19 所示。

中规模集成电路 74LS283 是 4 位超前进位全加器,其芯片引脚图如图 3-20 所示。图中,V_{CC} 接电源,GND 接地,$A_3 \sim A_0$ 与 $B_3 \sim B_0$ 分别输入参加运算的 4 位二进制数,C_3 与 $S_3 \sim S_0$ 输出最后的运算结果。若要完成更多位数的运算,可以将芯片级联扩展。

【例 3-6】 试用 74LS283 芯片实现 2 个 8 位数的相加运算。

解:由于每片 74LS283 可实现 4 位二进制的运算,8 位数的运算可用 2 片 74LS283 实现。将两个 8 位数的低 4 位送入低位芯片相加,高 4 位送入高位芯片相加,并将低位芯片的 C_{-1} 接地,进位信号 C_3 接入高位芯片的 C_{-1}。进行运算后,由高位芯片的 C_3 和两片芯片的 S 端输出结果。构造的电路图如图 3-21 所示。

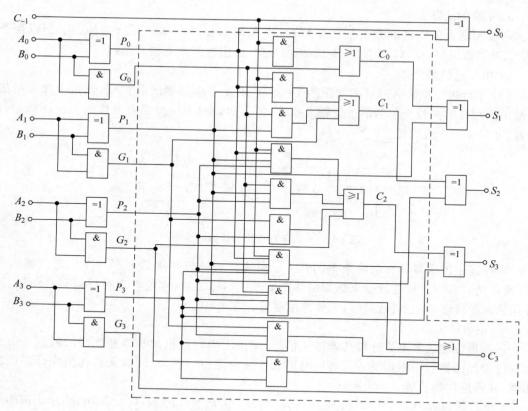

图 3-19　由基本门电路构成的超前进位加法器

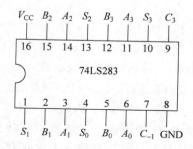

图 3-20　74LS283 芯片引脚图

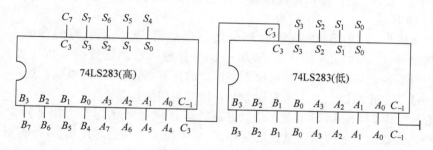

图 3-21　例 3-6 电路图

3.4.2 数值比较器

数值比较器是指用来比较两个二进制数大小的逻辑电路,其输入变量是两个 n 位二进制数 $A_{n-1}A_{n-2}\cdots A_1A_0$ 和 $B_{n-1}B_{n-2}\cdots B_1B_0$,输出变量有 $Y_{(A>B)}$、$Y_{(A=B)}$、$Y_{(A<B)}$ 3 个,任何时刻有且仅有一个输出变量有效。

1. 一位数值比较器

一位数值比较器的逻辑符号如图 3-22 所示。设 $A>B$ 时,有 $Y_{(A>B)}=1$;$A=B$ 时,有 $Y_{(A=B)}=1$;$A<B$ 时,有 $Y_{(A<B)}=1$,列出真值表,见表 3-9。

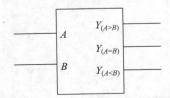

图 3-22 一位数值比较器的逻辑符号

表 3-9 一位数值比较器的真值表

输入		输出			输入		输出		
A	B	$Y_{(A<B)}$	$Y_{(A=B)}$	$Y_{(A>B)}$	A	B	$Y_{(A<B)}$	$Y_{(A=B)}$	$Y_{(A>B)}$
0	0	0	1	0	1	0	0	0	1
0	1	1	0	0	1	1	0	1	0

由表 3-9 可写出逻辑函数表达式:

$$\begin{cases} Y_{(A<B)} = \overline{A}B \\ Y_{(A=B)} = \overline{A}\,\overline{B} + AB = \overline{\overline{A}B + A\overline{B}} \\ Y_{(A>B)} = A\overline{B} \end{cases}$$

画出的逻辑电路图如图 3-23 所示。

2. 四位数值比较器

两个 n 位二进制数 $A_{n-1}A_{n-2}\cdots A_1A_0$ 和 $B_{n-1}B_{n-2}\cdots B_1B_0$ 进行比较时,必须从高位开始比较。若在最高位有 $A_{n-1}>B_{n-1}$,则肯定有 $A>B$;若有 $A_{n-1}<B_{n-1}$,则肯定有 $A<B$;若有 $A_{n-1}=B_{n-1}$,则需要比较次高位,以此类推,可得出比较结果。

74LS85 是常用的 4 位数值比较器,其引脚图如图 3-24 所示,功能表见表 3-10。

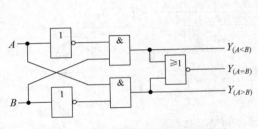

图 3-23 一位数值比较器逻辑电路图

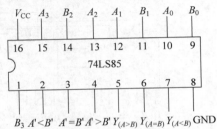

图 3-24 74LS85 引脚图

表 3-10 74LS85 功能表

比较输入				级联输入			输出		
A_3 B_3	A_2 B_2	A_1 B_1	A_0 B_0	$A'>B'$	$A'<B'$	$A'=B'$	$Y_{(A>B)}$	$Y_{(A<B)}$	$Y_{(A=B)}$
$A_3>B_3$	×	×	×	×	×	×	1	0	0
$A_3<B_3$	×	×	×	×	×	×	0	1	0
$A_3=B_3$	$A_2>B_2$	×	×	×	×	×	1	0	0
$A_3=B_3$	$A_2<B_2$	×	×	×	×	×	0	1	0
$A_3=B_3$	$A_2=B_2$	$A_1>B_1$	×	×	×	×	1	0	0
$A_3=B_3$	$A_2=B_2$	$A_1<B_1$	×	×	×	×	0	1	0
$A_3=B_3$	$A_2=B_2$	$A_1=B_1$	$A_0>B_0$	×	×	×	1	0	0
$A_3=B_3$	$A_2=B_2$	$A_1=B_1$	$A_0<B_0$	×	×	×	0	1	0
$A_3=B_3$	$A_2=B_2$	$A_1=B_1$	$A_0=B_0$	1	0	0	1	0	0
$A_3=B_3$	$A_2=B_2$	$A_1=B_1$	$A_0=B_0$	0	1	0	0	1	0
$A_3=B_3$	$A_2=B_2$	$A_1=B_1$	$A_0=B_0$	0	0	1	0	0	1

74LS85 除了有两个 4 位数输入端，还有 3 个可用来扩展的级联输入端 $A'>B'$、$A'<B'$ 和 $A'=B'$。由表 3-10 可以看出，数值比较器按照"从高位到低位，高位相等时比较低位"的原则工作。所以，当两个数各位均相等时，输出状态取决于级联输入的状态；若没有更低位参加运算时，级联输入端（$A'>B'$）和（$A'<B'$）接"0"、（$A'=B'$）接"1"，才能产生两数相等的结果。读者可依据功能表列出逻辑表达式，用基本门做出逻辑电路图。

由 74LS85 可采用串联扩展或并联扩展的方法实现更多位数的数值比较器。图 3-25(a) 给出了用串联扩展方法构造的 12 位数值比较器，图 3-25(b) 给出了用并联扩展方法构造的 16 位数值比较器。

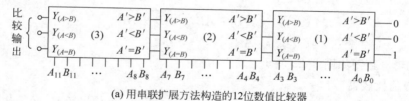

(a) 用串联扩展方法构造的12位数值比较器

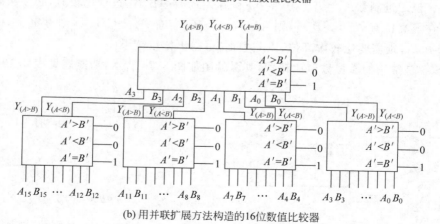

(b) 用并联扩展方法构造的16位数值比较器

图 3-25 74LS85 构造多位数数值比较器

在图 3-25(a) 中,芯片(1)送入的是 A 和 B 两个数的最低 4 位,所以其级联输入端 $(A'>B')$ 和 $(A'<B')$ 接"0"、$(A'=B')$ 接"1"。对于 12 位数的比较,若最高 4 位相等,则由中间 4 位的比较结果确定,所以芯片(2)的比较结果应该作为芯片(3)的条件,即芯片(2)的输出端分别接到芯片(3)的级联输入端。同理,若最高 8 位相等,则由最低 4 位的比较结果确定,所以芯片(1)的输出端应分别接到芯片(2)的级联输入端。

在图 3-25(b) 中,将每 4 位作为一组进行比较,然后将比较结果再进行一次比较,最终得出结果。请读者自行分析其工作过程。

3.4.3　编码器和译码器

在日常生活中,常会遇到编码问题,如给每位学生编一固定的学号等。一般来说,用数字、文字或符号表示某一特定对象的过程称为编码,具有编码功能的逻辑电路被称为编码器,即将有特定意义的输入信息编成相应的若干位二进制代码输出的组合逻辑电路。

1. 编码器

1) 二进制编码器

在数字系统中,采用二进制进行编码,要表示的信息越多,所需的二进制位数也越多。1 位二进制代码有 $2(2^1)$ 种状态,2 位二进制代码有 $4(2^2)$ 种状态,以此类推,n 位二进制代码有 2^n 种状态。所谓二进制编码器,即用 n 位二进制代码对 2^n 个信号进行编码的电路。现在以 8 线-3 线编码器为例说明其工作原理。

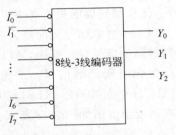

如图 3-26 所示,8 线-3 线编码器用 3 位二进制数分别代表 8 个信号,8 个输入信号低电平有效,3 个输出信号高电平有效。任何一个时刻有且只能有一个输入信号有效,真值表见表 3-11。注意,框图中的小圆圈代表低电平有效,而不是"非"运算。

图 3-26　8 线-3 线编码器示意框图

表 3-11　8 线-3 线编码器真值表

输　　入								输　　出		
$\overline{I_0}$	$\overline{I_1}$	$\overline{I_2}$	$\overline{I_3}$	$\overline{I_4}$	$\overline{I_5}$	$\overline{I_6}$	$\overline{I_7}$	Y_2	Y_1	Y_0
0	1	1	1	1	1	1	1	0	0	0
1	0	1	1	1	1	1	1	0	0	1
1	1	0	1	1	1	1	1	0	1	0
1	1	1	0	1	1	1	1	0	1	1
1	1	1	1	0	1	1	1	1	0	0
1	1	1	1	1	0	1	1	1	0	1
1	1	1	1	1	1	0	1	1	1	0
1	1	1	1	1	1	1	0	1	1	1

由表 3-11 可写出逻辑函数表达式：

$$\begin{cases} Y_2 = \overline{\overline{I_4}\ \overline{I_5}\ \overline{I_6}\ \overline{I_7}} = I_4 + I_5 + I_6 + I_7 \\ Y_1 = \overline{\overline{I_2}\ \overline{I_3}\ \overline{I_6}\ \overline{I_7}} = I_2 + I_3 + I_6 + I_7 \\ Y_0 = \overline{\overline{I_1}\ \overline{I_3}\ \overline{I_5}\ \overline{I_7}} = I_1 + I_3 + I_5 + I_7 \end{cases}$$

根据表达式画出逻辑电路图。图 3-27 分别给出了由与非门以及或门构造的 8 线-3 线编码器。注意：用或门实现编码器时，输入量为高电平有效。

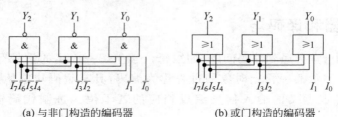

(a) 与非门构造的编码器　　　　(b) 或门构造的编码器

图 3-27　8 线-3 线编码器逻辑电路图

2）优先编码器

若 8 线-3 线编码器在任何时刻有两个或两个以上有效信号同时输入，则输出就会发生混乱，优先编码器的提出解决了这一问题。

当多个有效信号同时输入时，优先编码器按照输入信号排定的优先顺序，只对其中优先级别最高的信号进行编码，所以，优先编码器具有单方面排斥的特性，即优先级别高的信号排斥优先级别低的信号。常用的集成器件有 8 线-3 线优先编码器 74LS148、10 线-4 线 8421BCD 优先编码器 74LS147 等。下面以 74LS148 为例，给出其工作原理。74LS148 芯片引脚图及示意图如图 3-28 所示。74LS148 真值表见表 3-12。

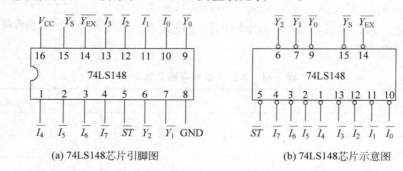

(a) 74LS148芯片引脚图　　　　(b) 74LS148芯片示意图

图 3-28　74LS148 芯片引脚图及示意图

表 3-12　74LS148 真值表

输　入									输　出				
$\overline{ST}$	$\overline{I_0}$	$\overline{I_1}$	$\overline{I_2}$	$\overline{I_3}$	$\overline{I_4}$	$\overline{I_5}$	$\overline{I_6}$	$\overline{I_7}$	$\overline{Y_2}$	$\overline{Y_1}$	$\overline{Y_0}$	$\overline{Y_{EX}}$	$\overline{Y_S}$
1	×	×	×	×	×	×	×	×	1	1	1	1	1
0	1	1	1	1	1	1	1	1	1	1	1	1	0
0	×	×	×	×	×	×	×	0	0	0	0	0	1
0	×	×	×	×	×	×	0	1	0	0	1	0	1

续表

输　入									输　出				
$\overline{ST}$	$\overline{I_0}$	$\overline{I_1}$	$\overline{I_2}$	$\overline{I_3}$	$\overline{I_4}$	$\overline{I_5}$	$\overline{I_6}$	$\overline{I_7}$	$\overline{Y_2}$	$\overline{Y_1}$	$\overline{Y_0}$	$\overline{Y_{EX}}$	$\overline{Y_S}$
0	×	×	×	×	×	0	1	1	0	1	0	0	1
0	×	×	×	×	0	1	1	1	0	1	1	0	1
0	×	×	×	0	1	1	1	1	1	0	0	0	1
0	×	×	0	1	1	1	1	1	1	0	1	0	1
0	×	0	1	1	1	1	1	1	1	1	0	0	1
0	0	1	1	1	1	1	1	1	1	1	1	0	1

74LS148 的输入信号和输出编码均为低电平有效，$\overline{I_7}$ 的优先级别最高，$\overline{I_6}$ 次之，以此类推，$\overline{I_0}$ 最低。例如，当 $\overline{I_7}$ 为 0 时，不论其他输入是否有效，输出均为"000"；当 $\overline{I_5}$ 为"0"时，只有当 $\overline{I_6}$ 和 $\overline{I_7}$ 为无效电平"1"时，才输出"101"；同理，对于 $\overline{I_0}$ 来说，只有其他输入信号均为无效信号"1"时，才能输出"111"。

为了便于扩展电路，芯片还增加了使能输入端 $\overline{ST}$ 及优先扩展端 $\overline{Y_{EX}}$、$\overline{Y_S}$。使能输入端 $\overline{ST}$ 低电平有效，当 $\overline{ST}=1$ 时，电路处于禁止状态，禁止编码，输出全部为"1"；当 $\overline{ST}=0$ 时，电路处于正常工作状态，允许编码。电路处于工作状态下，当 8 个输入信号均无效时，有 $\overline{Y_S}=0$，所以使能输出端 $\overline{Y_S}=0$ 表示"电路正常工作，但是无有效信号输入"，通常接至低位芯片的 $\overline{ST}$ 端，$\overline{Y_S}$ 与 $\overline{ST}$ 配合可以实现多级编码器之间的优先级别的控制。当至少有 1 个输入信号时，有 $\overline{Y_{EX}}=0$，因而扩展输出端 $\overline{Y_{EX}}$ 是控制标志，$\overline{Y_{EX}}=0$ 表示"电路工作，且有有效信号输入"。

【例 3-7】　试用 74LS148 构造 16 线-4 线优先编码器。

解：每片 74LS148 可对 8 个信号进行编码，要对 16 个信号编码，需要两片芯片。16 线-4 线优先编码器电路图如图 3-29 所示。

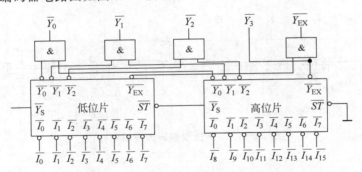

图 3-29　16 线-4 线优先编码器电路图

16 个输入信号均为低电平有效，其中 $\overline{I_{15}}$ 优先级最高，$\overline{I_{14}}$ 次之，以此类推，$\overline{I_0}$ 优先级最低。4 位输出为反码输出。若低位芯片有输入，高位芯片无输入时，如输入有效信号为 $\overline{I_7}$，则有高位芯片的 $\overline{Y_S}=0$，$\overline{Y_{EX}}=1$，低位芯片的 $\overline{ST}=0$，所以，低位芯片工作，高位芯片无有效信号输入，输出 $\overline{Y_3}\ \overline{Y_2}\ \overline{Y_1}\ \overline{Y_0}=1000$（反码），即 0111（原码）。反之，若高位芯片有输入，低位芯片无输入时，如输入有效信号为 $\overline{I_{15}}$，则有高位芯片的 $\overline{Y_S}=1$，$\overline{Y_{EX}}=0$，低位芯片的 $\overline{ST}=1$，所以低位芯片禁止，高位芯片工作，输出 $\overline{Y_3}\ \overline{Y_2}\ \overline{Y_1}\ \overline{Y_0}=0000$（反码），即 1111（原码）。

3）二-十进制编码器

二-十进制编码器是将十进制数的 10 个数码 0～9 或其他 10 个信息转换为 8421BCD 码的逻辑电路，也称为 8421BCD 编码器。该编码器有 10 个输入端和 4 个输出端，即 10 线-4 线编码器。表 3-13 给出了二-十进制编码器的真值表。

表 3-13　二-十进制编码器的真值表

输　　入	输　　出			
十进制数（I）	Y_3	Y_2	Y_1	Y_0
0（I_0）	0	0	0	0
1（I_1）	0	0	0	1
2（I_2）	0	0	1	0
3（I_3）	0	0	1	1
4（I_4）	0	1	0	0
5（I_5）	0	1	0	1
6（I_6）	0	1	1	0
7（I_7）	0	1	1	1
8（I_8）	1	0	0	0
9（I_9）	1	0	0	1

由表 3-13 列出逻辑函数表达式，并画出逻辑电路图，如图 3-30 所示。

$$\begin{cases} Y_3 = I_8 + I_9 = \overline{\overline{I_8}\ \overline{I_9}} \\ Y_2 = I_4 + I_5 + I_6 + I_7 = \overline{\overline{I_4}\ \overline{I_5}\ \overline{I_6}\ \overline{I_7}} \\ Y_1 = I_2 + I_3 + I_6 + I_7 = \overline{\overline{I_2}\ \overline{I_3}\ \overline{I_6}\ \overline{I_7}} \\ Y_0 = I_1 + I_3 + I_5 + I_7 + I_9 = \overline{\overline{I_1}\ \overline{I_3}\ \overline{I_5}\ \overline{I_7}\ \overline{I_9}} \end{cases}$$

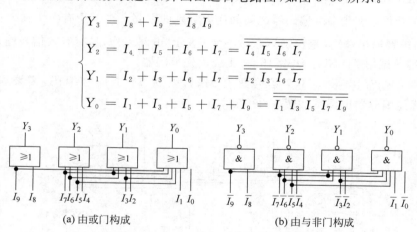

(a) 由或门构成　　　　　　　(b) 由与非门构成

图 3-30　二-十进制编码器逻辑电路图

2. 译码器

译码是编码的逆过程，是将具有特定含义的一组代码"翻译"出来的过程，即把一种代码转换为另一种代码。能完成译码功能的电路称为译码器。译码器的种类有很多，但其工作原理和分析设计方法大同小异。下面介绍广泛应用的 3 种译码器——二进制译码器、二-十进制译码器和显示译码器。

1）二进制译码器

如图 3-31 所示的二进制译码器方框图，输入端为 n 个，输出端为 2^n 个，n 位代码的每种取值对应一个输出变

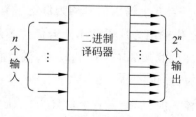

图 3-31　二进制译码器方框图

量,且 2^n 个输出中只有一个为 1(或为 0),其余全为 0(或为 1)。由于二进制译码器可以译出输入变量的全部状态,故又称为变量译码器。例如,3 位二进制译码器有 3 个输入端,8 个输出端,故称为 3 线-8 线译码器,其真值表见表 3-14。

表 3-14　3 线-8 线译码器真值表

输　　　入			输　　　　出							
A_2	A_1	A_0	Y_7	Y_6	Y_5	Y_4	Y_3	Y_2	Y_1	Y_0
0	0	0	0	0	0	0	0	0	0	1
0	0	1	0	0	0	0	0	0	1	0
0	1	0	0	0	0	0	0	1	0	0
0	1	1	0	0	0	0	1	0	0	0
1	0	0	0	0	0	1	0	0	0	0
1	0	1	0	0	1	0	0	0	0	0
1	1	0	0	1	0	0	0	0	0	0
1	1	1	1	0	0	0	0	0	0	0

由表 3-4 列出逻辑表达式,画出逻辑电路图,如图 3-32 所示。

$$
\begin{cases}
Y_0 = \overline{A_2}\,\overline{A_1}\,\overline{A_0} & Y_1 = \overline{A_2}\,\overline{A_1}\,A_0 \\
Y_2 = \overline{A_2}\,A_1\,\overline{A_0} & Y_3 = \overline{A_2}\,A_1\,A_0 \\
Y_4 = A_2\,\overline{A_1}\,\overline{A_0} & Y_5 = A_2\,\overline{A_1}\,A_0 \\
Y_6 = A_2\,A_1\,\overline{A_0} & Y_7 = A_2\,A_1\,A_0
\end{cases}
$$

由上式可以看出,译码器的逻辑表达式均为输入信号的"与"运算,所以其逻辑图是由与门构成的阵列。3 线-8 线译码器的逻辑电路图如图 3-32 所示,若将电路中的与门用与非门替换,则可得到低电平有效的 3 线-8 线译码器。常用的中规模器件有 74LS138。图 3-33 给出了 74LS138 的逻辑符号,表 3-15 给出了其功能表。

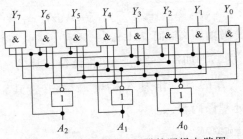

图 3-32　3 线-8 线译码器的逻辑电路图

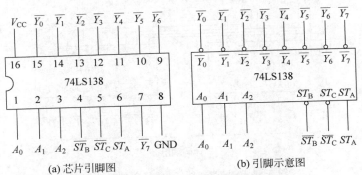

(a) 芯片引脚图　　　　　　(b) 引脚示意图

图 3-33　74LS138 的逻辑符号

表 3-15　74LS138 功能表

输	入				输	出						
ST_A	$\overline{ST_B}+\overline{ST_C}$	A_2	A_1	A_0	$\overline{Y_7}$	$\overline{Y_6}$	$\overline{Y_5}$	$\overline{Y_4}$	$\overline{Y_3}$	$\overline{Y_2}$	$\overline{Y_1}$	$\overline{Y_0}$
0	×	×	×	×	1	1	1	1	1	1	1	1
1	1	×	×	×	1	1	1	1	1	1	1	1
1	0	0	0	0	1	1	1	1	1	1	1	0
1	0	0	0	1	1	1	1	1	1	1	0	1
1	0	0	1	0	1	1	1	1	1	0	1	1
1	0	0	1	1	1	1	1	1	0	1	1	1
1	0	1	0	0	1	1	1	0	1	1	1	1
1	0	1	0	1	1	1	0	1	1	1	1	1
1	0	1	1	0	1	0	1	1	1	1	1	1
1	0	1	1	1	0	1	1	1	1	1	1	1

由表 3-15 可看到,74LS138 除了 3 个编码输入端外,还有 3 个可用来扩展或级联芯片的片选控制端 ST_A、$\overline{ST_B}$和$\overline{ST_C}$。只有当 $ST_A=1$、$\overline{ST_B}=0$ 和$\overline{ST_C}=0$ 时,译码器才处于译码状态,输出端输出有效的低电平;否则,译码器禁止,所有的输出端都被封锁在高电平。

【例 3-8】　试用 74LS138 构造 4 线-16 线译码器。

解:4 线-16 线译码器的输出表达式为

$$\overline{Y_0}=\overline{\overline{A_3}\,\overline{A_2}\,\overline{A_1}\,\overline{A_0}} \quad \overline{Y_1}=\overline{\overline{A_3}\,\overline{A_2}\,\overline{A_1}\,A_0} \quad \overline{Y_2}=\overline{\overline{A_3}\,\overline{A_2}\,A_1\,\overline{A_0}} \quad \overline{Y_3}=\overline{\overline{A_3}\,\overline{A_2}\,A_1\,A_0}$$

$$\overline{Y_4}=\overline{\overline{A_3}\,A_2\,\overline{A_1}\,\overline{A_0}} \quad \overline{Y_5}=\overline{\overline{A_3}\,A_2\,\overline{A_1}\,A_0} \quad \overline{Y_6}=\overline{\overline{A_3}\,A_2\,A_1\,\overline{A_0}} \quad \overline{Y_7}=\overline{\overline{A_3}\,A_2\,A_1\,A_0}$$

$$\overline{Y_8}=\overline{A_3\,\overline{A_2}\,\overline{A_1}\,\overline{A_0}} \quad \overline{Y_9}=\overline{A_3\,\overline{A_2}\,\overline{A_1}\,A_0} \quad \overline{Y_{10}}=\overline{A_3\,\overline{A_2}\,A_1\,\overline{A_0}} \quad \overline{Y_{11}}=\overline{A_3\,\overline{A_2}\,A_1\,A_0}$$

$$\overline{Y_{12}}=\overline{A_3\,A_2\,\overline{A_1}\,\overline{A_0}} \quad \overline{Y_{13}}=\overline{A_3\,A_2\,\overline{A_1}\,A_0} \quad \overline{Y_{14}}=\overline{A_3\,A_2\,A_1\,\overline{A_0}} \quad \overline{Y_{15}}=\overline{A_3\,A_2\,A_1\,A_0}$$

该译码器需要 4 个代码输入端,而 74LS138 只有 A_2、A_1 和 A_0 共 3 个,所以需要将 74LS138 的一个扩展端作为 A_3。如图 3-34 所示,将低位芯片的$\overline{ST_B}$作为 A_3 的输入端,并令 $ST_A=1$,$\overline{ST_C}=0$。将高位芯片的 ST_A 作为 A_3 的输入端,并将其$\overline{ST_B}$和$\overline{ST_C}$作为使能端,当 $\overline{ST_B}=0$、$\overline{ST_C}=0$ 时,电路处于译码状态。

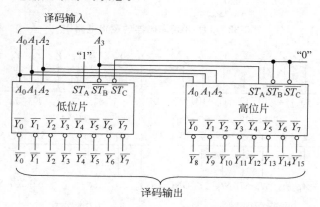

图 3-34　例 3-8 4 线-16 线译码器电路图

当输入编码为"0000~0111"时,有 $A_3=0$,所以低位芯片的 $ST_A=1$,$\overline{ST_B}=\overline{ST_C}=0$,而高位芯片的 $ST_A=0$,因此低位芯片工作,高位芯片禁止,译出的是低 8 个输出信号的其中一个。反之,当输入编码是"1000~1111"时,有 $A_3=1$,所以高位芯片的 $ST_A=1$,$\overline{ST_B}=\overline{ST_C}=0$,而低位芯片的 $\overline{ST_B}=1$,因此高位芯片工作,低位芯片禁止,译出的是高 8 个输出信号的其中一个。

2）二-十进制译码器

二-十进制译码器是把二-十进制代码"翻译"成 10 个十进制数字信号的电路,其输入为十进制数的 4 位二进制编码(即 BCD 码),分别用 A_3、A_2、A_1、A_0 表示;输出的是与 10 个十进制数字对应的 10 个信号,用 $\overline{Y_9}$~$\overline{Y_0}$ 表示。由于二-十进制译码器有 4 根输入线、10 根输出线,所以又称为 4 线-10 线译码器,其工作原理与 3 线-8 线译码器类似,不同的是,4 位编码组成的 16 种状态中,"1010~1111"没有对应的输出端,所以这 6 组编码被称为伪码。当伪码输入时,10 个输出端均处于无效状态,所以该译码器具有拒绝伪码的功能。常用的器件有 74LS42,其真值表见表 3-16,低电平输出有效。74LS42 芯片引脚图及示意图如图 3-35 所示。

表 3-16　74LS42 真值表

序号	输入				输出									
	A_3	A_2	A_1	A_0	$\overline{Y_9}$	$\overline{Y_8}$	$\overline{Y_7}$	$\overline{Y_6}$	$\overline{Y_5}$	$\overline{Y_4}$	$\overline{Y_3}$	$\overline{Y_2}$	$\overline{Y_1}$	$\overline{Y_0}$
0	0	0	0	0	1	1	1	1	1	1	1	1	1	0
1	0	0	0	1	1	1	1	1	1	1	1	1	0	1
2	0	0	1	0	1	1	1	1	1	1	1	0	1	1
3	0	0	1	1	1	1	1	1	1	1	0	1	1	1
4	0	1	0	0	1	1	1	1	1	0	1	1	1	1
5	0	1	0	1	1	1	1	1	0	1	1	1	1	1
6	0	1	1	0	1	1	1	0	1	1	1	1	1	1
7	0	1	1	1	1	1	0	1	1	1	1	1	1	1
8	1	0	0	0	1	0	1	1	1	1	1	1	1	1
9	1	0	0	1	0	1	1	1	1	1	1	1	1	1
伪码	1	0	1	0	1	1	1	1	1	1	1	1	1	1
	1	0	1	1	1	1	1	1	1	1	1	1	1	1
	1	1	0	0	1	1	1	1	1	1	1	1	1	1
	1	1	0	1	1	1	1	1	1	1	1	1	1	1
	1	1	1	0	1	1	1	1	1	1	1	1	1	1
	1	1	1	1	1	1	1	1	1	1	1	1	1	1

3）显示译码器

在数字系统或装置中,若要将数字量直观地显示出来,必须使用数码显示电路。数码显示电路由数码显示器和显示译码器电路构成。

（1）数码显示器。

数码显示器即数码管,是用来显示数字、文字或符号的器件,一般有 3 种显示方式——字形重叠式、点矩阵式和分段式。目前,应用最普遍的是七段分段式显示,如测试仪的显示

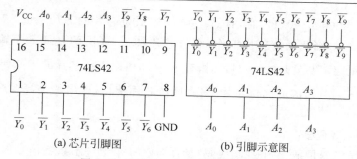

(a) 芯片引脚图　　　　　　　(b) 引脚示意图

图 3-35　74LS42 芯片引脚图及示意图

屏幕,如图 3-36 所示。

图 3-36　显示实例

七段显示器示意图如图 3-37(a)所示,$a \sim g$ 这 7 个发光段(h 为小数点)可组成不同的数字或符号。数码管有共阴极(图 3-37(b))和共阳极(图 3-37(c))两种,共阴极的数码显示器,公共阴极接地,某段的输入信号为高电平时,对应发光二极管被点亮;共阳极的数码显示器,公共阳极接高电平,某段的输入信号为低电平时,对应发光二极管被点亮。常用共阴极数码管 TS547 显示字形见表 3-17。

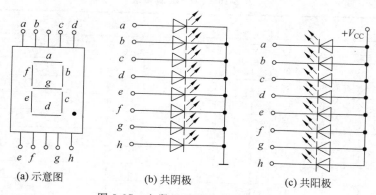

(a) 示意图　　　　(b) 共阴极　　　　(c) 共阳极

图 3-37　七段显示器示意图及构造

表 3-17　常用共阴极数码管 TS547 显示字形

输入信号							显示字形
a	b	c	d	e	f	g	
1	1	1	1	1	1	0	0
0	1	1	0	0	0	0	1
1	1	0	1	1	0	1	2
1	1	1	1	0	0	1	3
0	1	1	0	0	1	1	4
1	0	1	1	0	1	1	5
0	0	1	1	1	1	1	6
1	1	1	0	0	0	0	7
1	1	1	1	1	1	1	8
1	1	1	0	0	1	1	9

（2）显示译码器。

数码显示器需要与显示译码/驱动器配合,才能实现其显示功能。能够驱动各种显示器件,将用二进制代码表示的数字、文字、符号翻译成人们习惯的形式直观地显示出来的电路为显示译码器。七段显示译码器的输入为 4 位 8421BCD 码,输出为 $a \sim g$ 7 个信号,这 7 个信号分别驱动七段显示器的 7 个发光段,所以也称为 4 线-7 段译码器。常用的器件有 74LS48,其芯片引脚图如图 3-38 所示,功能表见表 3-18。

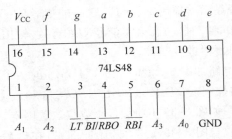

图 3-38　74LS48 芯片引脚图

表 3-18　**74LS48 功能表**

功能或十进制数	输入						输出							
	$\overline{LT}$	$\overline{RBI}$	A_3	A_2	A_1	A_0	$\overline{BI/RBO}$	a	b	c	d	e	f	g
$\overline{LT}$(试灯)	0	×	×	×	×	×	1	1	1	1	1	1	1	1
$\overline{RBI}$(动态灭零)	1	0	0	0	0	0	0	0	0	0	0	0	0	0
$\overline{BI/RBO}$(灭灯)	×	×	×	×	×	×	0(输入)	0	0	0	0	0	0	0
0	1	1	0	0	0	0	1	1	1	1	1	1	1	0
1	1	×	0	0	0	1	1	0	1	1	0	0	0	0
2	1	×	0	0	1	0	1	1	1	0	1	1	0	1
3	1	×	0	0	1	1	1	1	1	1	1	0	0	1
4	1	×	0	1	0	0	1	0	1	1	0	0	1	1
5	1	×	0	1	0	1	1	1	0	1	1	0	1	1
6	1	×	0	1	1	0	1	0	0	1	1	1	1	1
7	1	×	0	1	1	1	1	1	1	1	0	0	0	0
8	1	×	1	0	0	0	1	1	1	1	1	1	1	1
9	1	×	1	0	0	1	1	1	1	1	0	0	1	1
10	1	×	1	0	1	0	1	0	0	0	1	1	0	1
11	1	×	1	0	1	1	1	0	0	1	1	0	0	1
12	1	×	1	1	0	0	1	1	0	0	0	0	1	1
13	1	×	1	1	0	1	1	0	0	0	1	1	1	1
14	1	×	1	1	1	0	1	0	0	0	1	1	1	1
15	1	×	1	1	1	1	1	0	0	0	0	0	0	0

由表 3-18 可看出,74LS48 辅助控制信号 $\overline{LT}$、$\overline{RBI}$ 和 $\overline{BI/RBO}$ 的作用如下。

（1）试灯信号 $\overline{LT}$：低电平有效,用来检测各发光段是否正常发光。当 $\overline{LT}=0$ 时,74LS48 所驱动的七段显示器各发光段全部被点亮,与输入信号无关。电路要正常显示,则必须使 $\overline{LT}=1$。

（2）动态灭零信号$\overline{RBI}$：低电平有效。当$\overline{LT}=1$、$\overline{RBI}=0$且输入信号$A_3A_2A_1A_0$为"0000"时，该位"0"不显示，即"0"字被熄灭；当输入信号不全为0时，该位正常显示，所以该信号可以用来消去无效的零。例如，数字"0606"中的第一个"0"不需要显示，可将$\overline{RBI}$接地进行灭零。

（3）$\overline{BI}/\overline{RBO}$是一个低电平有效的复合信号，既可以作为输入端，也可以作为输出端。$\overline{BI}$为灭灯输入信号，当$\overline{BI}=0$时，不论输入信号状态如何，显示管全部熄灭，与试灯信号正好相反，所以可以作为是否显示的控制端。与其联结的信号$\overline{RBO}$为动态灭零信号，当$\overline{LT}=1$、$\overline{RBI}=0$且输入信号为"0000"时，动态灭零信号$\overline{RBO}$有效，输出"0"，其他情况输出为"1"。当有多位数字显示时，可用此端进行连接。

一位数码的显示译码电路如图3-39（a）所示，74LS48的7个输出端分别与数码显示管的相应的输入端相连，辅助控制端$\overline{LT}$、$\overline{RBI}$和$\overline{BI}/\overline{RBO}$均输入无效信号。可动态灭零的多位数码的显示译码电路示意图如图3-39（b）所示，小数点位置固定，有4位整数，2位小数。每位数码的显示译码电路构成与图3-39（a）类似，不同的是，在整数部分将高位数码译码器的$\overline{BI}/\overline{RBO}$与低位数码译码器的$\overline{RBI}$相连，而在小数部分要将低位数码译码器的$\overline{BI}/\overline{RBO}$与高位数码译码器的$\overline{RBI}$相连。

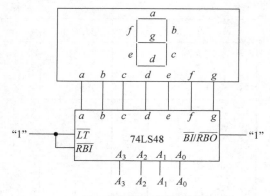

(a) 一位数码的显示译码电路

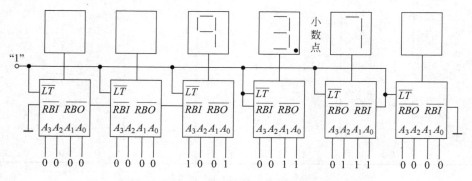

(b) 可动态灭零的多位数码的显示译码电路示意图

图3-39　显示译码电路

3.4.4　数据选择器和数据分配器

1. 数据选择器

数据选择器也称为多路选择开关或多路调制器,由地址译码器和多路数字开关组成,其功能是在地址选择信号的作用下,从多个数据输入通道中选择某一个通道的数据由输出端送出。数据选择器方框图如图 3-40 所示,有 n 个地址输入端,2^n 个数据输入端,通常称为 2^n 选 1 数据选择器。

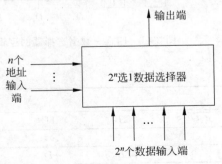

图 3-40　数据选择器方框图

1) 四选一数据选择器

四选一数据选择器是从 4 个数据通道中选择其中一个通道的数据输出。因为有 4 个数据通道,所以需要 4 个不同的地址选择信号控制每个通道,因此,地址输入端必须有 2 个($4=2^2$)。四选一数据选择器真值表见表 3-19,D 为数据输入端,A_1、A_0 为地址选择信号输入端,Y 为输出端。

表 3-19　四选一数据选择器真值表

输　　　入			输　　　出
D	A_1	A_0	Y
D_0	0	0	D_0
D_1	0	1	D_1
D_2	1	0	D_2
D_3	1	1	D_3

由表 3-19 写出逻辑函数表达式:

$$Y = D_0 \, \overline{A_1} \, \overline{A_0} + D_1 \, \overline{A_1} \, A_0 + D_2 \, A_1 \, \overline{A_0} + D_3 \, A_1 \, A_0$$

$$= \sum_{i=0}^{3} D_i m_i$$

其中,m_i 为地址信号 A_1、A_0 对应的最小项符号。四选一数据选择器的逻辑电路图如图 3-41 所示。

2) 集成数据选择器

典型的集成数据选择器有双四选一数据选择器 74LS153、八选一数据选择器 74LS151。

双四选一数据选择器 74LS153 内含两个完全相同的四选一数据选择器。74LS153 芯片引脚图如图 3-42 所示,其功能表见表 3-20,1D 和 2D 分别代表两个数据选择器的 4 个数据输入端,1Y 和 2Y 分别代表两个数据选择器的输出端,$A_1 A_0$ 为两个四选一数据选择器共用的一组地址选择端,使能端 $\overline{1S}$ 和 $\overline{2S}$ 分别控制两个四选一数据选择器,便于控制电路工作及扩展,低电平有效,即 $\overline{S}=0$ 时,选择器工作,$\overline{S}=1$ 时,选择器禁止。

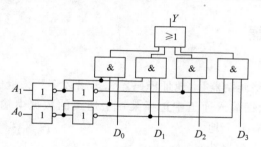

图 3-41 四选一数据选择器的逻辑电路图

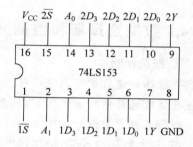

图 3-42 74LS153 芯片引脚图

表 3-20 74LS153 功能表

输 入					输 出	
$\overline{1S}/\overline{2S}$	$2D$	$1D$	A_1	A_0	$2Y$	$1Y$
1	×	×	×	×	0	0
0	$2D_0$	$1D_0$	0	0	$2D_0$	$1D_0$
0	$2D_1$	$1D_1$	0	1	$2D_1$	$1D_1$
0	$2D_2$	$1D_2$	1	0	$2D_2$	$1D_2$
0	$2D_3$	$1D_3$	1	1	$2D_3$	$1D_3$

八选一数据选择器 74LS151 的芯片引脚图如图 3-43 所示,其功能表见表 3-21,有 3 个地址选择端,一对互补的输出 Y 和 $\overline{Y}$,与 74LS153 一样,使能端 $\overline{S}$ 低电平有效,当 $\overline{S}=0$ 时,数据选择器工作,$\overline{S}=1$ 时,数据选择器被禁止。

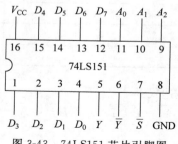

图 3-43 74LS151 芯片引脚图

表 3-21 74LS151 功能表

输 入					输 出	
$\overline{S}$	D	A_2	A_1	A_0	Y	$\overline{Y}$
1	×	×	×	×	0	1
0	D_0	0	0	0	D_0	$\overline{D_0}$
0	D_1	0	0	1	D_1	$\overline{D_1}$
0	D_2	0	1	0	D_2	$\overline{D_2}$
0	D_3	0	1	1	D_3	$\overline{D_3}$
0	D_4	1	0	0	D_4	$\overline{D_4}$
0	D_5	1	0	1	D_5	$\overline{D_5}$
0	D_6	1	1	0	D_6	$\overline{D_6}$
0	D_7	1	1	1	D_7	$\overline{D_7}$

将两片八选一数据选择器 74LS151 相连,可得到十六选一数据选择器,如图 3-44 所示。高位芯片用来选通 $D_8 \sim D_{15}$ 8 个数据通道,低位芯片用来选通 $D_0 \sim D_7$ 8 个数据通道。十六选一数据选择器需要 4 个地址选择端,而 74LS151 只有 3 个地址选择端,所以需通过使能端再构造一个地址选择端。电路正常工作情况下,两个数据选择器中只有一个处于工作状态,所以可将两个使能端用非门连接作为地址选择信号 A_3。如地址选择信号为"0111"时,有 $A_3 = 0$,$\overline{S_1} = 0$,$\overline{S_2} = 1$,所以低位芯片工作,高位芯片禁止,输出低位芯片 D_7 通道的数据。若地址选择信号为"1111"时,有 $A_3 = 1$,$\overline{S_1} = 1$,$\overline{S_2} = 0$,所以高位芯片工作,低位芯片禁止,输出高位芯片 D_7 通道的数据,即 D_{15} 的数据。

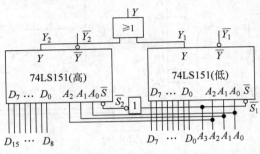

图 3-44 由 74LS151 构造的十六选一数据选择器

2. 数据分配器

数据分配器也称为多路分配器,其功能正好与数据选择器相反,可以根据需要将输入的数据从多个输出端中的任何一个输出,相当于单刀多掷开关。图 3-45 给出了数据选择器和数据分配器的功能示意图,从图中可清楚地看出二者的联系。真值表见表 3-22。

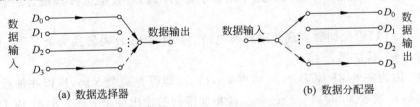

(a) 数据选择器　　　　　　　　　　　　　　(b) 数据分配器

图 3-45 数据选择器和数据分配器的功能示意图

表 3-22 数据分配器真值表

	输　　入		输　　　出			
	A_1	A_0	Y_3	Y_2	Y_1	Y_0
D	0	0	0	0	0	D
	0	1	0	0	D	0
	1	0	0	D	0	0
	1	1	D	0	0	0

由表 3-22 可写出逻辑函数表达式:

$$Y_0 = D\,\overline{A_1}\,\overline{A_0} \quad Y_1 = D\,\overline{A_1}\,A_0 \quad Y_2 = D\,A_1\,\overline{A_0} \quad Y_3 = D\,A_1\,A_0$$

一般地,数据分配器的功能可由译码器实现。图 3-46 给出了由 3 线-8 线译码器 74LS138 实现 1 路-8 路数据分配器的电路图,将 ST_A 和 $\overline{ST_C}$ 分别置 1 和"0",$\overline{ST_B}$ 作为数据输入端，$A_2 A_1 A_0$ 作为地址信号输入端，$\overline{Y_0} \sim \overline{Y_7}$ 为输出端。当 $A_2 A_1 A_0$ 为"000"时，选通输出端 $\overline{Y_0}$，当输入数据 $D=0$ 时，即 $\overline{ST_B}=0$，译码器正常工作，则有 $\overline{Y_0}=0$；当输入数据 $D=1$ 时，即 $\overline{ST_B}=1$，译码器禁止，则有 $\overline{Y_0}=1$，由上可看出 $\overline{Y_0}$ 的输出值与 $\overline{ST_B}$ 的输入一致，所以实现了数据分配器的功能。

将数据分配器和数据选择器结合在一起可以构成多路数据分时传送系统，如图 3-47 所示。

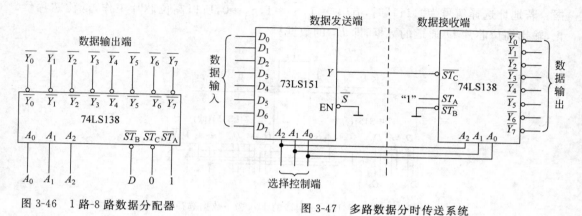

图 3-46 1 路-8 路数据分配器

图 3-47 多路数据分时传送系统

3.4.5 综合应用实例

集成电路的集成度高、性能可靠、成本低，用中大规模的集成电路构造的数字系统具有体积小、可靠性高等优点。下面给出几个用加法器、译码器、数据选择器设计组合逻辑电路的实例。

【例 3-9】 （1）用全加器实现代码转换电路，将 8421 BCD 码转换为余 3 码；（2）用全加器实现并行加法/减法器。

解：（1）因为将 8421 BCD 码加 3（即 0011）后，即可得到余 3 码，所以在加数 A 端送入 8421 BCD 码，B 端置为"0011"，经过全加器相加得到的输出即余 3 码。8421 BCD 码转换为余 3 码电路图如图 3-48(a)所示。

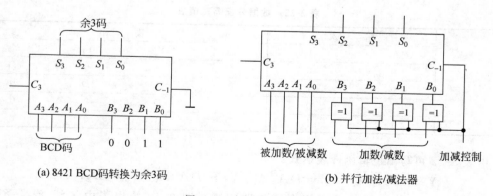

(a) 8421 BCD码转换为余3码

(b) 并行加法/减法器

图 3-48 例 3-9 电路图

（2）因为电路要同时实现加法运算和减法运算，所以用 C_{-1} 端作为加减控制端，A 端作为被加数（或被减数）输入端，B 端作为加数（或减数）输入端。当 $C_{-1}=0$ 时，有 $B\oplus 0=B$，所以 B 端输入原码，电路完成 $A+B$ 的运算，即加法运算；当 $C_{-1}=1$ 时，有 $B\oplus 1=\overline{B}$，所以 B 端输入反码，电路完成 $A+\overline{B}+1$ 的运算，$A+\overline{B}+1=A-B$，即实现减法运算。并行加法/减法器电路图如图 3-48(b)所示。

【例 3-10】　利用 4 位数值比较器和逻辑门设计输血指示器，若绿灯亮，表明血型匹配，可以输血；若红灯亮，说明血型不匹配。

解：一般来说，血型有 A、B、AB 及 O 型 4 种，所以每种血型需要用两位二进制代码表示，用"00"表示 O 型血，"01""10"及"11"分别表示 A、B、AB 型血。假设 AB、CD 分别为输送和接受的血型，G 表示绿灯，R 表示红灯，真值表见表 3-23。

表 3-23　例 3-10 真值表

A	B	C	D	G	R	A	B	C	D	G	R
0	0	0	0	1	0	1	0	0	0	0	1
0	0	0	1	1	0	1	0	0	1	0	1
0	0	1	0	1	0	1	0	1	0	1	0
0	0	1	1	1	0	1	0	1	1	1	0
0	1	0	0	0	1	1	1	0	0	0	1
0	1	0	1	1	0	1	1	0	1	0	1
0	1	1	0	0	1	1	1	1	0	0	1
0	1	1	1	1	0	1	1	1	1	1	0

经分析可知，只要满足血型相同、输送 O 型血或者接受方是 AB 型血 3 个条件之一，就可以输血：

（1）血型相同，即 $AB=CD$，可通过数值比较器对两位二进制数进行比较，若二者相等，则输出 $G=1$。

（2）输送 O 型血，即 $AB=00$，则输出 $G=1$，所以有 $G=\overline{A}\cdot\overline{B}=\overline{A+B}$，可用或非门实现。

（3）接受方是 AB 型血，即 $CD=11$，则输出 $G=1$，所以有 $G=CD$，可用与门实现。

将以上 3 部分电路的输出用或门相连即可构造出输血指示电路，如图 3-49 所示。

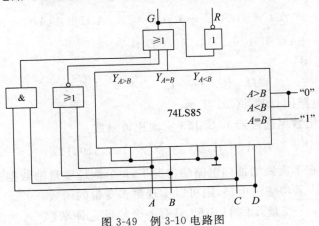

图 3-49　例 3-10 电路图

【例 3-11】 试用 3 线-8 线译码器 74LS138 以及与非门实现一位全加器。

解： 由译码器的输出表达式可看出，译码器的输出均为最小项，所以 n 位译码器实际上是一个 n 变量的最小项输出器，又因为逻辑表达式都可以写成最小项表达式，所以任何组合逻辑函数都可以利用译码器实现。具体步骤如下：

（1）写出函数的最小项表达式。因为 74LS138 是低电平有效，所以将函数表达式变换为与非-与非形式。

$$\begin{cases} S_i(A_i, B_i, C_{i-1}) = \sum m(1,2,4,7) = \overline{\overline{m_1}\ \overline{m_2}\ \overline{m_4}\ \overline{m_7}} \\ C_i(A_i, B_i, C_{i-1}) = \sum m(3,5,6,7) = \overline{\overline{m_3}\ \overline{m_5}\ \overline{m_6}\ \overline{m_7}} \end{cases}$$

（2）确定 74LS138 输入变量，令 $A_2 = A_i, A_1 = B_i, A_0 = C_{i-1}$。

（3）画出逻辑电路图，如图 3-50 所示。

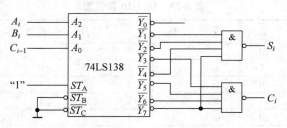

图 3-50 例 3-11 电路图

【例 3-12】 试用数据选择器 74LS153 实现逻辑函数 $L = \overline{A}BC + A\overline{B}C + AB$。

解： 因为数据选择器的逻辑表达式具有标准与或表达式的形式，提供地址变量的全部最小项，而且 D_i 可以当作一个变量对待，所以利用数据选择器的输入 D_i 选择地址变量组成的最小项 m_i，可以实现任何所需的组合逻辑函数。n 个地址变量的数据选择器在不需要增加门电路的情况下，最多可实现 $n+1$ 个变量的函数。如 3 个输入变量的逻辑函数可以用 2 个地址变量的 74LS153 实现。下面给出具体步骤。

（1）确定逻辑函数的变量与数据选择器的变量间的对应关系，令 $A = A_1, B = A_0$，C 由 $D_0 \sim D_3$ 确定，数据选择器的输出 Y 即函数的输出 L。

（2）写出逻辑函数 L 的标准与或式及数据选择器的表达式 Y，对比二者确定 C。

$$L = \overline{A}BC + A\overline{B}C + AB = \overline{A}BC + A\overline{B}C + ABC + AB\overline{C}$$
$$= \overline{A_1}\ \overline{A_0}C + \overline{A_1}A_0\overline{C} + A_1A_0C + A_1A_0\overline{C} = \overline{A_1}\ \overline{A_0}C + \overline{A_1}A_0\overline{C} + A_1A_0(C + \overline{C})$$
$$Y = D_0\overline{A_1}\ \overline{A_0} + D_1\overline{A_1}A_0 + D_2A_1\overline{A_0} + D_3A_1A_0$$

比较 L 和 Y，可得：

$$D_0 = C \quad D_1 = \overline{C} \quad D_2 = 0 \quad D_3 = 1$$

（3）画出逻辑电路图，如图 3-51 所示。

【例 3-13】 试用数据选择器 74LS153 实现逻辑函数：

$$L(A, B, C, D) = \sum m(1,3,5,9,11)$$

解： 由前可知，在不需要增加门电路的情况下，n 个地址变量的数据选择器最多可实现 $n+1$ 个变量的函数。若考虑门电路，则可以实现更多变量的函数。

逻辑函数 L 有 4 个变量，而 74LS153 只有两个地址选择端，令 $A = A_1, B = A_0$，则 C 和

D 都要由 $D_0 \sim D_3$ 确定。

$$L(A,B,C,D) = \sum m(1,3,5,9,11)$$
$$= \overline{A}\,\overline{B}\,\overline{C}D + \overline{A}\,\overline{B}CD + \overline{A}B\overline{C}D + A\overline{B}\,\overline{C}D + A\overline{B}CD$$
$$= \overline{A}\,\overline{B}\,\overline{C}D + \overline{A}\,\overline{B}CD + \overline{A}B\overline{C}D + A\overline{B}(\overline{C}D + CD)$$
$$= \overline{A}\,\overline{B}D + \overline{A}B\overline{C}D + A\overline{B}D$$

将上式与数据选择器的表达式相比，可得：$D_0 = D$、$D_1 = \overline{C}D$、$D_2 = D$、$D_3 = 0$。
画出电路图，如图 3-52 所示。

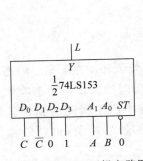

图 3-51　例 3-12 逻辑电路图

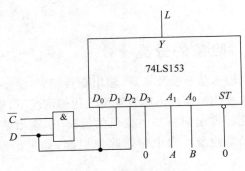

图 3-52　例 3-13 电路图

3.5　组合逻辑电路的险象

　　之前，我们是在电路稳定工作且假定门电路都处于理想状态的情况下对组合逻辑电路进行分析和设计的。然而，在实际中，所有的逻辑门都存在传输延迟时间，信号经导线传输时也需要一定时间，所以在组合逻辑电路中，当输入信号的状态改变时，输出端可能会出现不正常的干扰信号，使电路产生错误的输出，这种现象称为竞争冒险。

3.5.1　险象的产生

　　当输入信号经过多条路径传送后到达同一逻辑门的输入时，由于传送路径不同，导致信号到达该门的输入时间不一致的现象称为竞争。竞争分为临界竞争和非临界竞争。所谓临界竞争，是指产生错误输出的竞争，而非临界竞争是指不会产生错误输出的竞争。临界竞争产生的错误输出会引起后级电路的错误输出，这种现象被称为冒险或险象。

　　图 3-53(a)给出了两个互补信号相与的电路图和波形图。由于非门的传输延迟，从波形图可以看出，$\overline{A}$ 信号滞后于 A 信号，所以在很短的时间间隔内，$\overline{A}$ 和 A 会同时出现高电平，两个互补信号相与时，应该有 $Y_1 = A \cdot \overline{A} = 0$ 为持续低电平，但却出现了高电平的干扰信号，这种现象即险象。同理，图 3-53(b)中两个互补信号相或时，应该有 $Y_2 = A + \overline{A} = 1$，但由于非门的传输延迟，两个互补信号在短时间内会同时为低电平，所以出现输出为低电平窄脉冲的情况。

　　冒险现象主要是由门电路的延迟时间产生的。对于低速运转的系统，出现的窄脉冲不会引起错误，但是，对于高速工作的数字系统来说，不正常的干扰信号会导致系统错误，无法正常工作，所以必须克服这一现象。

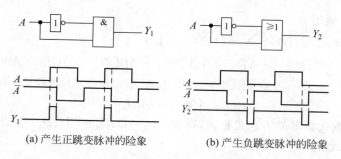

(a) 产生正跳变脉冲的险象　　　　　(b) 产生负跳变脉冲的险象

图 3-53　冒险产生原因

3.5.2　险象的分类

依据输入信号变化前后，输出是否相同，险象可分为静态险象和动态险象。静态险象是指在输入变化而输出不应该发生变化的情况下，输出端产生瞬间的错误。动态险象是指在输入变化而输出应该发生变化的情况下，输出端在变化过程中产生瞬间的错误。组合电路中的动态险象一般由静态险象引起，如果消除了电路中的静态险象，也就消除了动态险象。

依据错误脉冲的极性，险象可分为"1"型险象和"0"型险象：错误输出信号为正脉冲，为"1"型险象；若错误输出信号为负脉冲，则为"0"型险象。静态险象、动态险象、"1"型险象及"0"型险象的组合情况如图 3-54 所示。

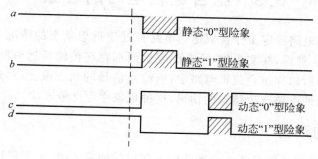

图 3-54　险象分类示意图

例如，波形 a 中的输出信号应该为持续高电平，但是，当输入信号发生变化时（虚线表示变化时刻），输出信号产生了瞬间的错误，且错误信号为低电平，所示该险象为静态"0"型险象。

3.5.3　险象的判断

1. 代数法判断

代数法判断是指通过逻辑函数表达式判断电路中是否存在险象。在逻辑函数表达式中，若某个变量（如变量 A）同时以原变量和反变量两种形式出现，则其具备竞争条件，此时将其余变量置"0"或置"1"后，如果该表达式变为 $Y = A \cdot \overline{A}$，则产生"1"型险象；如果表达式变为 $Y = A + \overline{A}$，则产生"0"型险象。

【例 3-14】　试判断图 3-55 所示电路是否存在险象。

解：该电路图对应的逻辑表达式为 $Y = A\bar{B} + BC$，因为表达式中变量 B 的原变量和反变量同时出现，所以具备竞争条件。又因为当 $A = C = 1$ 时，有 $Y = \bar{B} + B$，所以该电路中存在竞争冒险。

2. 卡诺图法判断

将逻辑函数填入卡诺图，圈好卡诺圈，若存在相切但不相交的卡诺圈，则逻辑函数存在竞争冒险。将例 3-14 中的逻辑函数填入图 3-56 中，并圈卡诺圈，从图中可看到两个卡诺圈相切但不相交，所以存在险象。

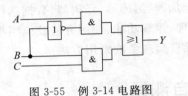

图 3-55　例 3-14 电路图

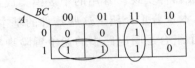

图 3-56　例 3-14 卡诺图

3. 其他方法判断

除了采用代数法和卡诺图法判断有无险象外，还可以采用实验法及使用计算机辅助分析手段进行判断。

采用实验法比较直观、可靠，将所有可能出现的状态加至电路输入端，观察输出端是否出现不正常的干扰信号即可。使用计算机辅助手段是指通过在计算机上模拟数字逻辑电路的工作情况，以此检查是否存在竞争冒险现象。

3.5.4　险象的消除

1. 消除互补变量

可通过消去互补变量消除险象。例如，函数 $Y = (A + B)(\bar{B} + C)$，当 $A = C = 0$ 时，有 $Y = B \cdot \bar{B}$，存在险象。将函数展开并消去互补量后，有 $Y = A\bar{B} + AC + BC$，逻辑电路中将不会存在竞争冒险现象。

2. 增加冗余项

保证原函数不变，增加冗余项消除险象。例如，在例 3-14 的卡诺图中增加一个多余的卡诺圈（图 3-57 中的虚线圈），表达式将变为 $Y = A\bar{B} + AC + BC$，逻辑电路中的险象消除。因为表达式中的 AC 对于函数来说是多余的，所以称为冗余项。

3. 利用滤波电容

因为险象产生的干扰脉冲非常窄，所以可在电路的输出端并联一个小容量（约 4～20pF）的电容，以此消除险象。利用滤波电容消除险象如图 3-58 所示。

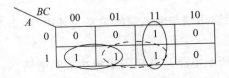

图 3-57　增加冗余圈的卡诺图

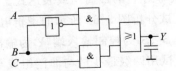

图 3-58　利用滤波电容消除险象

3.6　本　章　小　结

组合逻辑电路是指电路的任意时刻的输出状态只与该时刻的输入状态有关,而与该时刻之前的状态无任何关系,输出与输入的关系具有即时性。电路由逻辑门电路构成,不含任何存储元件。

组合逻辑电路研究的两个主要问题是分析与设计。电路的分析与设计为互逆的过程,所以掌握好分析方法尤为重要。组合逻辑电路除了采用基本的逻辑门实现外,还可以采用中规模集成器件实现。常用的中规模集成器件有全加器、编码器、译码器、数据选择器、数据分配器等,本章着重介绍了这些器件的基本工作原理、逻辑功能、使用方法及应用举例,最后简要介绍了组合逻辑电路中的竞争冒险现象及消除冒险现象的常用方法。

3.7　习题和自测题

习题(答案见附录 D)

1. 某组合逻辑电路有 4 个输入端和 1 个输出端,当输入信号中没有"1"输入或者输入奇数个"1"时,输出信号为"1"。试列出真值表,并写出其最简与或表达式。

2. 分析图 3-59 中的两个电路,写出逻辑表达式,并说明电路功能。

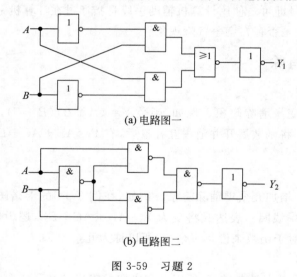

(a) 电路图一

(b) 电路图二

图 3-59　习题 2

3. 已知某组合逻辑电路的输入 A、B、C 和输出 F 的波形如图 3-60 所示,不计逻辑门的延时,试写出 F 的最简与或表达式。

4. 试分析图 3-61 所示的逻辑电路图,说明输出端与输入端的关系。其中,A、B 为数据输入端,S_1、S_2 为控制输入端,Y 为输出端。

5. 试用两级最少的与非门组成与图 3-62 所示电路具有相同逻辑功能的电路。

6. 试设计一个"逻辑不一致"电路。要求当 4 个输入变量取值不一致时,输出为"1";当 4 个输入变量取值一致时,输出为"0"。

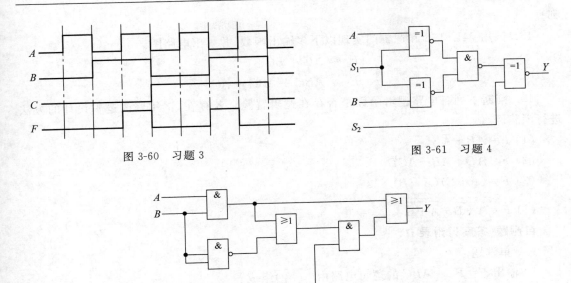

图 3-60 习题 3

图 3-61 习题 4

图 3-62 习题 5

7. 某电路的输入 X 及输出 Y 均为 3 位二进制数,要求:X 值不能大于 6;当 X 大于或等于 0,且小于或等于 3 时,有 $Y=X$;当 X 大于或等于 4,且小于或等于 6 时,有 $Y=X+1$。试用两级最少的与非门设计实现该逻辑电路。

8. 试用与非门设计一个可以完成以下 4 个功能的多功能逻辑电路。

(1) $F=AB$;　(2) $F=\overline{A \oplus B}$;　(3) $F=A+B$;　(4) $F=\overline{AB}$

9. 试设计一个判偶电路:当输入偶数个"1"时,输出为"1";否则输出"0"。假设该电路有 4 个输入端。

10. 试用与、或、非逻辑门实现两位二进制数的比较电路,输出比较结果。

11. 试用 4 位二进制加法器设计一个代码转换器,将余 3 代码转换为 8421 BCD 码。

12. 试用一片 4 位比较器构成一个数值范围指示器,其输入变量为 8421 BCD 码表示的一位十进制数 X。当 $X \geqslant 5$ 时,指示器输出 1;否则输出 0。

13. 试用四选一数据选择器实现下列函数。

(1) $F=(A+\overline{B})(\overline{B}+C)$

(2) $F=B\overline{C}+\overline{A}\overline{C}D+AC D+\overline{A}BCD+A\overline{B}C\overline{D}$

(3) $F(A,B,C,D)=\sum m(0,2,3,4,5,7)+\sum d(8,10,15)$

14. 试用八选一数据选择器实现 13 题中的函数。

15. 试用八选一数据选择器实现全加器的功能。

16. 试用 74LS138 和相应的逻辑门实现下列逻辑函数,画出逻辑电路图。

(1) $F=\overline{A}\overline{C}+B\overline{C}+\overline{A}BC$

(2) $F(A,B,C)=\sum m(0,2,4,5,7)$

17. 试用 74LS138 译码器设计一个控制电路对 3 台设备进行控制,当设备出现故障时,由不同的指示灯指示。当设备正常工作时,指示灯绿灯亮;当有一台设备故障时,指示灯红灯亮;当有两台设备故障时,指示灯黄灯亮;当 3 台设备都故障时,指示灯红灯、黄灯、绿灯都亮。

18. 试用 74LS138 和逻辑门实现以下多输出函数,并画出电路图。

$$\begin{cases} F_1 = \overline{A}\,\overline{C} + B\overline{C} \\ F_2 = \overline{A}BC + A\overline{B}C + AC \end{cases}$$

19. 判断下列各电路逻辑函数是否存在逻辑冒险。若存在,试用修改逻辑设计的方法进行消除。

(1) $F = A\overline{B} + \overline{A}B$

(2) $F = \overline{A}D + A\overline{B} + A\overline{C}D$

(3) $F = (A+C)(\overline{A}+B)$

(4) $F = \overline{\overline{\overline{A+B}} + \overline{\overline{A}+\overline{B}}}$

自测题(答案见附录 D)

一、单选题

1. 输出 $F = B\overline{C} + A\overline{B}C$ 的逻辑电路由( )组成。
   (A) 两个与门和一个或门
   (B) 两个与门、一个或门和两个非门
   (C) 两个或门、一个与门和两个非门
   (D) 两个与门、一个或门和一个非门

2. 与运算可以由( )产生。
   (A) 两个与非门 (B) 3 个与非门 (C) 一个或非门 (D) 两个或非门

3. 或运算可以由( )产生。
   (A) 两个或非门
   (B) 3 个与非门
   (C) 4 个与非门
   (D) 答案 A、B 都正确

4. 一个半加器的特点是( )。
   (A) 有 2 个输入和 2 个输出
   (B) 有 3 个输入和 2 个输出
   (C) 有 2 个输入和 3 个输出
   (D) 有 2 个输入和 1 个输出

5. 一位全加器的特点是( )。
   (A) 有 2 个输入和 2 个输出
   (B) 有 3 个输入和 2 个输出
   (C) 有 2 个输入和 3 个输出
   (D) 有 2 个输入和 1 个输出

6. 一个全加器的输入为 $A_i=1$、$B_i=1$、$C_{in}=1$,则其输出为( )。
   (A) $S_i=0, C_{out}=0$
   (B) $S_i=0, C_{out}=1$
   (C) $S_i=1, C_{out}=0$
   (D) $S_i=1, C_{out}=1$

7. 一个 4 位并行加法器可以用于相加( )。
   (A) 两个 2 位二进制数
   (B) 两个 4 位二进制数
   (C) 顺序相加 4 个位
   (D) 一次 4 位

8. 如果将一个 4 位并行加法器扩展为一个 8 位加法器,则必须( )。
   (A) 使用 4 个 4 位不相连的加法器
   (B) 使用两个 4 位加法器,并将其中一个加法器的和输出与另外一个加法器的进位输入相连
   (C) 使用 8 个 4 位不相连的加法器
   (D) 使用两个 4 位加法器,并将其中一个加法器的进位输出与另外一个加法器的进

位输入相连

9. 如果一个比较器 74LS85 的输入为 $A=1011,B=1001$,则输出为(　　)。

(A) $F_{A>B}=0,F_{A<B}=0,F_{A=B}=1$ 　　　　(B) $F_{A>B}=0,F_{A<B}=1,F_{A=B}=0$

(C) $F_{A>B}=1,F_{A<B}=0,F_{A=B}=0$ 　　　　(D) $F_{A>B}=1,F_{A<B}=1,F_{A=B}=0$

10. 一个低输出有效的 4/16 译码器,当 $\overline{Y_{12}}=0$ 时,译码器的输入是(　　)。

(A) $A_3A_2A_1A_0=1010$ 　　　　(B) $A_3A_2A_1A_0=1110$

(C) $A_3A_2A_1A_0=1100$ 　　　　(D) $A_3A_2A_1A_0=0100$

11. 一个共阴极七段数码管的译码电路,当输入为 0101 时,则其七段输出 a、b、c、d、e、f、g 的值分别等于(　　)。

(A) 1011011 　　　　(B) 1011111 　　　　(C) 0100100 　　　　(D) 0100000

12. 如果一个高位优先的 8/3 优先编码器,输出为高电平有效,当其 4 个输入 I_0、I_2、I_5、I_7 都为有效电平时,则优先编码器的输出编码为(　　)。

(A) 101 　　　　(B) 100 　　　　(C) 111 　　　　(D) 000

13. 数据选择器与(　　)基本相同。

(A) 多路复用器 　　　　(B) 多路分配器 　　　　(C) 编码器 　　　　(D) 译码器

14. 一个八选一数据选择器,有(　　)。

(A) 1 个数据输入、8 个数据输出和 3 个地址输入

(B) 8 个数据输入、1 个数据输出和 3 个地址输入

(C) 3 个数据输入、1 个数据输出和 8 个地址输入

(D) 1 个数据输入、3 个数据输出和 8 个地址输入

15. 某电路如图 3-63 所示,74LS151 是八选一数据选择器。该电路的逻辑功能是(　　)。

(A) $F=\sum m(4,8,9,13)$ 　　　　(B) $F=\sum m(6,8,9,13)$

(C) $F=\sum m(6,7,8,9,12,15)$ 　　　　(D) $F=\sum m(6,8,13,14)$

16. 32 路数据分配器的地址输入(选择控制)端有(　　)个。

(A) 3 　　　　(B) 4 　　　　(C) 5 　　　　(D) 16

17. 由一片 74LS283(4 位超前进位加法器)构成的某电路如图 3-64 所示,若输入信号 A 的取值为 0101,则输出信号 S 的取值为(　　)。

(A) 0010 　　　　(B) 1001 　　　　(C) 0111 　　　　(D) 1000

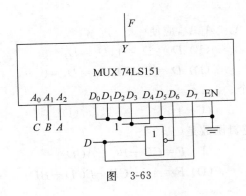

图 3-63

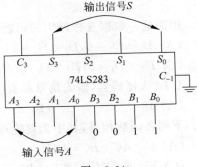

图 3-64

18. 由 74LS138 译码器和逻辑门构成的某电路如图 3-65 所示，电路的输入信号 A、B、C 和输出信号 Z 之间的逻辑函数（写成最小项表达式）为（　　）。

(A) $Z = \sum m(1,2,4,7)$ 　　　　(B) $Z = \sum m(0,3,5,6)$

(C) $Z = \sum m(1,3,4,6)$ 　　　　(D) $Z = \sum m(0,2,5,7)$

19. 某组合电路的输入信号 A、B、C 和输出信号 F 的波形关系如图 3-66 所示，其函数表达式为（　　）。

(A) $F = \sum m(1,2,5,6)$ 　　　　(B) $F = \sum m(0,3,4,7)$

(C) $F = \sum m(1,4,5,6)$ 　　　　(D) $F = \sum m(0,2,3,7)$

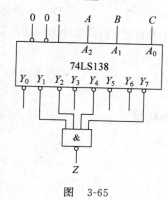

图　3-65

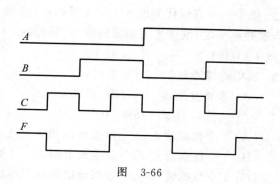

图　3-66

20. 某电路如图 3-67 所示，该电路的逻辑表达式为（　　）。

(A) $F = \overline{A\,\overline{ABC} + B\,\overline{ABC} + C\,\overline{ABC}}$ 　　　　(B) $F = \overline{\overline{A}ABC + \overline{B}ABC + \overline{C}ABC}$

(C) $F = \overline{\overline{ABC} + ABC}$ 　　　　(D) $F = \overline{\overline{A+B+C} + ABC}$

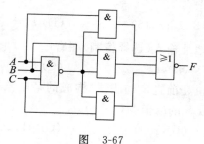

图　3-67

21. 用四选一数据选择器实现函数 $Y = A_1 A_0 + \overline{A_1} A_0$，应使（　　）。

(A) $D_0 = D_2 = 0, D_1 = D_3 = 1$ 　　　　(B) $D_0 = D_2 = 1, D_1 = D_3 = 0$

(C) $D_0 = D_1 = 0, D_2 = D_3 = 1$ 　　　　(D) $D_0 = D_1 = 1, D_2 = D_3 = 0$

22. 4/10 线译码器，输入信号端有（　　）个。

(A) 10 　　　　(B) 2 　　　　(C) 3 　　　　(D) 4

23. 下列各函数相等，其中无冒险现象的逻辑函数是（　　）。

(A) $F = AC + B\overline{C} + CD$ 　　　　(B) $F = CD + B\overline{C} + AC\overline{D}$

(C) $F = AC + B\overline{C} + CD + BD + AB$ 　　　　(D) $F = AC + CD + B\overline{C}\overline{D} + BD$

24. 用低电平输出有效的译码器实现组合逻辑电路时,还需要(　　)。

　　(A) 与非门　　　　(B) 或非门　　　　(C) 与门　　　　(D) 或门

25. 逻辑函数 $F = \overline{A}C + AB + \overline{B}\,\overline{C}$,当变量的取值为(　　)时,不出现冒险现象。

　　(A) $B = C = 1$ 　　　　　　　　　(B) $B = C = 0$

　　(C) $A = 1, C = 0$ 　　　　　　　(D) $A = 0, B = 0$

26. 在 8/3 线优先编码器(74LS148)中,8 条数据输入线 $\overline{I_0} \cdots \overline{I_7}$ 同时有效时,优先级最高为 $\overline{I_7}$ 线,则输出线 $\overline{Y_2}\ \overline{Y_1}\ \overline{Y_0}$ 的值应是(　　)。

　　(A) 000　　　　(B) 010　　　　(C) 101　　　　(D) 111

27. (　　)不是消除竞争冒险的措施。

　　(A) 接入滤波电路　　　　　　　(B) 修改逻辑设计

　　(C) 加入选通脉冲　　　　　　　(D) 屏蔽输入信号的尖峰干扰

28. 采用 4 位比较器(74LS85)对两个 4 位数比较时,先比较(　　)位。

　　(A) 最低　　　　(B) 最高　　　　(C) 次高　　　　(D) 次低

29. 用 3/8 线译码器 74LS138 和辅助门电路实现逻辑函数 $Y = A_2 + \overline{A_2}\ \overline{A_1}$,应(　　)。

　　(A) 用与非门,$Y = \overline{\overline{Y_0}\ \overline{Y_1}\ \overline{Y_4}\ \overline{Y_5}\ \overline{Y_6}\ \overline{Y_7}}$

　　(B) 用与门,$Y = \overline{Y_2}\ \overline{Y_3}$

　　(C) 用或门,$Y = \overline{Y_2} + \overline{Y_3}$

　　(D) 用或门,$Y = \overline{Y_0} + \overline{Y_1} + \overline{Y_4} + \overline{Y_5} + \overline{Y_6} + \overline{Y_7}$

30. 串行加法器的进位信号采用(　　)传递,而并行加法器的进位信号采用(　　)传递。

　　(A) 超前,逐位　　　(B) 逐位,逐位　　　(C) 逐位,超前　　　(D) 超前,超前

二、判断题

1. 与非门不能用来产生与的功能。　　　　　　　　　　　　　　　　(　　)

2. 或非门不能用来产生与的功能。　　　　　　　　　　　　　　　　(　　)

3. 非或逻辑等价于与非。　　　　　　　　　　　　　　　　　　　　(　　)

4. 一个比较器可以确定两个二进制数是否相等。　　　　　　　　　　(　　)

5. 编码器基本是实现译码器操作的逆过程。　　　　　　　　　　　　(　　)

6. 数据选择器是一个逻辑电路,它允许数字信息从单一的信号线传送到几条线路上。

　　　　　　　　　　　　　　　　　　　　　　　　　　　　　　　　(　　)

7. 加法器只能实现加法运算,不能实现其他功能。　　　　　　　　　(　　)

8. 将有特定意义的输入信息编成相应的若干位二进制代码输出的组合逻辑电路是编码器。

　　　　　　　　　　　　　　　　　　　　　　　　　　　　　　　　(　　)

9. 组合逻辑电路中,有冒险就一定有竞争,有竞争也就一定有冒险。　(　　)

10. 超前进位加法器是将各级加的进位预先进行运算,然后再同步求各级的和,以此减小进位的传输延迟。

　　　　　　　　　　　　　　　　　　　　　　　　　　　　　　　　(　　)

触发器

在数字电路中,不但需要对二进制数字信号进行算术、逻辑运算,而且还需要将这些信号和运算结果保存起来。为此,需要具有记忆功能的逻辑部件——触发器,本章讲的触发器为"双稳态触发器",是构造时序逻辑电路的基本逻辑单元部件。时序逻辑电路是一种具有记忆功能的电路,在任何时刻,电路的输出状态不仅与该时刻电路的输入信号有关,而且与过去的输入信号有关。

4.1 触发器概述

4.1.1 触发器的性质

我们将能够存储一位二进制信息的基本单元电路称作触发器。为了实现存储功能,触发器应该具备以下特点。

(1) 具有一对互补输出 Q 和 $\bar{Q}$。

(2) 具有两个稳定的工作状态。所谓稳定状态是指没有外界信号作用时,触发器电路中的电流、电压均维持恒定的数值不变。当 $Q=0(\bar{Q}=1)$ 时,称触发器存储了"0";反之,当 $Q=1(\bar{Q}=0)$ 时,称触发器存储了"1"。

(3) 在输入信号消失后,电路能将获得的新状态保存下来。

(4) 根据不同的输入信号,可以将触发器设置成"0"状态或"1"状态。

(5) 某些触发器具有定时(时钟)端 CP。

4.1.2 触发器的分类

(1) 按照电路结构和工作特点的不同,触发器分为基本 RS 触发器、钟控 RS 触发器、主从触发器、维持阻塞触发器和边沿触发器等。这些不同的电路结构带来了不同的动作特点,掌握这些动作特点对正确运用触发器是十分必要的。

(2) 按照激励方式的不同,即信号的输入方式以及触发器状态随输入信号变化的规律的不同,触发器可分为 RS 触发器、D 触发器、JK 触发器、T 触发器、T′触发器等。

(3) 按照控制方式的不同,触发器可分为基本触发器和钟控触发器。基本触发器的输入信号直接加到激励输入端,而钟控触发器的输入信号是经过控制门加到激励输入端,只有在时钟脉冲 CP 到来时,输入信号才能进入触发器。钟控触发器有电平触发和边沿触发两种,具体的触发方式见表 4-1。各种触发方式对应的逻辑符号如图 4-1 所示。

表 4-1　几种触发方式

触发方式		标　记	逻辑符号	说　明
电平触发	高电平触发	⎍	图 4-1(a)	$CP=1$ 期间均可触发
	低电平触发	‾⎍‾	图 4-1(b)	$CP=0$ 期间均可触发
边沿触发	上升沿触发	⎍	图 4-1(c)	CP 由 0 变为 1 时触发
	下降沿触发	⎍	图 4-1(d)	CP 由 1 变为 0 时触发

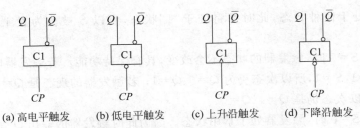

(a) 高电平触发　　(b) 低电平触发　　(c) 上升沿触发　　(d) 下降沿触发

图 4-1　各种触发方式对应的逻辑符号

4.1.3　现态与次态

　　触发器接收输入信号前所处的状态称为现态,可用 Q^n 和 $\overline{Q^n}$ 表示(一般用 Q^n 表示)。触发器接收到输入信号后转换到的新状态称为次态,可用 Q^{n+1} 和 $\overline{Q^{n+1}}$ 表示(一般用 Q^{n+1} 表示)。次态不仅与当前的输入信号有关,而且与现态有关,这两个状态是相邻的两个离散时间内触发器输出端的状态,触发器某一时刻的次态就是下一个状态的现态,其关系是相对的。

4.2　基本 RS 触发器

4.2.1　与非门构成的基本 RS 触发器

1. 电路结构及逻辑符号

　　两个与非门相互交叉连接可构成基本 RS 触发器,如图 4-2(a)所示。$\overline{R}$、$\overline{S}$ 是信号输入端,字母上的"非"号表示低电平有效;Q 和 $\overline{Q}$ 两个互补的信号为输出信号,表示触发器的状态。基本 RS 触发器的逻辑符号如图 4-2(b)所示,输入端的小圆圈表示低电平有效,而不是"非"了又"非"。输出端的 Q 和 $\overline{Q}$ 在正常工作情况下,两个状态是互补的,即一个为"1",另一个就为"0",反之亦然。

2. 工作原理

　　电路输入端有触发信号时,输出状态会根据输入信号的不同而变化。

　　(1) $\overline{R}=0$、$\overline{S}=1$ 时,触发器清零。由于 $\overline{R}=0$,所以 $\overline{Q}=1$,由 $\overline{S}=1$、$\overline{Q}=1$ 可得 $Q=0$。不管触发器原来处于何种状态,此时都将处于"0"状态,所以 $\overline{R}$ 被称为清零端,也被称为复位端。

　　(2) $\overline{R}=1$、$\overline{S}=0$ 时,触发器置1。由于 $\overline{S}=0$,所以 $Q=1$,由 $\overline{R}=1$、$Q=1$ 可得 $\overline{Q}=0$。不

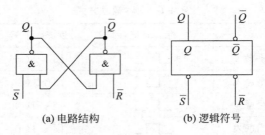

(a) 电路结构　　　　　　　(b) 逻辑符号

图 4-2　与非门构造的基本 RS 触发器

管触发器原来处于何种状态,此时都将处于"1"状态,所以 $\overline{S}$ 被称为置 1 端,也被称为置位端。

(3) $\overline{R}=1$、$\overline{S}=1$ 时,触发器的状态不会改变,具有保持功能。若触发器的现态是 $Q=0$、$\overline{Q}=1$,由于 $\overline{R}=1$、$\overline{S}=1$,所以次态仍为 $Q=0$、$\overline{Q}=1$;若触发器的现态是 $Q=1$、$\overline{Q}=0$,又由于 $\overline{R}=1$、$\overline{S}=1$,所以次态仍是 $Q=1$、$\overline{Q}=0$。

(4) $\overline{R}=0$、$\overline{S}=0$ 时,触发器处于禁用状态。因为此时触发器的输出 $Q=1$、$\overline{Q}=1$,这与触发器输出信号应是互补的原则矛盾,且当 $\overline{R}$ 和 $\overline{S}$ 同时从"0"变为"1"时,次态将出现不确定的现象,所以不允许在这两个输入端同时加有效信号。

3. 特性表和特性方程

反映触发器次态 Q^{n+1} 与现态 Q^n 和输入 $\overline{R}$、$\overline{S}$ 之间对应关系的表格称为状态转换真值表或特性表。通过对基本 RS 触发器工作原理的分析,可得到其特性表,见表 4-2。

表 4-2　基本 RS 触发器特性表

$\overline{R}$	$\overline{S}$	Q^n	Q^{n+1}	$\overline{Q^{n+1}}$	说明
0	0	0	1	1	禁用
0	0	1	1	1	
0	1	0	0	1	复位
0	1	1	0	1	
1	0	0	1	0	置位
1	0	1	1	0	
1	1	0	0	1	保持
1	1	1	1	0	

由表 4-2 可写出与非门构造的基本 RS 触发器的特性方程,即描述次态 Q^{n+1}、现态 Q^n 以及输入 $\overline{R}$、$\overline{S}$ 之间关系的函数表达式。因为不允许 $\overline{R}$ 和 $\overline{S}$ 同时为"0",所以有约束条件存在,在化简时可将禁用的状态作为无关项处理。式(4-1)为与非门构造的基本 RS 触发器的特性方程。

$$Q^{n+1} = S + \overline{R}Q^n$$
$$\overline{R} + \overline{S} = 1(约束条件) \tag{4-1}$$

【例 4-1】　对于与非门构造的基本 RS 触发器,已知输入信号 $\overline{R}$ 和 $\overline{S}$ 的波形(图 4-3),请画出输出端 Q 和 $\overline{Q}$ 的波形。假设触发器的初态为"1",且忽略门的传输延迟时间。

解:注意该触发器为低电平触发有效,输出端波形如图 4-3 所示。

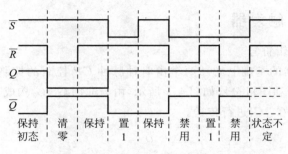

图 4-3 例 4-1 输入输出波形

4.2.2 或非门构成的基本 RS 触发器

将两个或非门相互交叉连接也可构成基本 RS 触发器。图 4-4 给出了这种基本 RS 触发器的电路结构和逻辑符号。

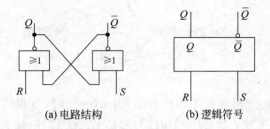

(a) 电路结构   (b) 逻辑符号

图 4-4 或非门构造的基本 RS 触发器

或非门构造的基本 RS 触发器工作原理的分析和前一种基本 RS 触发器相同,但不同的是,或非门构造的基本 RS 触发器输入信号为高电平有效。工作情况如下。

(1) $R=0$、$S=1$ 时,触发器置 1。

(2) $R=1$、$S=0$ 时,触发器清零。

(3) $R=0$、$S=0$ 时,触发器的状态不会改变,具有保持功能。

(4) $R=1$、$S=1$ 时,触发器处于禁用状态。

对于或非门构造的基本 RS 触发器,其特性方程如下。

$$Q^{n+1} = S + \bar{R}Q^n$$

$$RS = 0 (约束条件) \tag{4-2}$$

通过以上分析可知,基本 RS 触发器电路构造很简单,具有清零、置 1 和保持功能,但是受电平直接控制,由有效的输入信号直接控制输出端的状态,不便于控制多个触发器,且输入信号存在约束关系。

4.3 钟控触发器

为了克服基本 RS 触发器输入信号直接控制输出的缺点,且为了更好地控制多个触发器的工作,提出了钟控触发器。下面主要介绍钟控 RS 触发器和钟控 D 触发器。

4.3.1 钟控 RS 触发器

1. 电路组成及逻辑符号

在基本 RS 触发器的基础上增加两个由时钟脉冲 CP 控制的控制门即可得到钟控 RS 触发器，其逻辑电路图和逻辑符号如图 4-5 所示，由与非门 G_1、G_2 构成基本 RS 触发器，输入信号 R、S 通过与非门 G_3、G_4 进行传送。

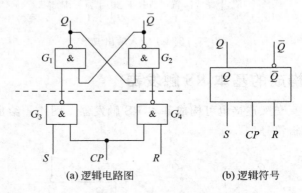

(a) 逻辑电路图　　　　　(b) 逻辑符号

图 4-5　钟控 RS 触发器

2. 工作原理

由钟控 RS 触发器的逻辑电路图可以看出，当 $CP=0$ 时，与非门 G_3、G_4 被封锁，基本 RS 触发器保持原来的状态不变；当 $CP=1$ 时，与非门 G_3、G_4 打开，输入信号 R、S 被接收，G_3、G_4 两端的输出分别为 $\overline{S}$ 和 $\overline{R}$，此时钟控 RS 控触发器的工作情况与基本 RS 触发器完全一致。由以上分析可以得到钟控 RS 触发器的特性方程式(4-3)和特性表(表 4-3)。

$$\begin{cases} Q^{n+1} = S + \overline{R}Q^n \quad (CP = 1 \text{ 期间有效}) \\ RS = 0 \quad (\text{约束条件}) \end{cases} \tag{4-3}$$

表 4-3　钟控 RS 触发器特性表

CP	R	S	Q^n	Q^{n+1}	$\overline{Q^{n+1}}$	说明
0	×	×	×	Q^n	$\overline{Q^n}$	保持
1	0	0	0	0	1	保持
1	0	0	1	1	0	
1	0	1	0	1	0	置位
1	0	1	1	1	0	
1	1	0	0	0	1	复位
1	1	0	1	0	1	
1	1	1	0	1	1	禁用
1	1	1	1	1	1	

钟控 RS 触发器受时钟脉冲信号的控制。CP=0 时，触发器保持不变，只有在 CP=1 期间，才接收输入信号，便于多个触发器的控制，且抗干扰能力比基本 RS 触发器更好。但是，R、S 输入信号间仍有约束条件存在，若违背了约束条件，则可能产生以下情况。

（1）在 $CP=1$ 期间，如果有 $R=1$，$S=1$，则会出现 Q 和 $\overline{Q}$ 同时输出为 1 的不正常情况。

（2）在 $CP=1$ 期间，如果 R 和 S 分时撤销（即分时从"1"变成"0"），则触发器的状态由后撤销的信号决定。

（3）在 $CP=1$ 期间，如果 R 和 S 同时撤销（即同时从"1"变成"0"），则会出现 Q 和 $\overline{Q}$ 不确定的情况。

（4）在 $R=1,S=1$ 时，若 CP 突然撤销（即从"1"变成"0"），则会出现 Q 和 $\overline{Q}$ 不确定的情况。

【例 4-2】 对于钟控 RS 触发器，已知输入信号 R 和 S 的波形（图 4-6），请画出输出端 Q 和 $\overline{Q}$ 的波形。假设触发器初态为"1"，且忽略门的传输延迟时间。

解： 注意该触发器的约束条件，输出端波形如图 4-6 所示。

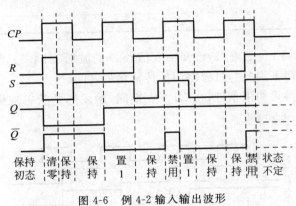

图 4-6 例 4-2 输入输出波形

4.3.2 钟控 D 触发器

1. 电路组成及逻辑符号

为了解决钟控 RS 触发器输入端的约束问题，在钟控 RS 触发器的 S 端和 R 端之间加一个非门，即可得到钟控 D 触发器，如图 4-7 所示。由图 4-7 可知 $S=D,R=\overline{D}$。

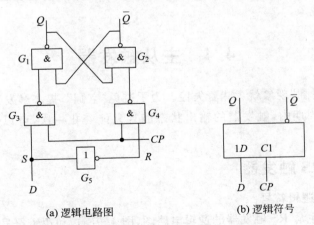

(a) 逻辑电路图　　　　　　(b) 逻辑符号

图 4-7 钟控 D 触发器

2. 工作原理

将 $S=D,R=\overline{D}$ 代入钟控 RS 触发器的特性方程及约束条件可得：

$$Q^{n+1} = S + \overline{R}Q^n = D + \overline{\overline{D}}Q^n = D \quad (CP = 1\text{期间有效})$$
$$RS = D \cdot \overline{D} = 0$$

由上可知,钟控 RS 触发器的约束条件不再存在,钟控 D 触发器解决了钟控 RS 触发器的约束问题,下面给出其特性方程式式(4-4)和特性表(表 4-4)。

$$Q^{n+1} = D \quad (CP = 1\text{期间有效}) \tag{4-4}$$

表 4-4 钟控 D 触发器的特性表

CP	D	Q^{n+1}	备注
0	$\times$	Q^n	保持
1	0	0	清零
1	1	1	置1

【例 4-3】 对于钟控 D 触发器,已知输入信号 D 的波形(图 4-8),请画出输出端 Q 和 $\overline{Q}$ 的波形。假设触发器初态为"1",且忽略门的传输延迟时间。

解:钟控 D 触发器无约束条件,在 $CP = 1$ 期间,触发器的状态随输入端的信号发生变化,输出端波形如图 4-8 所示。

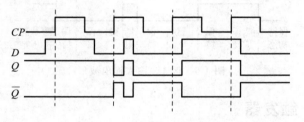

图 4-8 例 4-3 输入输出波形

由以上例题可以看出,钟控 D 触发器的触发方式为 CP 高电平时触发,在 CP 有效期间,如果控制输入端状态发生多次(两次及两次以上)改变,则输出状态也会发生相应的变化,即出现"空翻"现象。

4.4 主从触发器

触发器出现"空翻"现象就意味着失控。为了避免"空翻",提高触发器的可靠性,即要求在 CP 的每个有效周期内,触发器的输出状态能且只能变化一次,可以采用主从结构的触发器。

4.4.1 主从 RS 触发器

1. 电路组成及逻辑符号

图 4-9 给出了主从 RS 触发器的逻辑电路图(图 4-9(a))和逻辑符号(图 4-9(b))。

由图 4-9(a)可以看出,主从结构的触发器由两个钟控 RS 触发器级联构成,其中,由 G_1、G_2、G_3、G_4 构成从触发器,控制信号为 $\overline{CP}$,由 G_5、G_6、G_7、G_8 构成主触发器,控制信号为 CP。图 4-9(b)所示的逻辑符号中,CP 端的小圆圈表示 CP 下降时有效;符号"¬"表示延

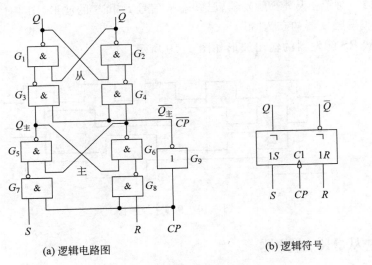

(a) 逻辑电路图　　　　　　　　(b) 逻辑符号

图 4-9　主从 RS 触发器

迟,即在 $CP=1$ 期间,触发器接收输入端的输入信号,但触发器的输出状态不会随输入信号的变化而变化,直到 CP 下降沿到来时,触发器的状态才会发生变化。

2. 工作原理

在一个时钟脉冲的作用下,主从 RS 触发器的工作过程分为两个阶段——接收输入信号阶段和输出信号阶段。

1) 接收输入信号

在 $CP=1$ 期间,控制门 G_7、G_8 被打开,主触发器接收控制输入信号 R、S,输出为

$$Q_{主}^{n+1} = S + \bar{R}Q_{主}^{n} \quad (CP=1 \text{ 期间有效})$$

$$RS = 0 \quad (\text{约束条件})$$

同时,由于 $\overline{CP}=0$,从触发器的控制门 G_3、G_4 被封锁,保持原来状态不变。

2) 输出信号

当 CP 下降沿到来时,主触发器的控制门 G_7、G_8 被封锁,同时,$\overline{CP}$ 从 0 变为 1,从触发器的控制门 G_3、G_4 被打开,接收主触发器在 $CP=1$ 期间存储的内容,触发器的输出状态随之发生变化。

$CP=0$ 期间,由于主触发器被封锁,保持原来的状态不变,所以从触发器的状态不会发生变化。

综上可得主从 RS 触发器的特性方程。

$$Q^{n+1} = S + \bar{R}Q^{n} \quad (CP \text{ 下降沿到来时有效})$$

$$RS = 0 \quad (\text{约束条件})$$

由以上分析可以看出,主从 RS 触发器具有以下特点。

采用主从控制方式,受时钟脉冲的控制,在 $CP=1$ 期间接收信号,在 CP 下降沿到来时触发器的输出状态变化。CP 下降沿来时,状态变化取决于 $CP=1$ 期间采样的最新值,但当最新值 $RS=0$ 时,状态变化则取决于最新值之间的 RS 值。由于主从 RS 触发器由两个钟控 RS 触发器构成,所以在 $CP=1$ 期间仍有约束条件存在。

【例 4-4】　对于主从 RS 触发器,已知输入信号 R 和 S 的波形(图 4-10),请画出输出端 Q 的波形。假设触发器初态为"0"。

解：主从 RS 触发器的输出波形如图 4-10 所示。

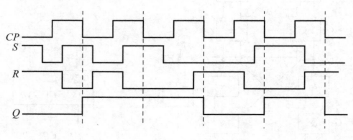

图 4-10　例 4-4 波形图

4.4.2　主从 JK 触发器

为解决主从 RS 触发器的约束问题,提出了主从 JK 触发器。

1. 电路组成及逻辑符号

如图 4-11(a)所示,在主从 RS 触发器的基础上,将输出端 Q 和 $\overline{Q}$ 引回到与非门 G_8 和 G_7 的输入端,并将输入端 S 和 R 改为 J 和 K,构成主从 JK 触发器。主从 JK 触发器的逻辑符号如图 4-11(b)所示。

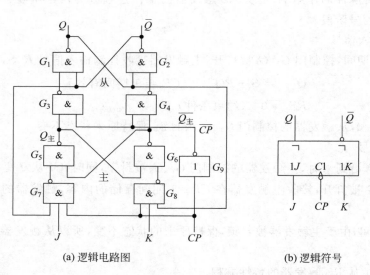

(a) 逻辑电路图　　　　　　　　　(b) 逻辑符号

图 4-11　主从 JK 触发器

2. 工作原理

对比主从 RS 触发器和主从 JK 触发器的逻辑电路图,有 $S=J\overline{Q^n}$,$R=KQ^n$,将其代入主从 RS 触发器的特性方程和约束条件中,可得：

$$Q^{n+1}=S+\overline{R}Q^n=J\overline{Q^n}+\overline{KQ^n}Q^n=J\overline{Q^n}+\overline{K}Q^n \quad (CP\text{ 下降沿到来时有效})$$

$$RS=KQ^n \cdot J\overline{Q^n}=0$$

由以上分析可看出，主从 JK 触发器中不存在约束条件，所以其特性方程为

$$Q^{n+1} = J\overline{Q^n} + \overline{K}Q^n \quad (CP \text{ 下降沿有效})$$

当 CP 下降沿到来时，主从 JK 触发器的特性表见表 4-5。

表 4-5　主从 JK 触发器的特性表

J	K	Q^n	Q^{n+1}	说明
0	0	0	0	保持
0	0	1	1	
0	1	0	0	清零
0	1	1	0	
1	0	0	1	置 1
1	0	1	1	
1	1	0	1	翻转
1	1	1	0	

主从 JK 触发器由主从控制脉冲触发，输入信号之间无约束条件，使用时灵活、方便，但存在"一次变化"问题。所谓"一次变化"问题，是指在 $CP=1$ 期间，主触发器的状态能且只能变化一次。若在 $CP=0$ 期间，有 $Q=Q_主=0$、$\overline{Q}=\overline{Q}_主=1$，则当 CP 由"0"变为"1"时，控制门 G_8 因为 $Q=0$ 而被封锁，输入信号只能由 J 端输入，此时若 $J=1$，则有 $Q_主=1$，之后不管输入信号 J 如何变化，主触发器的的状态都不再发生变化；同理，若在 $CP=0$ 期间，有 $Q=Q_主=1$、$\overline{Q}=\overline{Q}_主=0$，则当 CP 由"0"变为"1"时，控制门 G_7 因为 $\overline{Q}=0$ 而被封锁，输入信号只能由 K 端输入，此时若 $K=1$，则有 $\overline{Q}_主=1$，之后不管输入信号 K 如何变化，主触发器的状态都不再发生变化。"一次变化"可能是由 J 或 K 输入端的变化引起，也可能是由干扰脉冲引起，所以需要进一步提高触发器的抗干扰能力。

【例 4-5】　对于下降沿触发有效的主从 JK 触发器，已知输入信号 J 和 K 的波形（图 4-12），请画出输出端 Q 的波形，假设触发器初态为"0"。

解：在 CP 为高电平期间，主从 JK 触发器的主触发器接收输入信号。在 CP 下降沿到来时，主触发器被封锁，保持不变；同时，从触发器被打开，与主触发器状态一致。主从 JK 触发器的输出波形如图 4-12 所示。

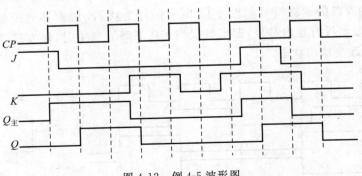

图 4-12　例 4-5 波形图

4.5　边沿触发器

为解决主从触发器的"一次变化"问题，进一步提高其抗干扰能力，提出了边沿触发器。所谓边沿触发器，是指只有在 CP 脉冲边沿到来时，状态才发生变化的触发器。下面介绍边沿 D 触发器和边沿 JK 触发器。

4.5.1　边沿 D 触发器

1. 逻辑符号

图 4-13 给出了边沿 D 触发器的逻辑符号。在 $CP=1$ 期间，输入信号 D 的变化不会影响触发器的输出状态，当且仅当 CP 下降沿到来时，接收 D 输入端的信号，触发器输出状态改变。

2. 工作原理

在 CP 作用下，边沿 D 触发器具有清零和置 1 的功能，特性方程如下。

$$Q^{n+1} = D \quad （CP \text{ 下降沿时刻有效}）$$

表 4-6 给出了边沿 D 触发器特性表。

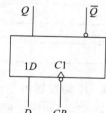

图 4-13　边沿 D 触发器的逻辑符号

表 4-6　边沿 D 触发器特性表

CP	D	Q^{n+1}	说明
下降沿时刻	0	0	清零
下降沿时刻	1	1	置 1

【例 4-6】 对于下降沿触发有效的边沿 D 触发器，已知输入信号 D 的波形（图 4-14），请画出输出端 Q 和 $\overline{Q}$ 的波形。假设触发器初态为"0"。

解： 边沿 D 触发器的输出波形如图 4-14 所示。

4.5.2　边沿 JK 触发器

1. 逻辑符号

边沿 JK 触发器的逻辑符号如图 4-15 所示。与主从 JK 触发器的逻辑符号相比可看出，边沿 JK 触发器没有延迟符号，即当且仅当 CP 下降沿到来时，触发器才接收 J 端和 K 端的输入信号，改变输出状态。

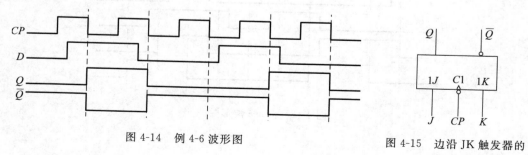

图 4-14　例 4-6 波形图

图 4-15　边沿 JK 触发器的
　　　　　逻辑符号

2. 工作原理

与主从 JK 触发器相同,边沿 JK 触发器也具有清零、置 1、保持及翻转 4 种功能,功能齐全,使用时灵活方便。下面给出边沿 JK 触发器的特性方程及特性表(表 4-7)。

$$Q^{n+1} = J\overline{Q^n} + \overline{K}Q^n \quad (CP \text{ 下降沿时刻有效})$$

表 4-7　边沿 JK 触发器的特性表

CP	J	K	Q^n	Q^{n+1}	说明
下降沿时刻	0	0	0	0	保持
下降沿时刻	0	0	1	1	
下降沿时刻	0	1	0	0	清零
下降沿时刻	0	1	1	0	
下降沿时刻	1	0	0	1	置 1
下降沿时刻	1	0	1	1	
下降沿时刻	1	1	0	1	翻转
下降沿时刻	1	1	1	0	

【例 4-7】　对于下降沿触发有效的边沿 JK 触发器,已知输入信号 J 和 K 的波形(图 4-16),请画出输出端 Q 的波形,假设触发器初态为"0"。

解:边沿 JK 触发器在 CP 下降沿时刻才接收输入信号,输出状态随之改变,输出波形如图 4-16 所示。

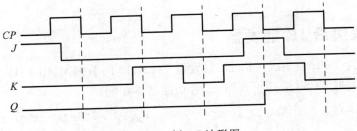

图 4-16　例 4-7 波形图

由边沿 D 触发器和边沿 JK 触发器的分析可知,边沿触发器具有以下特点。

(1) 在 CP 上升沿或下降沿的瞬间,输入端的信号才被接收,触发器的状态随之变化。

(2) 因为是边沿触发,只要保证 CP 触发边沿瞬间输入信号稳定,触发器就能可靠地接收输入信号,并依照其特性更新输出状态,而在其他时间,输入信号的变化不会引起输出状态的变化,所以抗干扰能力强。又由于边沿触发时,建立和保持输入信号的时间极短,因而其工作速度快。

4.6　集成触发器

集成边沿 D 触发器和集成边沿 JK 触发器是常用的集成触发器,下面对这两种触发器进行详细介绍。

4.6.1　集成边沿 D 触发器

常用的集成边沿 D 触发器有 74LS74 和 CC4013，引脚图如图 4-17 所示。

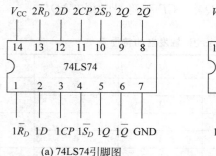
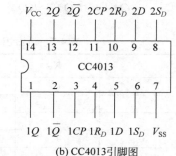

(a) 74LS74引脚图　　　　　　　(b) CC4013引脚图

图 4-17　集成边沿 D 触发器引脚图

TTL 型集成边沿 D 触发器 74LS74 采用双列直插式 14 引脚封装，内部含有两组完全相同的上升沿触发有效的边沿 D 触发器。两组触发器共用同一个电源，各有一个复位端和置位端。$\overline{R}_D$ 为直接复位端，低电平有效，当 $\overline{R}_D=0$ 时，触发器清零；$\overline{S}_D$ 为直接置位端，低电平有效，当 $\overline{S}_D=0$ 时，触发器置 1。

CMOS 型集成边沿 D 触发器 CC4013 的功能与 74LS74 基本相同，不同的是，CC4013 的直接复位端和直接置位端高电平有效，即当 $\overline{R}_D=1$ 时，触发器清零；当 $\overline{S}_D=1$ 时，触发器置 1。

4.6.2　集成边沿 JK 触发器

图 4-18(a) 为 TTL 型集成边沿 JK 触发器 74LS112 的引脚图，图 4-18(b) 为 CMOS 型集成边沿 JK 触发器 CC4027 的引脚图，二者功能基本相同。

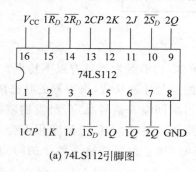
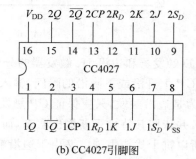

(a) 74LS112引脚图　　　　　　　(b) CC4027引脚图

图 4-18　集成边沿 JK 触发器引脚图

74LS112 采用双列直插式 16 引脚封装，内部集成了两组完全相同的上升沿触发有效的边沿 JK 触发器。$\overline{R}_D$ 和 $\overline{S}_D$ 分别为直接复位端和直接置位端，低电平有效，即当 $\overline{R}_D=0$ 时，触发器清零；当 $\overline{S}_D=0$ 时，触发器置 1。

与 74LS112 不同的是，CC4027 采用脉冲上升沿触发，且直接复位端和直接置位端高电平有效，即当 $R_D=1$ 时，触发器清零；当 $S_D=1$ 时，触发器置 1。

4.7 T 触发器及 T′ 触发器

4.7.1 T 触发器

T 触发器是指在 CP 作用下，依据输入信号 T 的不同，只具有保持和翻转两种功能的电路。T 触发器的逻辑符号如图 4-19 所示，其特性表见表 4-8。

表 4-8 T 触发器的特性表

CP	T	Q^n	Q^{n+1}	说明
下降沿时刻	0	0	0	保持
下降沿时刻	0	1	1	
下降沿时刻	1	0	1	翻转
下降沿时刻	1	1	0	

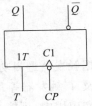

图 4-19 T 触发器的逻辑符号

由表 4-8 可以得到其特性方程：$Q^{n+1} = T \oplus Q^n$（CP 下降沿时刻有效）

【例 4-8】 已知输入信号 T 的波形（图 4-20），试画出下降沿有效的 T 触发器的输出波形。假设触发器的初态为"0"。

解：下降沿有效时刻，T 触发器输入信号为 0 时，输出状态保持不变；输入信号为 1 时，输出状态发生翻转。输出波形图如图 4-20 所示。

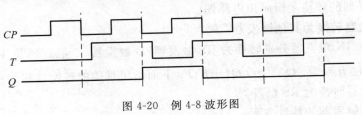

图 4-20 例 4-8 波形图

4.7.2 T′ 触发器

在时钟脉冲的作用下，只具有翻转功能的电路称为 T′ 触发器，其逻辑符号如图 4-21 所示，其特性表见表 4-9。

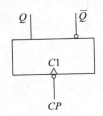

图 4-21 T′ 触发器的
逻辑符号

表 4-9 T′ 触发器特性表

CP	Q^n	Q^{n+1}	说明
下降沿时刻	0	1	翻转
下降沿时刻	1	0	

每个时钟脉冲的有效时刻到来时，T′ 触发器输出状态就翻转一次，所以其特性方程为

$$Q^{n+1} = \overline{Q^n} \quad （CP 下降沿时刻有效）$$

【例 4-9】 试画出下降沿时刻有效的 T′ 触发器的输出波形。假设触发器的初态为"0"。

解：触发器的输出波形如图 4-22 所示。

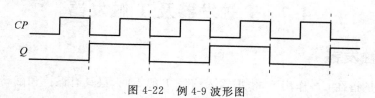

图 4-22 例 4-9 波形图

4.8 触发器之间的转换

依据触发器逻辑功能的不同，可以将触发器分为 RS 触发器、JK 触发器、D 触发器、T 触发器及 T' 触发器等几种类型。常用的集成触发器有 JK 触发器和 D 触发器，但是，在实际设计和应用中，可能会需要各种不同的触发器，因此本节将介绍如何进行不同种类触发器之间的转换。

在不同触发器之间进行转换，常用的方法是比较给定触发器与待求触发器的特性方程，求得给定触发器的驱动方程，由此构造出待求触发器。具体转换步骤如下。

（1）分别列出已经给定的触发器及待求触发器的特性方程。

（2）对待求触发器的特性方程进行变换，使其与给定触发器特性方程的形式一致。

（3）比较二者的特性方程，求出给定触发器输入端的逻辑表达式，即驱动方程。

（4）依照得到的转换逻辑画出电路图。

1. JK 触发器转换为其他触发器

现将给定的 JK 触发器分别转换为 RS 触发器、D 触发器、T 触发器及 T' 触发器。已知 JK 触发器的特性方程为：$Q^{n+1}=J\overline{Q^n}+\overline{K}Q^n$，下面给出具体的转换过程。

1）JK 触发器转换为 RS 触发器

先写出 RS 触发器的特性方程：

$$\begin{cases} Q^{n+1}=S+\overline{R}Q^n \\ RS=0(约束条件) \end{cases}$$

对其进行变换，使之与 JK 触发器的特性方程的形式一致。

$$Q^{n+1}=S+\overline{R}Q^n=S(Q^n+\overline{Q^n})+\overline{R}Q^n=SQ^n+S\overline{Q^n}+\overline{R}Q^n$$
$$=SQ^n(R+\overline{R})+S\overline{Q^n}+\overline{R}Q^n=SQ^n\overline{R}+S\overline{Q^n}+\overline{R}Q^n$$
$$=S\overline{Q^n}+\overline{R}Q^n$$

然后对比二者的方程，可得：$J=S,K=R$。

最后构造电路，如图 4-23 所示。

2）JK 触发器转换为 D 触发器

写出 D 触发器的特性方程，并进行变形可得：

$$Q^{n+1}=D=D(\overline{Q^n}+Q^n)=D\overline{Q^n}+DQ^n=D\overline{Q^n}+\overline{\overline{D}}Q^n$$

所以有 $J=D,K=\overline{D}$，构造的电路图如图 4-24 所示。

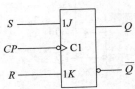
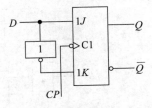

图 4-23　由 JK 触发器构造 RS 触发器　　　图 4-24　由 JK 触发器构造 D 触发器

3）JK 触发器转换为 T 触发器

T 触发器的特性方程为 $Q^{n+1}=T\oplus Q^n=T\overline{Q_n}+\overline{T}Q^n$，与 JK 触发器的特性方程相比，有 $J=K=T$，构造的电路图如图 4-25 所示。

4）JK 触发器转换为 T′触发器

T′触发器的特性方程为：$Q^{n+1}=\overline{Q^n}$，变形后可得：$Q^{n+1}=\overline{Q^n}=1\cdot\overline{Q^n}+\overline{1}\cdot Q^n$，与 JK 触发器的特性方程相比，有 $J=K=1$，构造的电路图如图 4-26 所示。

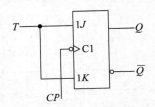
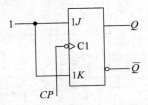

图 4-25　由 JK 触发器构造 T 触发器　　　图 4-26　由 JK 触发器构造 T 触发器

2. D 触发器转换为其他触发器

已知 D 触发器的特性方程为：$Q^{n+1}=D$，下面给出由 D 触发器分别转换为 RS 触发器、JK 触发器、T 触发器及 T′触发器的具体过程。

1）D 触发器转换为 RS 触发器

RS 触发器的特性方程为

$$\begin{cases}Q^{n+1}=S+\overline{R}Q^n\\RS=0(\text{约束条件})\end{cases}$$

与 D 触发器的特性方程相比，可得 $D=S+\overline{R}Q^n$，构造出的电路图如图 4-27 所示。

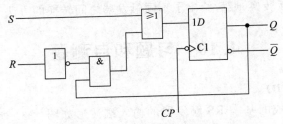

图 4-27　由 D 触发器构造 RS 触发器

2）D 触发器转换为 JK 触发器

已知 JK 触发器的特性方程为 $Q^{n+1}=J\overline{Q^n}+\overline{K}Q^n$，与 D 触发器的特性方程相比，可得 $D=J\overline{Q^n}+\overline{K}Q^n$，构造出的电路图如图 4-28 所示。

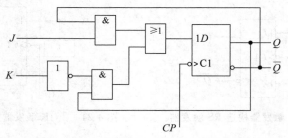

图 4-28　由 D 触发器构造 JK 触发器

3）D 触发器转换为 T 触发器

T 触发器的特性方程为 $Q^{n+1}=T\oplus Q^n$，与 D 触发器的特性方程相比，可得 $D=T\oplus Q^n$，构造出的电路图如图 4-29 所示。

4）D 触发器转换为 T' 触发器

将 T' 触发器的特性方程与 D 触发器的特性方程相比，可得 $D=\overline{Q^n}$，由此构造出的电路图如图 4-30 所示。

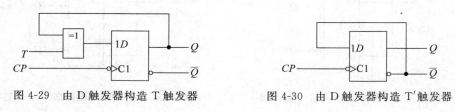

图 4-29　由 D 触发器构造 T 触发器　　　　图 4-30　由 D 触发器构造 T' 触发器

4.9　本章小结

触发器具有记忆功能，常用来保存二进制信息，是构成时序逻辑电路的基本单元。触发器的逻辑功能是指触发器输出的次态与输出的现态及输入信号之间的逻辑关系。描述触发器逻辑功能的方法主要有特性表、特性方程、驱动表、状态转换图和波形图等。本章重点介绍了 RS 触发器、D 触发器、JK 触发器、T 触发器及 T' 触发器等触发器的工作原理、电路结构及逻辑功能，研究了不同电路结构触发器的触发方式。利用特性方程可实现不同功能触发器间逻辑功能的相互转换，最后给出了不同触发器之间转换的方法。

4.10　习题和自测题

习题（答案见附录 D）

1. 已知与非门构成的基本 RS 触发器的输入端波形如图 4-31 所示，试画出输出端 Q 和 $\overline{Q}$ 的波形，假设触发器的输出状态为"0"。

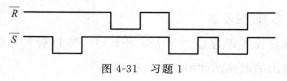

图 4-31　习题 1

2. 已知钟控 RS 触发器的输入端波形如图 4-32 所示,试画出输出端 Q 和 $\overline{Q}$ 的波形,假设触发器的输出状态为"0"。

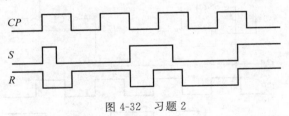

图 4-32　习题 2

3. 已知钟控 D 触发器的输入端波形如图 4-33 所示,试画出输出端 Q 和 $\overline{Q}$ 的波形,假设触发器的输出状态为"0"。

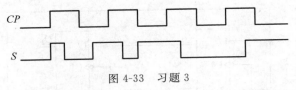

图 4-33　习题 3

4. 已知主从 RS 触发器的输入端波形如图 4-34 所示,试画出输出端 Q 和 $\overline{Q}$ 的波形,假设触发器的输出状态为"0"。

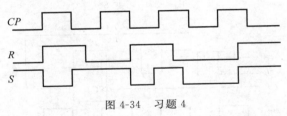

图 4-34　习题 4

5. 已知主从 JK 触发器的输入端波形如图 4-35 所示,试画出输出端 Q 和 $\overline{Q}$ 的波形,假设触发器的输出状态为"0"。

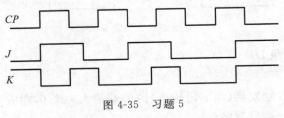

图 4-35　习题 5

6. 已知边沿 JK 触发器的输入端波形如图 4-35 所示,试画出输出端 Q 和 $\overline{Q}$ 的波形,假设触发器下降沿有效,输出状态为"0"。

7. 如图 4-36 所示,触发器均为下降沿触发,试根据所给的脉冲信号和输入信号波形画出 Q_1、Q_2 的波形,假设触发器的初始状态均为"0"。

8. 试画出图 4-37 所示电路在连续 4 个 CP 信号作用下 Q_1、Q_2 端的输出波形,假设各触发器初始状态均为"0"。

9. 试写出图 4-38 所示电路中触发器的次态方程,并依据所给的输入波形画出相应的输出波形,假设触发器的初始状态为"0"。

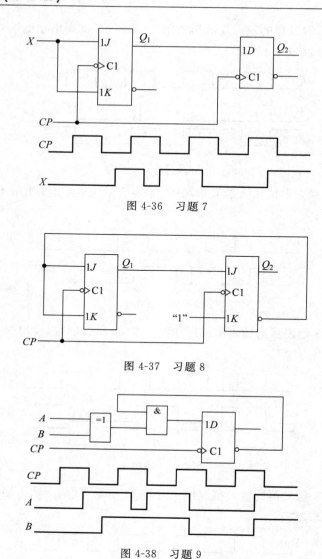

图 4-36 习题 7

图 4-37 习题 8

图 4-38 习题 9

自测题（答案见附录 D）

一、单选题

1. 如果在基本 RS 触发器（与非门构成）的 $\overline{S}$ 端输入一个 0，在 $\overline{R}$ 端输入一个 1，然后将 $\overline{S}$ 端输入变为 1，那么该触发器将会（   ）。

    （A）复位　　　　　　（B）置位　　　　　　（C）清零　　　　　　（D）无效

2. 当出现下列（   ）条件时，基本 RS 触发器（由或非门构成）就会出现无效状态。

    （A）$S=0,R=0$　　（B）$S=0,R=1$　　（C）$S=1,R=1$　　（D）$S=1,R=0$

3. 触发器的时钟输入的目的是（   ）。

    （A）清除芯片

    （B）总是使得输出改变状态

    （C）设置芯片

    （D）使得输出呈现的状态取决于控制（如 S-R、J-K 或者 D 等）输入

4. 对于边沿触发的 D 触发器,下面描述正确的是( )。

(A) 触发器状态的改变只发生在时钟脉冲边沿

(B) 触发器要进入的状态取决于 D 输入

(C) 输出跟随每个时钟脉冲下的输入

(D) 以上答案都正确

5. 当满足条件( )时,触发器处于"翻转(切换)"状态。

(A) $J=0,K=0$ (B) $J=1,K=1$ (C) $J=1,K=0$ (D) $J=0,K=1$

6. JK 触发器的输入 $J=1$ 和 $K=1$,时钟输入频率为 5kHz 时,Q 输出为( )。

(A) 2.5kHz   (B) 1kHz   (C) 5kHz   (D) 10kHz

7. JK 触发器的当前状态为 0,输入 $J=K=1$,当 CP 脉冲作用后,触发器的状态为( )。

(A) 不确定   (B) 1   (C) 0   (D) Z(高阻)

8. 图 4-39 中,D 触发器实现的逻辑功能为( )。

(A) 与非门   (B) 同或门   (C) 翻转   (D) 异或门

9. 下列逻辑器件,能用于实现组合逻辑函数的是( )。

(A) RS 触发器   (B) 全加器   (C) JK 触发器   (D) T 触发器

10. 图 4-40 中,JK 触发器实现的逻辑功能为( )。

(A) 或非门   (B) 与非门   (C) 异或门   (D) 翻转

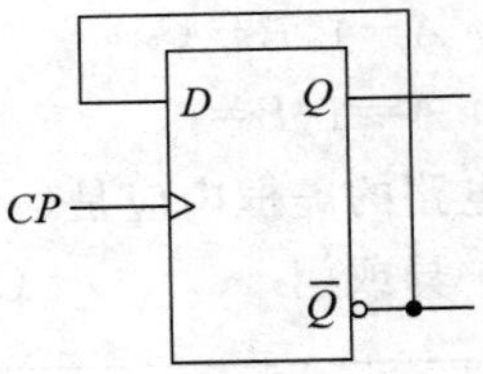

图 4-39 自测题 8

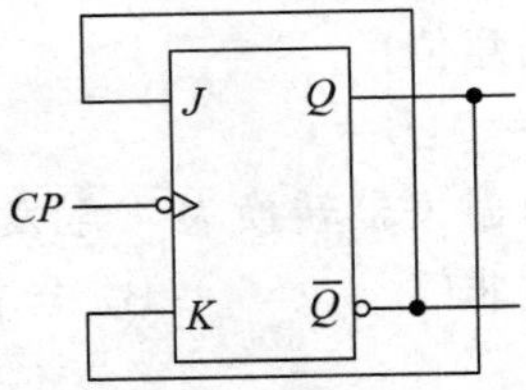

图 4-40 自测题 10

11. 关于触发器,下述描述正确的是( )。

(A) 触发器有两个稳定状态 0 和 1,所以,1 个触发器能够保存两位二进制数

(B) 不同的触发器特点各异,所以无法实现相互转换

(C) 根据不同的输入信号,可以将触发器设置成 0 态或 1 态

(D) 触发器输入信号消失后,电路的输出状态也将随之消失

12. 若某触发器只具有保持和翻转两种功能,则该触发器的特征方程为 $Q^{n+1}=$( )。

(A) $\overline{T}Q^n+T\overline{Q^n}$ (B) $TQ^n+\overline{T}\,\overline{Q^n}$ (C) $T+\overline{Q^n}$ (D) $\overline{T}+\overline{Q^n}$

13. 边沿型触发器有两种触发方式,分别是( )。

(A) 上升沿和低电平   (B) 下降沿和高电平

(C) 上升沿和下降沿   (D) 高电平和低电平

14. JK 触发器的特性方程为( )。

(A) $Q^{n+1}=J+KQ^n$ (B) $Q^{n+1}=J\overline{Q^n}+KQ^n$

(C) $Q^{n+1}=J\overline{Q^n}+\overline{K}Q^n$ (D) $Q^{n+1}=\overline{J}Q^n+K\overline{Q^n}$

15. D 触发器的特性方程为( )。

    (A) $Q^{n+1}=D$ (B) $Q^{n+1}=\overline{Q^n}$

    (C) $Q^{n+1}=D+\overline{Q^n}$ (D) $Q^{n+1}=Q^n$

16. 下列触发器中,没有约束条件的是( )。

    (A) 基本 RS 触发器   (B) 主从 RS 触发器

    (C) 钟控 RS 触发器   (D) 边沿 D 触发器

17. 若将 D 触发器的 D 端连在 $\overline{Q}$ 端上,经 100 个脉冲作用后,它的新状态 $Q(t+100)=0$, 则现在的状态 $Q(t)$ 应为( )。

    (A) $Q(t)=0$ (B) $Q(t)=1$

    (C) 与现在的状态 $Q(t)$ 无关   (D) 以上都不对

18. JK 触发器在 CP 脉冲作用下,欲使 $Q^{n+1}=Q^n$,则输入信号应为( )。

    (A) $J=K=0$ (B) $J=1,K=\overline{Q}$

    (C) $J=\overline{Q},K=Q$ (D) $J=Q,K=1$

19. ( )通常不用来描述触发器的逻辑功能。

    (A) 状态转换真值表   (B) 特征方程

    (C) 状态转换图   (D) 波形图

20. 已知电路如图 4-41 所示,经 CP 脉冲作用后,欲使 $Q^{n+1}=Q^n$,则 A、B 输入应为( )。

    (A) 任意值   (B) $A=1,B=1$

    (C) $A=0,B=1$ (D) $A=1,B=0$

21. 为将 D 触发器转换为 T 触发器,图 4-42 所示电路的虚框内应是( )。

    (A) 或非门   (B) 与非门   (C) 异或门   (D) 同或门

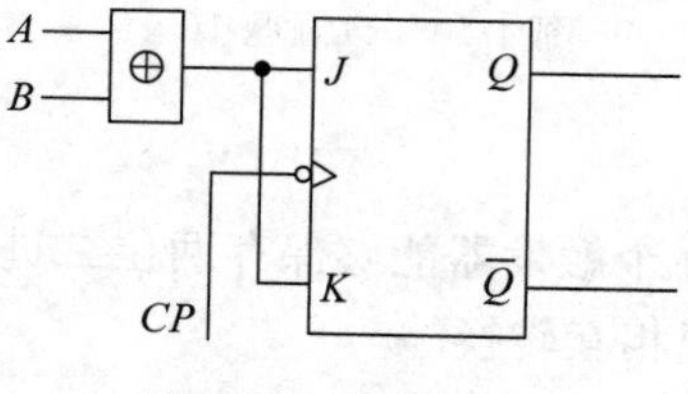

图 4-41 自测题 20 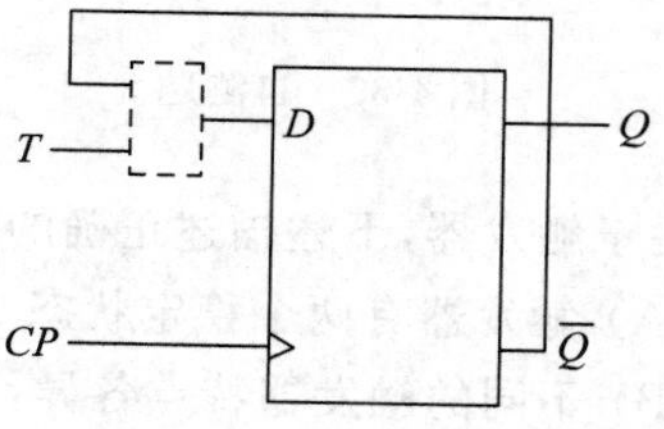   图 4-42 自测题 21

22. 设 T_{min} 是触发器时钟的最小工作周期,则 $\dfrac{1}{T_{min}}$ 是( )。

    (A) 最大工作频率   (B) 最小工作频率

    (C) 最大工作周期   (D) 最小工作周期

23. 若用 JK 触发器实现特性方程 $Q^{n+1}=\overline{A}Q^n+AB$,则 JK 端的方程为( )。

    (A) $J=AB,K=\overline{\overline{A}+B}$ (B) $J=AB,K=\overline{A}B$

    (C) $J=\overline{A}+B,K=AB$ (D) $J=B\overline{A},K=AB$

24. 对于 JK 触发器,若 $J=K$,则可完成( )触发器的逻辑功能。

    (A) RS   (B) D   (C) T   (D) T'

25. 已知电路如图 4-43 所示,其中完成 $Q^{n+1}=\overline{Q^n}+A$ 电路是( )。

  (A) 图(a)   (B) 图(b)

  (C) 图(a)和图(b)   (D) 图(a)和图(b)都不是

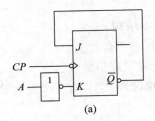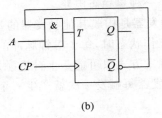

       (a)   (b)

图 4-43   自测题 25

26. 在图 4-44 所示的电路中,若 $X=1,Q^n=0$,则电路的次态 Q^{n+1} 和输出 Z 为( )。

  (A) $Q^{n+1}=1,Z=0$ (B) $Q^{n+1}=0,Z=0$

  (C) $Q^{n+1}=1,Z=1$ (D) $Q^{n+1}=0,Z=1$

27. 关于 JK 触发器,说法正确的是( )。

  (A) 主从型和边沿触发型 JK 触发器,电路结构不同,逻辑符号不同

  (B) JK 触发器逻辑功能为清零、置 1、保持、无计数功能

  (C) $J=0$,$K=1$ 时,JK 触发器置 1

  (D) $J=K$ 时,JK 触发器相当于 D 触发器

28. 与非门构成的基本 RS 触发器如图 4-45 所示,欲使该触发器保持现态,即 $Q^{n+1}=Q^n$,则输入信号应为( )。

  (A) $S=R=0$ (B) $S=R=1$ (C) $S=1,R=0$ (D) $S=0,R=1$

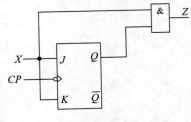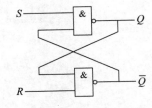

图 4-44   自测题 26   图 4-45   自测题 28

29. 引入时钟后的触发器,其触发方式主要是( )。

  (A) 上升沿触发   (B) 下降沿触发

  (C) 电平触发   (D) 以上答案都正确

30. 触发器的应用主要表现在( )。

  (A) 构成寄存器,实现数据并行存储   (B) 对周期波形的频率进行分频

  (C) 构成计数器,对数字进行计数   (D) 以上答案都正确

二、判断题

1. 每种触发器都有自己的独特功能,不能实现相互转换。   ( )

2. 具有记忆功能的各类触发器是构成时序逻辑电路的基本单元。   ( )

3. D 触发器的特性方程为 $Q^{n+1}=D$,与 Q^n 无关,所以它没有记忆功能。   (   )

4. 当 $J=K$ 时,JK 触发器相当于 D 触发器。   (   )

5. 一个 T 触发器在 $T=1$ 时加上时钟脉冲,则触发器翻转。   (   )

6. D 触发器是一种单稳态电路。   (   )

7. 基本 RS 触发器是构成其他触发器的基本结构。   (   )

8. 触发器在工作状态时,每个时钟脉冲的状态都会改变。   (   )

9. 触发器的触发方式只可能是上升沿触发或下降沿触发。   (   )

10. 单稳态触发器每触发一次就产生一个单脉冲,它只有一个稳定状态。   (   )

第5章

时序逻辑电路

本章从时序逻辑电路的基本概念出发,重点讨论时序逻辑电路的分析和设计方法,并介绍了寄存器、计数器等常用时序逻辑电路的功能、原理和应用。

根据电路特点,数字电路一般分为组合逻辑电路和时序逻辑电路两大类。组合逻辑电路在任一时刻的稳定输出仅取决于该时刻电路的输入。而时序逻辑电路在任一时刻的稳定输出不仅与该时刻电路的输入有关,而且还与电路原来的状态有关,即与电路以前的输入信号有关。这是时序逻辑电路区别于组合逻辑电路的最大特点。

5.1 时序逻辑电路的结构模型与分类

5.1.1 时序逻辑电路的结构模型

时序逻辑电路简称时序电路,是一种具有记忆功能的逻辑电路,主要由两部分组成:组合逻辑电路部分和存储电路部分。其记忆能力是通过存储电路中的存储元件实现的。时序逻辑电路的结构模型如图 5-1 所示。

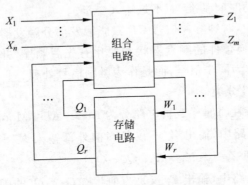

图 5-1 时序逻辑电路的结构模型

该模型具有区别于组合电路模型的两个特点:一是包含存储元件;二是具有反馈线。由图 5-1 可知:

$X_1 \sim X_n$ 为外部输入信号; $Z_1 \sim Z_m$ 为输出信号; $W_1 \sim W_r$ 为存储电路的激励输入信号,用于控制存储器的状态变化; $Q_1 \sim Q_r$ 为存储电路的输出信号,即时序逻辑电路的状态变量,状态变量的取值组合用于表示时序逻辑电路当前所处的状态。这些变量之间的关系可用下面 3 个方程描述。

输出方程:
$$Z_i = f(X_1 \sim X_n; Q_1^n \sim Q_r^n)$$

或

$$Z_i = f(Q_1^n \sim Q_r^n) \quad i = 1, 2, \cdots, m \tag{5-1}$$

激励方程：
$$W_i = g(X_1 \sim X_n; Q_1^n \sim Q_r^n) \quad i = 1, 2, \cdots, r \tag{5-2}$$

状态方程：
$$Q_i^{n+1} = h(W_i; Q_i^n) \quad i = 1, 2, \cdots, r \tag{5-3}$$

由以上关系可知，输出方程和激励方程取决于即刻输入变量和电路的当前状态；而状态方程描述的是电路的下一个状态取决于电路的现状态和激励输入。这一点充分体现了时序逻辑电路区别于组合逻辑电路的显著特点。

时序逻辑电路中可用的存储元件有很多，但最常用的是第 4 章介绍的触发器。这样，在状态方程中，Q_i^{n+1} 就是第 i 个触发器的次态，W_i 就是该触发器当前的激励信号，Q_i^n 就是该触发器的现态，即一个触发器的次态只由该触发器的现态和激励信号确定。

注意，并不是任何一个时序逻辑电路都具有图 5-1 所示的完整电路形式。实际应用中，有的时序逻辑电路没有组合电路部分，有的没有输入变量，但只要具备时序逻辑电路的基本特点，就属于该类电路的范畴。

5.1.2 时序逻辑电路的分类

时序逻辑电路有多种不同的分类标准，本章重点介绍两种不同的分类方法。第一种，按电路中所有触发器状态变化是否同步分类；第二种，按输出信号的特性分类。

1. 按电路中所有触发器状态变化是否同步分类

按电路中所有触发器状态变化是否同步将时序逻辑电路分为同步和异步两种。

同步时序逻辑电路中，所有触发器共用同一个时钟脉冲信号 CP，在 CP 作用下，满足转换条件的触发器状态同步转换，即触发器状态的更新和 CP 同步。这里，时钟脉冲 CP 被看作是同步时序逻辑电路的时间基准，而不是输入变量。

异步时序逻辑电路中，时钟脉冲信号 CP 只能触发部分触发器，其余触发器由电路内部信号触发。因此，具备转换条件的触发器状态变化有先后顺序，并不是与 CP 同步。这里，时钟脉冲信号 CP 不再作为同步信号，而是作为激励信号处理。

2. 按输出信号的特性分类

按输出信号的不同特性将时序逻辑电路分为 Mealy 型和 Moore 型两种。

Mealy 型时序逻辑电路中，输出 Z_i 不仅是当前外部输入 $X_1 \sim X_n$ 的函数，同时也是当前状态 $Q_1^n \sim Q_r^n$ 的函数，即 $Z_i = f(X_1 \sim X_n; Q_1^n \sim Q_r^n)$。

Moore 型时序逻辑电路中，输出 Z_i 仅是当前状态 $Q_1^n \sim Q_r^n$ 的函数，即 $Z_i = f(Q_1^n \sim Q_r^n)$。或者根本不存在专门的输出 Z_i，而以电路中触发器的状态直接作为输出。

从电路结构上看，Mealy 型电路和 Moore 型电路本质上并无区别，只是 Mealy 型电路的组合部分比较复杂一些而已。因此，它们的分析方法和设计方法是一样的。

5.2 时序逻辑电路的分析

时序逻辑电路的分析就是根据一个给定的电路，经过分析进而确定或说明电路逻辑功能的过程。下面分别从同步和异步两个角度介绍时序逻辑电路的分析方法。

5.2.1 同步时序逻辑电路的分析

同步时序逻辑电路分析的关键是确定电路随时间的推移,在输入序列作用下,电路状态和输出的变化规律。而这种变化规律通常表现在状态转换表、状态图或时序图中。因此,分析一个给定的同步时序逻辑电路,实际上就是求出该电路的状态转换表、状态图或时序图,以此确定该电路的逻辑功能。

1. 同步时序逻辑电路的描述方法

同步时序逻辑电路的行为虽然可以用式(5-1)～式(5-3)3 个方程组描述,但是从这些函数表达式中并不能清楚地看到输入、输出、现态、次态之间的转换关系。为了更加清晰、生动地描述电路的行为,本节引入了状态转换真值表、状态图、时序图等同步时序逻辑电路的描述方法。

1) 状态转换真值表

状态转换真值表是反映时序逻辑电路的输出、现态、次态、输入之间取值对应关系的一种表格。

将电路现态的各种取值组合代入时序逻辑电路的状态方程和输出方程,求出相应的次态和输出,就可以得到状态转换真值表。如果现态的初始值已经给定,则应从给定值开始推导。否则可假定一个现态初始值,依次进行推导。例如,某同步时序逻辑电路有一个输入 X 和一个输出 Z,有 4 个状态 00、01、10 和 11,有效脉冲信号为 $CP\uparrow$,其状态转换真值表见表 5-1。

表 5-1 某电路的状态转换真值表

时钟脉冲	输 入	现 态		次 态		输 出
	X	Q_1^n	Q_0^n	Q_1^{n+1}	Q_0^{n+1}	Z
$CP\uparrow$	1	0	0	1	0	0
$CP\uparrow$	0	1	0	0	1	1
$CP\uparrow$	1	0	1	1	0	1
$CP\uparrow$	1	1	0	1	1	0

从表 5-1 可以看出,若电路的初始状态为 00,当输入 $X=1$ 时,输出 $Z=0$,在时钟脉冲 $CP\uparrow$ 作用下,电路进入状态 10。如果紧接着 X 变为 0,输出 $Z=1$,时钟脉冲 $CP\uparrow$ 到来后电路状态变为 01。

2) 状态图

状态图是一种反映时序逻辑电路状态转移规律和输入、输出取值关系的有向图,它是时序逻辑电路逻辑功能的图示法。在状态图中,每个状态用一个圆圈表示,称为状态圈。圈内用字母或数字表示状态的名称,用带箭头的直线或弧线表示状态转移关系,并把引起这一转移的输入条件和相应的输出标注在有向线段的旁边(Moore型电路的输出可标注在状态圈内)。

状态图和状态转换真值表具有一一对应关系,并能相互转换。图 5-2 为表 5-1 对应的状态图。

从图 5-2 中可以清楚地看到状态的转移条件和方向。状

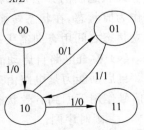

图 5-2 表 5-1 对应的状态图

态图非常直观，它比状态转换真值表更直观地反映了电路中各状态间的转换关系，有利于理解电路的逻辑功能。

3）时序图

时序图是在时钟脉冲信号 CP 和输入信号的共同作用下，电路输出和状态变化的波形图。它用图形的方式形象描述了输入输出信号与电路状态在时间上的对应关系，是分析各类电路的重要手段。图 5-3 为表 5-1 对应的时序图。

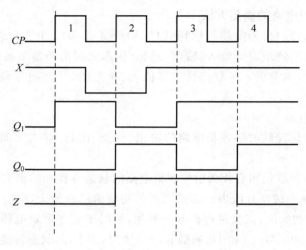

图 5-3　表 5-1 对应的时序图

注意：

① 如果同步时序逻辑电路的初始状态不同，那么尽管输入序列相同，但输出序列和状态转移序列也不同。

② 电路的现态和次态是针对某一时刻而言的，该时刻的次态就是下一时刻的现态。

2. 同步时序逻辑电路的分析步骤

通常，同步时序逻辑电路的分析可以按照以下步骤进行。

（1）根据给定的电路图，写出方程组（即输出方程、激励方程和状态方程）并化简。

输出方程是同步时序逻辑电路各个输出信号的逻辑表达式；激励方程是各个触发器同步输入端信号的逻辑表达式；把激励方程代入相应触发器的特性方程，即可求出状态方程，也就是各个触发器次态输出的逻辑表达式。

（2）根据电路的方程组，列出状态转换真值表。

（3）画状态图。

画状态图的方法是：将时序逻辑电路的所有独立状态分别用圆圈圈起来，再以每个状态作为原状态，在状态转换真值表中找出该状态在不同输入条件下的次态和输出值，并在各独立状态之间用有向箭头表示状态转换方向，在箭头旁标出输入条件和输出值。

（4）检查电路自启动能力。

自启动能力是电路由于某种原因（如误操作）进入无效状态（或无用状态）后，在 CP 脉冲信号作用下回到有效状态（或有用状态）的能力。

（5）画时序图。

画时序图时要明确，只有当 CP 触发沿到来时，相应的触发器状态才会改变，否则只会保持原状态不变。

（6）描述电路的逻辑功能。

根据以上分析,说明、确定电路的逻辑功能。

实际上,经过分析步骤(1),在获得电路相应方程后,电路逻辑功能已经较全面地表示出来了。但是,为从不同侧面突出电路特点,并使获得的结果形象直观,往往将它转换成图表的形式。在描述电路功能方面,效果是一样的,实际应用中应根据具体问题进行取舍。

下面通过具体实例进行分析。

【例 5-1】　试分析图 5-4 所示同步时序逻辑电路的功能。

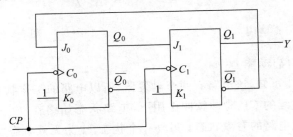

图 5-4　同步时序逻辑电路

解:

（1）写方程组。

输出方程：　$Y = Q_1^n$（由此方程可知该电路为 Moore 型时序逻辑电路）

激励方程：　　　　　$K_0 = 1$，　$J_0 = \overline{Q_1^n}$；　$K_1 = 1$，　$J_1 = Q_0^n$

状态方程：由 JK 触发器的特性方程可知：

$$Q_0^{n+1} = J_0 \overline{Q_0^n} + \overline{K_0} Q_0^n = \overline{Q_1^n} \, \overline{Q_0^n}$$

$$Q_1^{n+1} = J_1 \overline{Q_1^n} + \overline{K_1} Q_1^n = \overline{Q_1^n} Q_0^n$$

（2）列出状态转换真值表。

由图 5-4 可知,电路没有外部输入信号,其现态 $Q_1^n Q_0^n$ 有 4 种可能,按二进制大小排列为 00～11,将其分别代入输出方程和状态方程,求出对应的输出和次态,得到电路状态转换真值表,见表 5-2。

表 5-2　电路状态转换真值表

时钟脉冲	现　　态		次　　态		输　出
	Q_1^n	Q_0^n	Q_1^{n+1}	Q_0^{n+1}	Y
$CP\downarrow$	0	0	0	1	0
$CP\downarrow$	0	1	1	0	0
$CP\downarrow$	1	0	0	0	1
$CP\downarrow$	1	1	0	0	1

（3）画状态图。

根据表 5-2 画出的电路状态转换图如图 5-5 所示。

图 5-5 中,圆圈内的数字表示电路的状态,转移方向上方斜杠后的值表示现状态电路的

输出。另外,Moore型时序逻辑电路的状态图中,也可以将输出 Y 直接标注在圆圈内状态下方,即圆圈内的数值表示电路的状态和该状态下的输出,如图5-6所示。

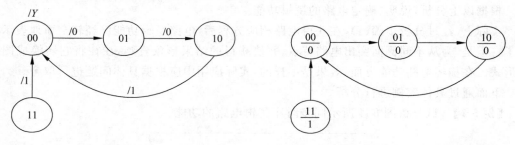

图5-5　状态图　　　　　　　　图5-6　图5-5的等效状态图

(4) 检查电路的自启动能力。

由题目中的图5-4可知,该电路有两个触发器,所以电路的工作状态数有 $2^2=4$ 个。通过图5-5可看到,在连续的 CP 时钟脉冲作用下,电路状态始终在 $00 \rightarrow 01 \rightarrow 10 \rightarrow 00$ 之间循环,这3个状态称为该电路的有效状态;另外一个状态11为无效状态。

对于该电路,如果电路进入11无效状态,在 CP 脉冲作用下,可以通过00状态重新进入有效状态,所以该电路具备自启动能力。

(5) 画时序图。

假定电路的初始状态为 $Q_1 Q_0 = 00$,根据图5-5画出电路的时序图,如图5-7所示。

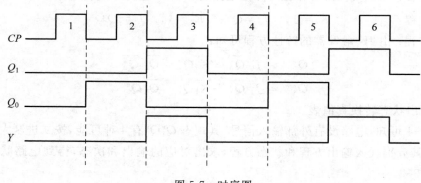

图5-7　时序图

(6) 描述电路的逻辑功能。

通过电路的状态转换真值表和状态图可知,电路有3个有效状态,且在 $10 \rightarrow 00$ 时,输出一个进位信号1,所以这是一个可以自启动的同步三进制计数器电路。

【例5-2】　试分析图5-8所示同步时序逻辑电路的功能。

解:

(1) 写方程组。

输出方程: $Y = X Q_1^n$ (由此方程可知该电路为Mealy型时序逻辑电路)

激励方程:
$$J_0 = X \overline{Q_1^n}, \quad K_0 = 1$$
$$J_1 = X \overline{Q_0^n}, \quad K_1 = \overline{X}$$

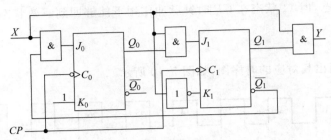

图 5-8 同步时序逻辑电路

状态方程：
$$Q_0^{n+1} = J_0 \overline{Q_0^n} + \overline{K_0} Q_0^n = X \overline{Q_1^n} \ \overline{Q_0^n}$$
$$Q_1^{n+1} = J_1 \overline{Q_1^n} + \overline{K_1} Q_1^n = X \overline{Q_1^n} Q_0^n + X Q_1^n = X(Q_0^n + Q_1^n)$$

（2）列出状态转换真值表。

输入 X 和现态 $Q_1^n Q_0^n$ 有 8 种可能的输入组合，按照 3 位二进制数由小到大的排列顺序，即 $000 \sim 111$，填入表格前 3 列。在时钟脉冲 $CP \downarrow$ 作用下（表内不再列出），根据方程组可求出每种输入组合对应的次态及输出，将其填入表格后 3 列，得到状态转换真值表，见表 5-3。

表 5-3 状态转换真值表

输 入	现 态		次 态		输 出
X	Q_1^n	Q_0^n	Q_1^{n+1}	Q_0^{n+1}	Y
0	0	0	0	0	0
0	0	1	0	0	0
0	1	0	0	0	0
0	1	1	0	0	0
1	0	0	0	1	0
1	0	1	1	0	0
1	1	0	1	0	1
1	1	1	1	0	1

（3）画出状态图。

由表 5-3 可画出电路的状态图，如图 5-9 所示。

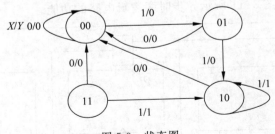

图 5-9 状态图

（4）检查自启动能力。

由图 5-9 可知，该电路有两个触发器，共 4 种状态。在 CP 时钟脉冲作用下，电路状态在 $00 \rightarrow 01 \rightarrow 10 \rightarrow 00$ 之间循环。所以，4 种状态中，00、01 和 10 是有效状态，11 状态不在循环圈内，是无效状态，但 11 状态在 CP 时钟脉冲作用下能够回到有效状态 00 或 10，所以电路能够自启动。

（5）画时序图。

根据图 5-9 画出其对应的时序图，如图 5-10 所示。

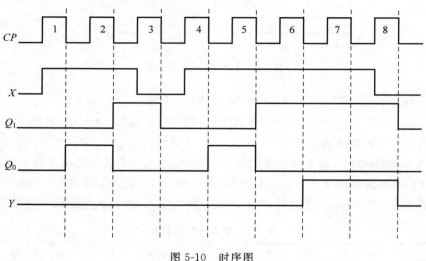

图 5-10　时序图

（6）电路逻辑功能描述。

由状态图和时序图可见，一旦输入出现"111"序列，输出 Y 便产生一个脉冲，其他情况下输出 $Y=0$。因此，该电路是一个"111"串行序列检测器。

5.2.2　异步时序逻辑电路的分析

异步时序逻辑电路的分析步骤与同步时序逻辑电路大致相同。因为它通常也用触发器作为存储单元，电路的输入具有脉冲形式，只不过在异步时序逻辑电路中，触发器的时钟脉冲不都来源于一个，因此，触发器的状态变化不是同时进行的。所以，在列方程时，要将各个触发器的时钟方程考虑在内。

下面通过具体实例，说明异步时序逻辑电路的分析过程。

【例 5-3】　试分析图 5-11 所示异步时序逻辑电路的功能。

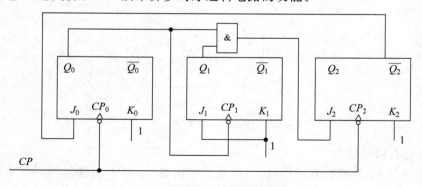

图 5-11　异步时序逻辑电路

解：由图 5-11 可知，3 个触发器的时钟脉冲来源不同，因此，电路为异步时序逻辑电路。

(1) 写方程组。

时钟方程：$CP_0=CP_2=CP$；J_0K_0 触发器和 J_2K_2 触发器由外加时钟脉冲信号 CP 下降沿触发。

$\qquad CP_1=Q_0$；J_1K_1 触发器由 Q_0 下降沿触发

输出方程：本例题没有输出方程。

激励方程：$J_0=\overline{Q_2^n}$; $\quad K_0=1$

$\qquad J_1=1$, $\quad K_1=1$

$\qquad J_2=Q_1^nQ_0^n$, $\quad K_2=1$

状态方程：$Q_0^{n+1}=J_0\,\overline{Q_0^n}+\overline{K_0}Q_0^n=\overline{Q_2^n}\,\overline{Q_0^n}$ $\quad$ ($CP\downarrow$ 有效)

$\qquad Q_1^{n+1}=J_1\,\overline{Q_1^n}+\overline{K_1}Q_1^n=\overline{Q_1^n}$ $\quad$ ($Q_0\downarrow$ 有效)

$\qquad Q_2^{n+1}=J_2\,\overline{Q_2^n}+\overline{K_2}Q_2^n=\overline{Q_2^n}Q_1^nQ_0^n$ $\quad$ ($CP\downarrow$ 有效)

(2) 列出状态转换真值表。

设电路的初始状态为 $Q_2Q_1Q_0=000$，代入上面的状态方程，得到状态转换真值表，见表 5-4。

表 5-4 状态转换真值表

输 入	现 态			次 态			时 钟 脉 冲		
CP	Q_2^n	Q_1^n	Q_0^n	Q_2^{n+1}	Q_1^{n+1}	Q_0^{n+1}	CP_2	CP_1	CP_0
↓	0	0	0	0	0	1	↓	↑	↓
↓	0	0	1	0	1	0	↓	↓	↓
↓	0	1	0	0	1	1	↓	↑	↓
↓	0	1	1	1	0	0	↓	↓	↓
↓	1	0	0	0	0	0	↓	0	↓
↓	1	0	1	0	0	0	↓	↓	↓
↓	1	1	0	0	1	0	↓	↓	↓
↓	1	1	1	0	0	0	↓	↓	↓

表 5-4 中，电路状态的变化不是由外部输入脉冲信号 CP 一个因素决定的。若 $Q_2Q_1Q_0=000$，当外部输入脉冲 $CP\downarrow$ 到来时，$Q_2^{n+1}=J_2\,\overline{Q_2^n}+\overline{K_2}Q_2^n=\overline{Q_2^n}Q_1^nQ_0^n=0$。$Q_0^{n+1}=J_0\,\overline{Q_0^n}+\overline{K_0}Q_0^n=\overline{Q_2^n}\,\overline{Q_0^n}=1$。由于 Q_0 从 0→1，即 $Q_0\uparrow$，不满足 J_1K_1 触发器的触发条件，所以 Q_1 状态不发生变化，仍保持 0 状态。以此类推，可以得到电路完整的状态转换真值表。

(3) 画出状态图。

在每一个 $CP\downarrow$ 到来时，根据表 5-4 得到电路状态转换图，如图 5-12 所示。圆圈内的代码表示电路状态 $Q_2Q_1Q_0$，共有 8 种不同的状态。

(4) 检查电路自启动能力。

由图 5-12 可知，循环圈外的 3 个无效状态 101、110 和 111，在输入脉冲 $CP\downarrow$ 作用下，均可回到有效状态中，所以电路具有自启动能力。

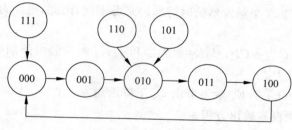

图 5-12　状态图

（5）画时序图。

设电路初始状态为 $Q_2Q_1Q_0=000$，根据图 5-12 可以画出电路的时序图，如图 5-13 所示。

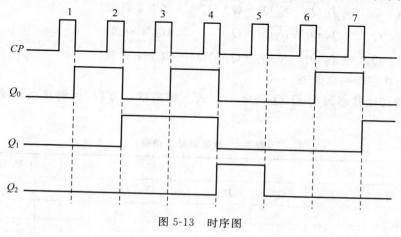

图 5-13　时序图

（6）电路逻辑功能描述。

根据图 5-12 可知，该电路是一个具有自启动能力的异步五进制计数器。

【例 5-4】　试分析图 5-14 所示异步时序逻辑电路的功能。

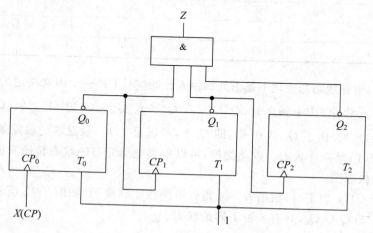

图 5-14　异步时序逻辑电路

解： 由图 5-14 可知，3 个 T 触发器的时钟脉冲不一致，电路为异步时序逻辑电路。这里的 T 触发器是上升沿触发。

（1）写方程组。

时钟方程：$CP_0 = X(CP)$；T_0 触发器由外部输入信号 $X(CP)\uparrow$ 触发

$\quad\quad\quad\quad CP_1 = Q_0$；$T_1$ 触发器由 $Q_0 \uparrow$ 触发

$\quad\quad\quad\quad CP_2 = Q_1$；$T_2$ 触发器由 $Q_1 \uparrow$ 触发

输出方程：$Z = Q_2^n Q_1^n Q_0^n$

激励方程：$T_0 = T_1 = T_2 = 1$

状态方程：$Q_0^{n+1} = T_0 \oplus Q_0^n = \overline{Q_0^n}$　　$(CP\uparrow 有效)$

$\quad\quad\quad\quad Q_1^{n+1} = T_1 \oplus Q_1^n = \overline{Q_1^n}$　　$(Q_0\uparrow 有效)$

$\quad\quad\quad\quad Q_2^{n+1} = T_2 \oplus Q_2^n = \overline{Q_2^n}$　　$(Q_1\uparrow 有效)$

（2）列出状态转换真值表。

列状态转换表时，应先确定有无时钟，然后确定状态的变化。根据图 5-14 的特点，高位触发器的时钟与低位触发器的状态相连（Q_2 为最高位，Q_0 为最低位），所以低位触发器的状态先变，高位触发器的状态后变。

设电路的初始状态为 $Q_2 Q_1 Q_0 = 000$，代入上面的输出方程和状态方程，得到状态转换真值表，见表 5-5。

表 5-5　状态转换真值表

输入	现		态	次		态	时 钟 脉 冲			输出
$X(CP)$	Q_2^n	Q_1^n	Q_0^n	Q_2^{n+1}	Q_1^{n+1}	Q_0^{n+1}	CP_2	CP_1	CP_0	Z
↑	0	0	0	1	1	1	↑	↑	↑	1
↑	0	0	1	0	0	0	0	↓	↑	0
↑	0	1	0	0	0	1	↓	↑	↑	0
↑	0	1	1	0	1	0	1	↓	↑	0
↑	1	0	0	0	1	1	↑	↑	↑	0
↑	1	0	1	1	0	0	0	↓	↑	0
↑	1	1	0	1	0	1	↓	↑	↑	0
↑	1	1	1	1	1	0	1	↓	↑	1

表 5-5 中，若电路初始状态 $Q_2 Q_1 Q_0 = 000$，当 $X(CP)\uparrow$ 到来时，导致 Q_0 从 0 变为 1；$Q_0 \uparrow$ 的出现，导致 Q_1 从 0→1；$Q_1 \uparrow$ 的出现，导致 Q_2 从 0 变为 1；最终导致输出 Z 变为 1。以此类推，可以得到电路完整的状态转换真值表。

（3）画状态图。

根据表 5-5 画出电路状态转换图，如图 5-15 所示。

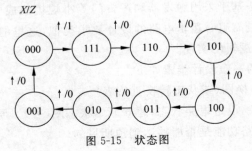

图 5-15　状态图

(4) 检查自启动能力。

由图 5-15 可知,电路的所有 8 个状态全部为有效状态,没有无效状态,因此电路能够自启动。

(5) 画时序图。

设电路初始状态为 $Q_2Q_1Q_0=000$,根据图 5-15,可以画出电路的时序图,如图 5-16 所示。

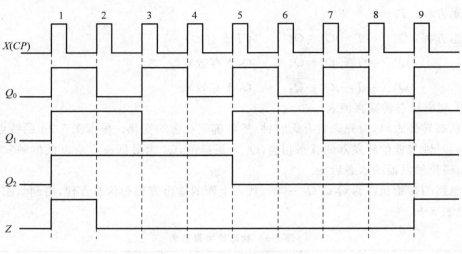

图 5-16　时序图

(6) 电路逻辑功能描述。

由图 5-15 的状态转换过程可知,该电路是一个异步八进制减法计数器,其输入脉冲 $X(CP)$ 为计数脉冲,输出 Z 为借位信号。

5.3　时序逻辑电路的设计

时序逻辑电路设计是时序逻辑电路分析的逆过程,即通过对设计命题的分析,确定体现命题要求的状态图或状态表,进而设计出符合命题要求的逻辑电路图。

由于时序逻辑电路设计不仅有状态定义与状态转换,还涉及状态化简、状态分配等问题,因此比组合电路的设计过程复杂。

下面分别从同步和异步两个角度介绍时序逻辑电路的设计方法和步骤。

5.3.1　同步时序逻辑电路的设计

本节介绍的设计方法基于采用触发器和逻辑门等小规模集成电路,是同步时序逻辑电路设计的经典方法。与最简组合逻辑电路的设计要求类似,这里的设计要求仍符合最简要求,即用最少的触发器和逻辑门实现。

同步时序逻辑电路的一般设计步骤如下。

(1) 建立原始状态转换图(或状态转换真值表)。

对逻辑命题进行抽象,设定电路状态,建立原始状态图(表)。原始状态图(表)建立的正确与否,决定了设计的电路功能是否能够达到预期目的。

其过程一般是：先假定一个初始状态 S_0；从这个初始状态 S_0 出发，每加入一个要记忆的输入信号，就用其次态"记忆"，并标出相应的输出值；该次态可能是现态本身（即状态不变），也可能是原始状态图中已有的另一个状态，或是新增加的一个状态。继续这个过程，直到没有新的状态出现，并且从每个状态出发，输入的各种可能取值引起的状态转移均须考虑，进而建立起原始的状态图（表）。

（2）状态化简。

化简的目的是使电路简单。电路的状态越少，需用的触发器越少，电路越简单。

在建立原始状态图（表）时，只考虑如何正确地反映设计要求，并没有严格要求状态的数目最少。因此，需要通过状态化简消去多余的等效状态，得到符合功能要求的最简状态图（表）（注意，这里只介绍完全状态表的化简方法，不完全状态表的化简建立在相容状态的基础上，而非建立在等效状态的基础上）。

假设 S_i、S_j 是原始状态表中的两个状态，那么 S_i、S_j 等效的条件可归纳为在相同输入条件下：

① 它们的输出完全相同。

② 它们的次态满足下列条件之一，即

- 次态相同；
- 次态交错；
- 次态循环；
- 次态对等效。

次态交错是指在某种输入条件下，S_i 的次态是 S_j，而 S_j 的次态是 S_i。次态循环是指次态之间的关系构成一个闭环，例如，S_i 和 S_j 在某种输入组合下的次态是 S_k 和 S_l，而 S_k 和 S_l 在某种输入下的次态又是 S_i 和 S_j，这种情况称为次态循环。次态对等效是指状态 S_i 和 S_j 的次态 S_k 和 S_l 满足等效的两个条件。例如，状态 S_1 和 S_2 的次态对为 S_3 和 S_4，它们既不相同，也没有与状态 S_1、S_2 直接构成交错和循环。但是，状态 S_3 和 S_4 的输出完全相同，且其次态相同或交错，或循环。

原始状态图（表）中的两个或多个状态如果同时满足①、②两个条件，则为等效状态，所有等效状态可合并为一个状态。

（3）状态分配。

状态分配又称状态编码，其核心是确定触发器的个数，并对不同状态分配一组相应的二进制代码。若时序逻辑电路的状态数目为 M，则需要触发器的个数 n 应满足以下条件。

$$2^{n-1} < M < 2^n$$

进行状态编码时，一般应遵循下面 4 个原则。

① 相同输入条件下，具有相同次态的现态应分配逻辑相邻编码。

② 同一现态在相邻输入条件下的不同次态应分配逻辑相邻编码。

③ 在所有输入条件下，具有相同输出的现态应分配逻辑相邻编码。

④ 最简状态表中，出现次数最多的状态应分配逻辑 0。

若分配时以上原则有矛盾，则应按自上而下的优先顺序分配。

（4）选定触发器类型，列出状态转换真值表，求出激励方程和输出方程。

（5）画电路图。

根据激励方程和输出方程,画出具体实现的电路图。

(6) 检查电路的自启动特性。

电路的自启动能力比较重要,若设计出的电路不具备自启动能力,必须采取措施加以修改。例如,可以在电路开始时加置初态,或修改逻辑设计等。

下面通过实例说明同步时序逻辑电路的设计方法。

【例 5-5】 某引爆装置,当引爆开关 X 闭合后($X=1$),经过 4 个时钟脉冲周期,即电路的输入序列 $X=1111$ 时,发出引爆信号($Z=1$),使炸药包爆炸。试设计该引爆装置的具体电路。

解:根据题意画出引爆装置的示意框图和典型的时序图,如图 5-17 所示。

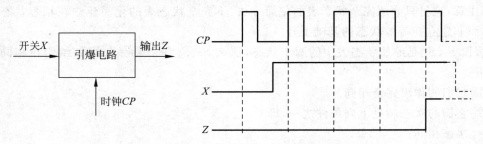

图 5-17 引爆装置的示意框图和典型的时序图

设引爆电路的初始状态为 S_0,当电路接收到第一个 1 时,电路的状态由 S_0 转移到 S_1,输出 0;当接收到第二个 1 时,电路状态由 S_1 转移到 S_2,输出 0;当接收到第三个 1 时,电路状态由 S_2 转移到 S_3,输出 0;当接收到第四个 1 时,输出 Z 为 1,引爆装置发出引爆信号,炸药爆炸。一次引爆成功结束,电路就回到初始状态 S_0。

当电路处于状态 S_1、S_2 或 S_3 时,如果输入 X 为 0,则此次引爆将被终止,电路回到初始状态 S_0,等待下一个引爆序列。

按照以上分析,建立如下解题步骤。

(1) 建立原始状态转换图(状态转换表)。

根据分析建立原始状态转换图,如图 5-18 所示。

图 5-18 对应的原始状态转换表见表 5-6。

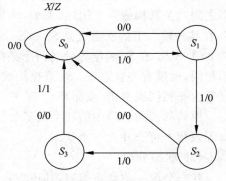

图 5-18 原始状态转换图

表 5-6 原始状态转换表

现 态	次态/输出	
	$X=0$	$X=1$
S_0	$S_0/0$	$S_1/0$
S_1	$S_0/0$	$S_2/0$
S_2	$S_0/0$	$S_3/0$
S_3	$S_0/0$	$S_0/1$

（2）状态化简。

由表 5-6 可知，不存在等效状态，故图 5-18 为最简状态图，表 5-6 为最简状态表。

（3）状态分配。

在表 5-6 中，状态 S_0 出现的次数最多，因此设状态 S_0 的编码为 00。按照相邻编码的分配原则，可依次得到状态 S_1 的编码为 01，状态 S_2 的编码为 10，状态 S_3 的编码为 11。

（4）确定触发器类型，列出电路激励表，求出相应方程组。

电路有 4 个状态，需要用到两个触发器，若选用 JK 触发器，则可做出表 5-7 所示的电路的激励和输出表。

表 5-7 电路的激励和输出表

输入	现	态	次	态	激 励 函 数				输出
X	Q_1^n	Q_0^n	Q_1^{n+1}	Q_0^{n+1}	J_1	K_1	J_0	K_0	Z
0	0	0	0	0	0	d	0	d	0
0	0	1	0	0	0	d	d	1	0
0	1	0	0	0	d	1	0	d	0
0	1	1	0	0	d	1	d	1	0
1	0	0	0	1	0	d	1	d	0
1	0	1	1	0	1	d	d	1	0
1	1	0	1	1	d	0	1	d	0
1	1	1	1	0	d	1	d	1	1

根据表 5-7，可以做出 J_1、K_1、J_0、K_0、Z 的卡诺图，如图 5-19 所示，并可求出其对应的激励函数和输出函数。

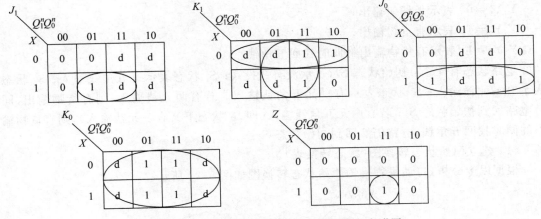

图 5-19 引爆装置激励函数和输出函数的卡诺图

由图 5-19 求出对应的激励方程和输出方程如下。

$$J_1 = XQ_0^n \quad K_1 = Q_0^n + \overline{X} \quad J_0 = X \quad K_0 = 1 \quad Z = XQ_1^n Q_0^n$$

（5）画电路图。

由以上方程可以画出引爆装置的逻辑电路图，如图 5-20 所示。

（6）检查电路自启动能力。

该电路不存在无效状态，故能够自启动。

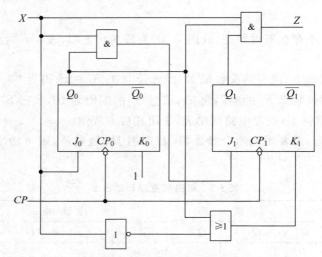

图 5-20　引爆装置的逻辑电路图

【例 5-6】　试设计自动售货机投币控制电路。要求：每次只能投入一枚五角或一元的硬币，投满 2 元后货物送出，若有余钱，也同时找回。

解：根据题意，电路有两个输入 X_1、X_0，分别表示一元和五角的输入，有两个输出 Y_1、Y_0，分别表示货物送出的驱动信号和找回的五角钱。

设电路的初始状态为 S_0，输入输出写成 X_1X_0/Y_1Y_0 的形式，即

$X_1X_0 = 00$ 表示没有钱输入；

$X_1X_0 = 01$ 表示五角钱的输入；

$X_1X_0 = 10$ 表示一元钱的输入；

$Y_1Y_0 = 00$ 表示无任何输出；

$Y_1Y_0 = 10$ 表示有货物输出；

$Y_1Y_0 = 11$ 表示有货物输出的同时找回五角钱。

电路状态有 4 个：初始状态 S_0，表示没有钱投入；S_1 状态表示有五角钱输入；S_2 状态表示有一元钱输入；S_3 状态表示有一元五角钱输入。若有两元钱输入，则有货物输出，同时电路回到初始状态 S_0；若有两元五角钱输入（即 S_3 状态下又有一元钱输入），则有货物输出的同时找回五角钱，电路仍然回到初始状态 S_0。

（1）建立原始状态转换图（状态转换表）。

根据以上分析，自动售货机的原始状态转换图如图 5-21 所示。

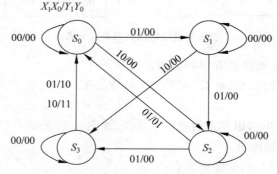

图 5-21　自动售货机的原始状态转换图

　　将原始状态图表示的状态转换关系用表格形式表示,就得到了自动售货机的原始状态转换表,见表 5-8。

表 5-8　自动售货机的原始状态转换表

现　　态	次态/输出			
	$X_1X_0=00$	$X_1X_0=01$	$X_1X_0=10$	$X_1X_0=11$
S_0	$S_0/00$	$S_1/00$	$S_2/00$	d/d
S_1	$S_1/00$	$S_2/00$	$S_3/00$	d/d
S_2	$S_2/00$	$S_3/00$	$S_0/10$	d/d
S_3	$S_3/00$	$S_0/10$	$S_0/11$	d/d

　　(2) 状态化简。

　　由表 5-8 可知,状态已不能化简。

　　(3) 状态分配。

　　设状态分配为:状态 S_0 的编码为 00,状态 S_1 的编码为 01,状态 S_2 的编码为 10,状态 S_3 的编码为 11。

　　(4) 确定触发器类型,列出电路激励表,求出相应方程组。

　　电路有 4 个状态,需要用到两个触发器,若选用 JK 触发器,则可做出表 5-9 所示的自动售货机的激励和输出表。

表 5-9　自动售货机的激励和输出表

输　　入		现　　态		次　　态		激　励　函　数				输　　出	
X_1	X_0	Q_1	Q_0	Q_1^n	Q_0^n	J_1	K_1	J_0	K_0	Y_1	Y_0
0	0	0	0	0	0	0	d	0	d	0	0
0	0	0	1	0	1	0	d	d	0	0	0
0	0	1	0	1	0	d	0	0	d	0	0
0	0	1	1	1	1	d	0	d	0	0	0
0	1	0	0	0	1	0	d	1	d	0	0
0	1	0	1	1	0	1	d	d	1	0	0
0	1	1	0	1	1	d	0	1	d	0	0
0	1	1	1	0	0	d	1	d	1	1	0
1	0	0	0	1	0	1	d	0	d	0	0
1	0	0	1	1	1	1	d	d	0	0	0
1	0	1	0	0	0	d	1	0	d	1	0
1	0	1	1	0	0	d	1	d	1	1	1
1	1	0	0	d	d	d	d	d	d	d	d
1	1	0	1	d	d	d	d	d	d	d	d
1	1	1	0	d	d	d	d	d	d	d	d
1	1	1	1	d	d	d	d	d	d	d	d

　　根据表 5-9,可以做出 J_1、K_1、J_0、K_0、Y_1、Y_0 的卡诺图,如图 5-22 所示,并可求出其对应的激励函数和输出函数。

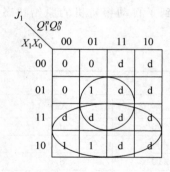
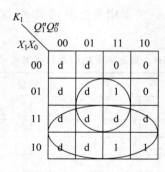

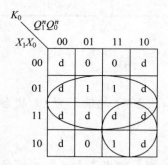
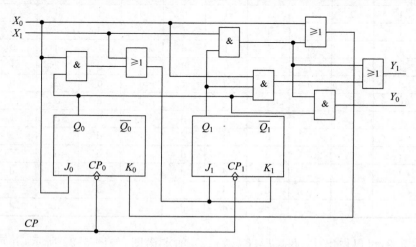

图 5-22　自动售货机的激励函数和输出函数的卡诺图

由图 5-22 可求出对应的激励方程和输出方程如下。

$$J_1 = X_1 + X_0 Q_0^n \quad K_1 = X_1 + X_0 Q_0^n \quad J_0 = X_0 \quad K_0 = X_0 + X_1 Q_1^n$$

$$Y_1 = X_1 Q_1^n + X_0 Q_1^n Q_0^n \quad Y_0 = X_1 Q_1^n Q_0^n$$

（5）检查电路自启动能力。

该电路不存在无用状态，故能够自启动。

（6）画电路图。

由激励方程和输出方程可以画出自动售货机的逻辑电路图，如图 5-23 所示。

图 5-23　自动售货机电路图

【**例 5-7**】　试用主从 D 触发器设计一个"100"序列检测器,被检测序列信号为串行输入的随机码,当出现"100"序列时,检测器输出 1,否则输出 0。要求:检测器由 CP 同步驱动,并给定序列信号与 CP 同步运行。

解:由于输入信号是串行的脉冲序列,为了在序列中识别出 100 序列,必须使电路具有记忆能力,即电路要能利用其内部状态记住前面输入了 10,并接着再输入一个 0,输出才为 1。因此,该电路应是一个时序逻辑电路,设其输入为 X,输出为 Y,并由 CP 同步控制。

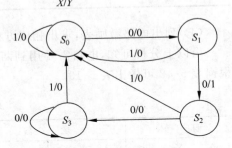

图 5-24　原始状态图

(1) 设定电路状态,作原始状态图。

设 S_0 状态记忆已输入了一个或多个 1;

S_1 状态记忆已输入了一个或多个 10;

S_2 状态记忆已输入了一个或多个 100;

S_3 状态记忆已输入了 3 个或 3 个以上的 0。

按功能要求画出原始状态图,如图 5-24 所示。

由原始状态图列出原始状态表,见表 5-10。

表 5-10　原始状态表

现　　态	次态/输出	
	$X=0$	$X=1$
S_0	$S_1/0$	$S_0/0$
S_1	$S_2/1$	$S_0/0$
S_2	$S_3/0$	$S_0/0$
S_3	$S_3/0$	$S_0/0$

(2) 状态化简。

由表 5-10 可知,S_2 和 S_3 状态在相同输入条件下,其次态相同,输出也一样。因此,S_2 和 S_3 为等效状态,可以合并为一个状态。将表 5-10 中的 S_3 都用 S_2 代替,得到化简后的状态表(表 5-11)。

表 5-11　化简后的状态表

现　　态	次态/输出	
	$X=0$	$X=1$
S_0	$S_1/0$	$S_0/0$
S_1	$S_2/1$	$S_0/0$
S_2	$S_2/0$	$S_0/0$

由表 5-11 可得到简化的状态图,如图 5-25 所示。

(3) 状态编码。

本例有 3 个状态 S_0、S_1、S_2,需要两个触发器。根据编码分配原则,可选 $S_0=00$,$S_1=01$,$S_2=11$。将对应的编码代入表 5-11,得到表 5-12。

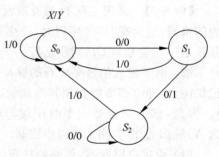

表 5-12　转换表

现　　态	次态/输出	
	$X=0$	$X=1$
00	01/0	00/0
01	11/1	00/0
11	11/0	00/0

图 5-25　简化的状态图

（4）列出电路激励表，求出相应方程组。

由以上分析可知，电路需要用到两个 D 触发器。根据表 5-12 可做出表 5-13。

表 5-13　真值表

输　　入	现　　态		次　　态		输　　出
X	Q_1^n	Q_0^n	Q_1^{n+1}	Q_0^{n+1}	Y
0	0	0	0	1	0
0	0	1	1	1	1
0	1	0	d	d	d
0	1	1	1	1	0
1	0	0	0	0	0
1	0	1	0	0	0
1	1	0	d	d	d
1	1	1	0	0	0

由表 5-13 可做出 Q_1^{n+1}、Q_0^{n+1} 的卡诺图，如图 5-26 所示。由于 D 触发器的特性方程 $Q^{n+1}=D$，所以可求出电路的激励函数和输出函数。

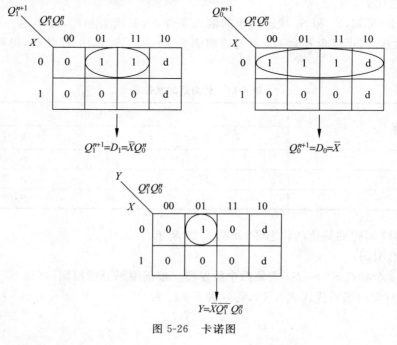

$$Q_1^{n+1}=D_1=\bar{X}Q_0^n$$

$$Q_0^{n+1}=D_0=\bar{X}$$

$$Y=\bar{X}Q_1^n\,Q_0^n$$

图 5-26　卡诺图

（5）检查电路自启动能力。

该电路有一个无用状态 10，把 $Q_1^n Q_0^n = 10$ 代入方程 $Q_1^{n+1} = D_1 = \overline{X} Q_0^n$、$Q_0^{n+1} = D_0 = \overline{X}$ 和 $Y = \overline{X}\, \overline{Q_1^n} Q_0^n$，得到电路的下一状态 $Q_1^{n+1} Q_0^{n+1} = 0\overline{X}$，$Y = 0$。由此可以看出，无效状态 10 在时钟脉冲作用下，能够回到有效状态 00 或 01，而且电路没有错误输出。因此，电路能够自启动。

（6）画电路图。

由方程 $Q_1^{n+1} = D_1 = \overline{X} Q_0^n$、$Q_0^{n+1} = D_0 = \overline{X}$ 和 $Y = \overline{X}\, \overline{Q_1^n} Q_0^n$ 可以画出如图 5-27 所示的"100"序列检测器的逻辑电路图。

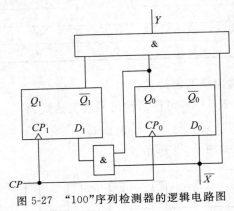

图 5-27　"100"序列检测器的逻辑电路图

5.3.2　异步时序逻辑电路的设计

异步时序逻辑电路的设计方法与同步时序逻辑电路的设计方法相似。但是，由于异步时序逻辑电路没有统一的时钟脉冲，因此，在设计过程中，除了参考同步时序逻辑电路的设计步骤外，还需要在选定触发器类型后，为每个触发器选择合适的时钟脉冲信号，即确定相应的时钟方程。

下面通过实例介绍异步时序逻辑电路的设计方法和步骤。

【例 5-8】　设计一个异步六进制加法计数器，计数到 5 时，输出高电平。采用下降沿 JK 触发器实现。

解：

（1）根据设计要求作原始状态图，如图 5-28 所示。

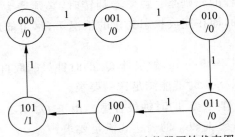

图 5-28　异步六进制加法计数器原始状态图

（2）状态化简。

原始状态图已经最简，同时注意到本例有两个无用状态 110 和 111。

(3) 状态编码。

将最简状态图转换成用二进制状态表示的最简状态表,见表 5-14。

表 5-14   最简状态表

现 态			次 态			输 出
Q_2^n	Q_1^n	Q_0^n	Q_2^{n+1}	Q_1^{n+1}	Q_0^{n+1}	Z
0	0	0	0	0	1	0
0	0	1	0	1	0	0
0	1	0	0	1	1	0
0	1	1	1	0	0	0
1	0	0	1	0	1	0
1	0	1	0	0	0	1

(4) 写出激励函数和输出函数表达式。

采用 3 个触发器,根据表 5-14,可得到输出函数表达式为

$$Z = Q_2^n \overline{Q_1^n} Q_0^n$$

表 5-14 对应的波形图如图 5-29 所示。

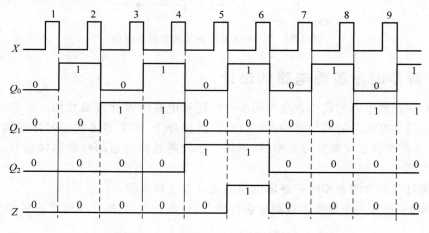

图 5-29   异步六进制计数器波形图

根据 Q 的变化,先确定触发器的时钟函数表达式,然后确定 JK 表达式。

选取各触发器时钟方程的原则是:触发器翻转时,必须产生触发脉冲;触发器无须翻转时,最好不产生触发脉冲,即在完成状态变化的情况下,尽可能取脉冲数量少的作为触发脉冲信号。

根据这个原则,观察图 5-29 可知,触发器 Q_0 的时钟只能取自 X(计数脉冲),只要 X 有负跳变(下降沿),当 $J_0 = K_0 = 1$ 时就能满足这一要求。

对于触发器 Q_1,用 Q_0 作为 Q_1 的时钟最合适。由于 Q_0 第 3 个下降沿来到后,要求 Q_1 不变化,所以必须使激励函数 J_1、K_1 的表达式满足要求。

对于触发器 Q_2,用 Q_0 作为 Q_2 的时钟也最合适。但从波形图看,Q_0 的第 1 个下降沿和第 4 个下降沿要求 Q_2 不变化,所以也必须使 J_2、K_2 的表达式满足要求。

根据以上分析,可以画出如图 5-30 所示的卡诺图,由于只有一个输入 X,所以在画状态

表时为了直观,没有把 X 表示出来,但在时钟 CP 的表达式中应该明确写上 X,以表示有输入信号,才有时钟信号。

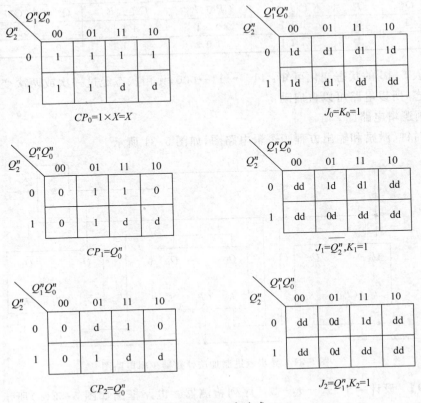

图 5-30　JK 表达式

　　还有一种计算激励函数的方法:Q_0 的激励函数 $J_0=K_0=1$ 不需要计算。由于触发器 Q_2 和 Q_1 的时钟是同一个 Q_0,所以这两个触发器的激励函数 J_2、K_2、J_1、K_1 可以按照同步时序逻辑电路的方法一次计算出来,见表 5-15。

表 5-15　激励表

现　　态			次　　态			激　励　函　数			
Q_2^n	Q_1^n	Q_0^n	Q_2^{n+1}	Q_1^{n+1}	Q_0^{n+1}	J_2	K_2	J_1	K_1
0	0	0	0	0	1	d	d	d	d
0	0	1	0	1	0	d	d	1	d
0	1	0	0	1	1	d	d	d	d
0	1	1	1	0	0	1	d	d	1
1	0	0	1	0	1	d	d	d	d
1	0	1	0	1	0	d	1	0	d

　　由表 5-15 同样可以得到激励函数 $J_2=Q_1^n$、$K_2=1$、$J_1=\overline{Q_2^n}$、$K_1=1$。

　　(5) 检查电路能否自启动。

　　在逻辑设计时有两个无用状态,根据 CP 和 JK 的表达式,分别检查每个无用状态的次态,见表 5-16。

表 5-16 无用状态表

现　　态			时钟和激励			次　　态		
Q_2^n	Q_1^n	Q_0^n	$CP_2 J_2 K_2$	$CP_1 J_1 K_1$	$CP_0 J_0 K_0$	Q_2^{n+1}	Q_1^{n+1}	Q_0^{n+1}
1	1	0	0 1 1	0 0 1	1 1 1	1	1	1
1	1	1	1 1 1	1 0 1	1 1 1	0	0	0

根据表 5-16 的状态变化可知：110→111→000，无用状态经过一次或两次变化后，均变为有用状态，所以电路可以自启动。

（6）画逻辑电路图。

根据时钟、激励和输出方程画逻辑电路图，如图 5-31 所示。

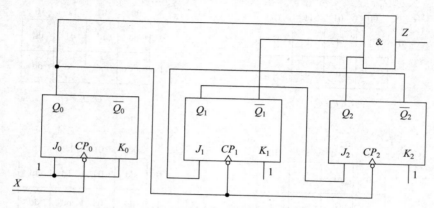

图 5-31　异步六进制加法计数器逻辑电路图

【**例 5-9**】　设计一个"$x_1 - x_2 - x_2$"序列检测器。电路框图如图 5-32（a）所示。它有两个输入 x_1 和 x_2，当 x_1 输入一个脉冲，x_2 连续输入两个脉冲时，输出端 Z 才会输出一个脉冲，波形图如图 5-32（b）所示。另外，假设 x_1、x_2 不会同时有输入脉冲。

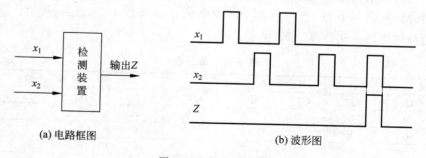

（a）电路框图　　　　　　　　　（b）波形图

图 5-32　序列检测器

解：

（1）根据设计要求，作原始状态图（表）。

假设 x_1 和 x_2 都没有脉冲输入时，电路处于 S_0 状态。电路转换过程如下。

电路为 S_0 状态：当 x_1 有脉冲输入时，这是电路需要识别的第 1 个信号，则令状态转换到 S_1；若电路处在 S_0 状态时，x_2 有脉冲输入，则电路不应做出反应，仍应处于 S_0 状态不变。

电路为 S_1 状态：x_1 有脉冲输入，这仍是电路需要识别的第 1 个信号，所以电路仍停留

在 S_1 状态；当电路在 S_1 状态时，x_2 有脉冲输入，这是电路需要识别的第 2 个信号，则令电路转换到 S_2 状态。

电路为 S_2 状态：x_1 有脉冲输入，则电路应转至 S_1 状态，这仍是电路需要识别的第 1 个信号；若 x_2 有脉冲输入，这是电路需要识别的第 3 个信号，则令电路转换到 S_3 状态，同时令 $Z=1$ 有输出脉冲。

电路为 S_3 状态：x_1 有脉冲输入，则电路转至 S_1 状态；若 x_2 有脉冲输入，这不是电路要识别的状态，电路应转至 S_0 状态。

根据以上分析，可画出如图 5-33 所示的原始状态图和表 5-17 所示的原始状态转换表。

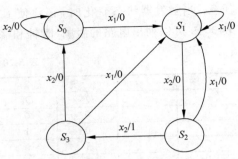

图 5-33　原始状态图

表 5-17　原始状态转换表

现　　态	次态/输出	
	$X=x_1$	$X=x_2$
S_0	$S_1/0$	$S_0/0$
S_1	$S_1/0$	$S_2/0$
S_2	$S_1/0$	$S_3/1$
S_3	$S_1/0$	$S_0/0$

（2）状态化简。

观察表 5-17，在相同输入条件下，S_0、S_3、次态和输出都是相同的，因此 S_0 和 S_3 是等效状态，可以合并为一个状态 S_3。将表 5-17 中的所有 S_0 换成 S_3，即可得到化简后的状态表，见表 5-18。

表 5-18　化简后的状态转换表

现　　态	次态/输出	
	$X=x_1$	$X=x_2$
S_1	$S_1/0$	$S_2/0$
S_2	$S_1/0$	$S_3/1$
S_3	$S_1/0$	$S_3/0$

（3）状态编码。

观察表 5-18，3 个状态共需要两个触发器，结合状态编码规则，可给 S_1 分配 00 编码，给 S_2 分配 01 编码，给 S_3 分配 10 编码。将表 5-18 转换成用二进制状态表示的最简状态表，见表 5-19。

表 5-19　二进制最简状态表

现　　态	次态/输出	
	$X=x_1$	$X=x_2$
00	00/0	01/0
01	00/0	10/1
10	00/0	10/0

（4）写出激励函数和输出函数表达式。

假设本例采用 D 触发器实现，触发器状态不变时，可设时钟信号 $CP=0$，输入信号 D 为任意；当触发器状态变化时，必须使 $CP=1$，此刻输入信号 D 的值等于次态的值。根据表 5-19 可以列出电路的激励、时钟和输出表，见表 5-20。

表 5-20　激励、时钟和输出表

输	入	现	态	次	态	时钟和激励		输 出
x_1	x_2	Q_1^n	Q_0^n	Q_1^{n+1}	Q_0^{n+1}	CP_1D_1	CP_0D_0	Z
0	0	0	0	0	0	0d	0d	0
0	0	0	1	0	1	0d	0d	0
0	0	1	0	1	0	0d	0d	0
0	1	0	0	0	1	0d	11	0
0	1	0	1	1	0	11	10	1
0	1	1	0	1	0	0d	0d	0
1	0	0	0	0	0	0d	0d	0
1	0	0	1	0	0	0d	10	0
1	0	1	0	0	0	10	0d	0

由表 5-20 可以画出如图 5-34 所示的卡诺图。

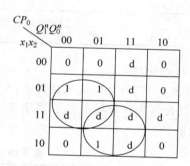

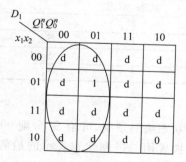

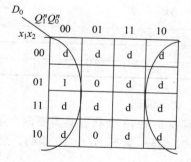

图 5-34　卡诺图

由卡诺图可求出电路的时钟方程、激励方程和输出方程为

$$CP_1 = x_2 Q_0^n + x_1 Q_1^n, \quad CP_0 = x_2 \overline{Q_1^n} + x_1 Q_0^n, \quad D_1 = \overline{Q_1^n}, \quad D_0 = \overline{Q_0^n}, \quad Z = x_2 Q_0^n$$

（5）检查电路能否自启动。

在逻辑设计时有一个无用状态 11，根据 CP、D 和 Z 的表达式，检查 11 无用状态的次态，见表 5-21。

表 5-21　无用状态表

输　入		现　态		次　态		时钟和激励		输　出
x_1	x_2	Q_1^n	Q_0^n	Q_1^{n+1}	Q_0^{n+1}	$CP_1 D_1$	$CP_0 D_0$	Z
0	1	1	1	0	1	10	00	1
1	0	1	1	0	0	10	10	0

由无用状态表 5-21 可知，无用状态 11 在时钟脉冲作用下能够回到有用状态 01 或 00，电路能够自启动。但是，在 x_2 作用下，电路输出 Z 为 1，这是一个错误的输出。错误的原因是由于 $Q_1^n Q_0^n = 11$ 时，Z 卡诺图中对应的 4 个最小项被当作无关项处理。为了得到正确的输出 Z，这 4 个最小项的取值只能为 0。因此，需要通过修改 Z 的卡诺图修改电路，如图 5-35 所示。

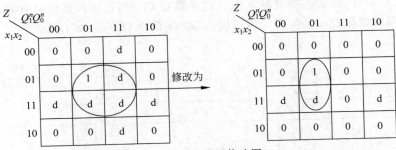

图 5-35　卡诺图修改图

由修改后的卡诺图可得到最终输出 $Z = x_2 \overline{Q_1^n} \overline{Q_0^n}$。

（6）画出逻辑电路图。

根据时钟、激励和输出方程：$CP_1 = x_2 Q_0^n + x_1 Q_1^n$，$CP_0 = x_2 \overline{Q_1^n} + x_1 Q_0^n$，$D_1 = \overline{Q_1^n}$，$D_0 = \overline{Q_0^n}$，$Z = x_2 \overline{Q_1^n} \overline{Q_0^n}$ 画逻辑电路图，如图 5-36 所示。

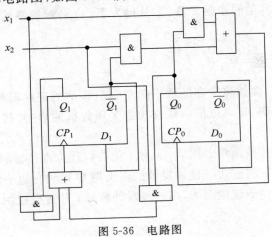

图 5-36　电路图

5.4　寄 存 器

寄存器是常用的时序逻辑电路之一，主要用来存放数码、运算结果或指令等二进制信息。它除了可实现对数据的接收、保存、传送和清除等基本功能外，根据需要，有的还具有移位、串/并输入、串/并输出以及预置等功能。

寄存器主要由触发器和一些控制门组成，其结构简单且有规律，一般可从触发器和门电路的基本功能出发直接分析。下面分别介绍基本寄存器和移位寄存器的功能、原理及应用。

5.4.1　基本寄存器

基本寄存器通常是由若干个 D 触发器组成的逻辑部件。一位触发器可寄存一位二进制信息，要寄存 n 位二进制信息，则需要 n 个触发器。图 5-37 所示为 D 触发器组成的 4 位寄存器电路。

图 5-37 中，$D_3 \sim D_0$ 为并行数据输入端，$Q_3 \sim Q_0$ 为并行数据输出端，$\overline{CR}$ 为寄存器清零端。$\overline{CR}=0$ 时，寄存器被清零，即 $Q_0Q_1Q_2Q_3=0000$；寄存器正常工作时，$\overline{CR}=1$，在时钟脉冲信号 $CP\uparrow$ 到来时，将输入端数据保存到触发器 Q 端；当输出控制信号有效时，可将保存在触发器 Q 端的数据经三态控制门传送出去，即 $Q_0Q_1Q_2Q_3=D_0D_1D_2D_3$。

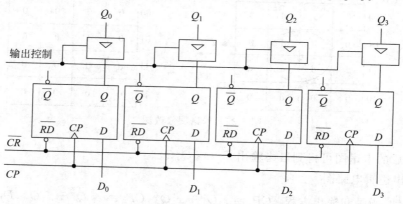

图 5-37　4 位寄存器电路

除了 D 触发器外，其他同步触发器、主从触发器、边沿触发器均可构成基本寄存器，这里不一一列举。

5.4.2　移位寄存器

在时钟脉冲控制下，能够将寄存的数据向左（右）移动的寄存器称为移位寄存器。移位寄存器不但可以存放代码，还可以依靠移位功能实现数据的串-并转换、数据运算及处理等功能。

移位寄存器的构成比较简单。图 5-38 为 4 位右移移位寄存器的逻辑电路图。

由图 5-38 可知，只需将左边一位触发器的输出端 Q 接到右边一位触发器的 D 输入端，同时将所有触发器的时钟端连接起来，用同步时钟脉冲 CP 进行控制即可。

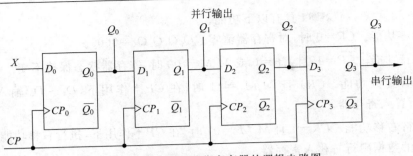

图 5-38　4 位右移移位寄存器的逻辑电路图

用同样的方法可构成左移移位寄存器,即将右边一位触发器的输出端 Q 接到左边一位触发器的 D 输入端,所有触发器共用同一时钟脉冲 CP,如图 5-39 所示。

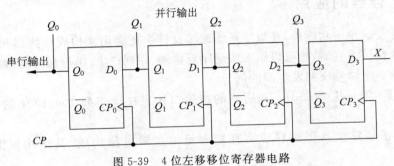

图 5-39　4 位左移移位寄存器电路

将右移移位寄存器和左移移位寄存器组合在一起,在控制电路的控制下,就可构成双向移位寄存器。

实际应用中,常常采用中规模通用移位寄存器。图 5-40 是 4 位双向移位寄存器 74LS194 的逻辑符号图。

图 5-40 中,$D_3 \sim D_0$ 为并行数据输入端,$Q_3 \sim Q_0$ 为并行数据输出端;$\overline{CR}$ 为清零端;D_{SL} 为左移串行数据输入端,D_{SR} 为右移串行数据输入端;M_1 和 M_0 为工作方式控制端。

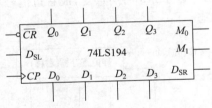

图 5-40　4 位双向移位寄存器 74LS194 的逻辑符号图

4 位双向移位寄存器 74LS194 的功能见表 5-22。

表 5-22　4 位双向移位寄存器 74LS194 的功能表

输入变量										输出变量				说明
$\overline{CR}$	M_1	M_0	CP	D_{SL}	D_{SR}	D_0	D_1	D_2	D_3	Q_0	Q_1	Q_2	Q_3	
0	×	×	×	×	×	×	×	×	×	0	0	0	0	清零
1	×	×	0	×	×	×	×	×	×	保持				保持
1	1	1	↑	×	×	d_0	d_1	d_2	d_3	d_0	d_1	d_2	d_3	并行置数
1	0	1	↑	×	1	×	×	×	×	1	Q_0	Q_1	Q_2	右移输入1
1	0	1	↑	×	0	×	×	×	×	0	Q_0	Q_1	Q_2	右移输入0
1	1	0	↑	1	×	×	×	×	×	Q_1	Q_2	Q_3	1	左移输入1
1	1	0	↑	0	×	×	×	×	×	Q_1	Q_2	Q_3	0	左移输入0
1	0	0	×	×	×	×	×	×	×	保持				保持

从表 5-22 可知,74LS194 具有以下功能。

(1) 清零功能。$\overline{CR}=0$ 时,对寄存器清零。$Q_0 Q_1 Q_2 Q_3 = 0000$。

(2) 保持功能。$\overline{CR}=1$,且 $CP=0$ 或 $M_1 M_0 = 00$ 时,寄存器状态保持不变。

(3) 并行置数功能。$\overline{CR}1$ 且 $M_1 M_0 = 11$ 时,在 $CP \uparrow$ 作用下,$D_3 \sim D_0$ 输入端的数据 $d_3 \sim d_0$ 并行置入寄存器。

(4) 串行右移功能。$\overline{CR}=1$ 且 $M_1 M_0 = 01$ 时,在 $CP \uparrow$ 作用下,执行右移功能,可依次将加在 D_{SR} 端的数据串行右移入寄存器。

(5) 串行左移功能。$\overline{CR}=1$ 且 $M_1 M_0 = 10$ 时,在 $CP \uparrow$ 作用下,执行左移功能,可依次将加在 D_{SL} 端的数据串行左移入寄存器。

5.4.3 寄存器的应用

寄存器除完成预定功能外,在数字系统逻辑设计中还能用来构成计数器和脉冲序列发生器等。例如移位寄存器,还可以用来实现序列检测、序列产生、串行加法器、数据的并串转换等。下面举一个脉冲序列发生器的例子。

【例 5-10】 用一片 74LS194 和适当的逻辑门构成产生序列 10011001 的脉冲序列发生器。

解: 序列信号发生器可由移位寄存器和反馈逻辑电路构成,其结构框图如图 5-41 所示。

由产生的序列 10011001 可知,序列发生器产生的序列周期为 $P=8$,因此需要移位寄存器的级数(触发器个数)为 3。设输出序列 $Z = a_7 a_6 a_5 a_4 a_3 a_2 a_1 a_0$,图 5-42 列出了所要产生的序列(以 $P=8$ 周期重复,最右边信号先输出),图中数码下面的水平线段表示移位寄存器的状态。

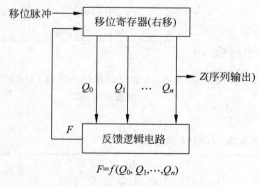

图 5-41 序列发生器结构框图

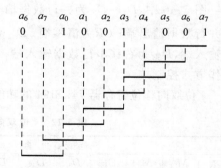

图 5-42 移位寄存器状态

将 $a_7 a_6 a_5 = 100$ 作为寄存器的初始状态,即 $Q_2 Q_1 Q_0 = 100$,从 Q_2 产生输出,并由反馈电路依次形成 $a_4 a_3 a_2 a_1 a_0 \ a_7 a_6 a_5$ 作为右移串行输入端 D_{SR} 的输入,这样便可在时钟脉冲作用下产生规定的输出序列。电路工作状态表见表 5-23。

表 5-23　电路工作状态表

CP	$F(D_{SR})$	Q_0	Q_1	Q_2
0	1	0	0	1
1	1	1	0	0
2	0	1	1	0
3	0	0	1	1
4	1	0	0	1
5	1	1	0	0
6	0	1	1	0
7	0	0	1	1

由表 5-23 可得到反馈函数 F 的逻辑表达式为

$$F = Q_2\,\overline{Q_1\,Q_0} + \overline{Q_2}\;\overline{Q_1}\,Q_0$$

根据 F 表达式和 74LS194 的功能表,可画出该序列发生器的逻辑电路图,如图 5-43 所示。

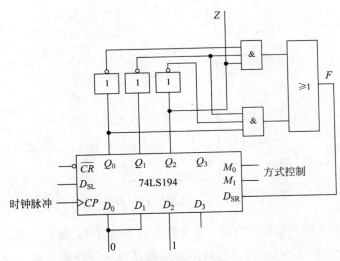

图 5-43　时序脉冲发生器的逻辑电路图

该电路的工作过程:在 $M_1 M_0$ 的控制下,先置寄存器 74LS194 的初始状态为 $Q_2 Q_1 Q_0 = 100$,然后令其工作在右移串行输入方式,在 Z 端产生需要的脉冲序列。

5.5　计　数　器

计数器是数字系统中应用最广泛的时序逻辑电路之一,常用于定时、分频、控制和信号产生电路中,其功能是对输入时钟脉冲 CP 的个数进行累计。累计的脉冲个数称为计数器的模(又称计数长度,实际上就是电路的有效状态数),用 N 表示。例如,$N=5$ 的计数器表示计数器的模为 5,也称五进制计数器。

计数器种类很多,特点各异。通常有以下几种不同的分类方法。

(1) 按数制分类:二进制计数器、十进制计数器。

（2）按计数功能分类：加法计数器、减法计数器、加/减（可逆）计数器。

（3）按触发器翻转方式分类：同步计数器、异步计数器。

这几种分类方法互相融和，例如，在同步计数器中，又可以根据进位制或者计数增减进一步详细分类。

利用计数器实现电路设计时，掌握计数器芯片型号、功能及正确使用方法是非常重要的。通过器件手册、相关资料或网页的电子文档，读懂产品的符号、型号、引脚图及功能表等有关参数，进而灵活应用计数器，这是学习集成器件必须掌握的一项基本技能。

下面介绍几种常用的集成计数器芯片。

5.5.1 同步计数器

1. 同步二进制计数器

1）同步二进制加法计数器

图 5-44 为同步四位二进制加法计数器 74LS161 的引脚图。

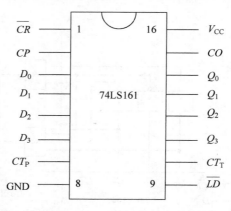

图 5-44　74LS161 的引脚图

图 5-44 中，$\overline{LD}$ 为同步置数控制端，$\overline{CR}$ 为异步清零端，CT_P 和 CT_T 为计数控制端，$D_3 \sim D_0$ 为并行数据输入端，$Q_3 \sim Q_0$ 为并行数据输出端，CO 为进位输出端。74LS161 的功能表见表 5-24。

表 5-24　74LS161 功能表

输 入 变 量									输 出 变 量				说　　　明
$\overline{CR}$	$\overline{LD}$	CT_P	CT_T	CP	D_3	D_2	D_1	D_0	Q_3	Q_2	Q_1	Q_0	
0	×	×	×	×	×	×	×	×	0	0	0	0	异步清零，$CO=0$
1	0	×	×	↑	d_3	d_2	d_1	d_0	d_3	d_2	d_1	d_0	$CO=CT_T Q_3 Q_2 Q_1 Q_0$
1	1	1	1	↑	×	×	×	×	计数				$CO=Q_3 Q_2 Q_1 Q_0$
1	1	0	×	×	×	×	×	×	保持				$CO=CT_T Q_3 Q_2 Q_1 Q_0$
1	1	×	0	×	×	×	×	×	保持				$CO=0$

74LS161 的主要功能有：

（1）异步清零功能。$\overline{CR}=0$ 时，不论有无时钟脉冲信号 CP 和其他输入信号，计数器都被清零,即 $Q_3Q_2Q_1Q_0=0000$。

(2) 同步并行置数功能。$\overline{CR}=1,\overline{LD}=0$ 时,在输入时钟脉冲信号 CP↑到来时,并行输入的数据 $d_3\sim d_0$ 被置入计数器,即 $Q_3Q_2Q_1Q_0=d_3d_2d_1d_0$。

(3) 加法计数功能。当 $\overline{LD}=\overline{CR}=CT_P=CT_T=1$ 时,计数器对 CP 信号按四位二进制数的自然顺序进行加法计数。

(4) 保持功能。$\overline{LD}=\overline{CR}=1$ 且 $CT_P\cdot CT_T=0$ 时,计数器状态保持不变。这时若 $CT_P=0,CT_T=1$,则 $CO=CT_TQ_3Q_2Q_1Q_0=Q_3Q_2Q_1Q_0$,即进位输出信号 CO 保持不变;若 $CT_P=1,CT_T=0$,则 $CO=0$,即进位输出为 0。

2) 同步二进制加/减法计数器

74LS191 是同步四位二进制可逆(加/减)计数器。除了计数功能外,它还具有异步预置数和计数值保持功能。图 5-45 是 74LS191 的引脚图。

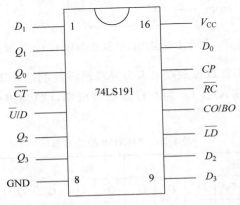

图 5-45 74LS191 的引脚图

图 5-45 中,$\overline{LD}$ 为预置控制端,具有最高优先级,$\overline{LD}$ 为"0"时,预置数据通过 $D_3\sim D_0$ 并行输入端置入计数器,实现异步预置功能。计数器的保持功能由 $\overline{CT}$ 控制,$\overline{CT}=0$,可进行正常计数;$\overline{CT}=1$,计数器保持原状态不变。$\overline{U}/D$ 是计数器加/减控制端,$\overline{U}/D=0$,进行加法计数;$\overline{U}/D=1$,进行减法计数。CO/BO 为进位/借位输出端。$\overline{RC}$ 为行波时钟输出端(低电平有效),利用 $\overline{RC}$ 端,可级联成 N 位同步计数器。当采用并行 CP 时钟控制时,则将 $\overline{RC}$ 接到后一级 $\overline{CT}$ 端;当采用并行 $\overline{CT}$ 控制时,则将 RC 接到后一级 CP 时钟端。$\overline{RC}=\overline{CP\cdot CO/BO\cdot CT}$。当 $\overline{CT}=0$、$CO/BO=1$ 时,$\overline{RC}=CP$,所以,$\overline{RC}$ 端产生的输出进位/借位脉冲与输入计数脉冲是相同的。74LS191 的功能表见表 5-25。

表 5-25 74LS191 的功能表

输入变量								输出变量				说　　明
$\overline{LD}$	$\overline{CT}$	$\overline{U}/D$	CP	D_3	D_2	D_1	D_0	Q_3	Q_2	Q_1	Q_0	
0	×	×	×	d_3	d_2	d_1	d_0	d_3	d_2	d_1	d_0	异步置数
1	0	0	↑	×	×	×	×		加法计数			
1	0	1	↑	×	×	×	×		减法计数			
1	1	×	×	×	×	×	×		保持			

2. 同步十进制计数器

1) 同步十进制加法计数器

图 5-46 为同步十进制加法计数器 74LS160 的引脚图。

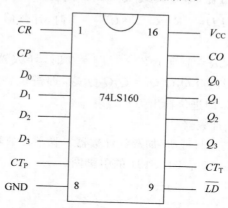

图 5-46　同步十进制加法计数器 74LS160 的引脚图

图 5-46 中，$\overline{LD}$ 为同步置数控制端，$\overline{CR}$ 为异步清零控制端，CT_P 和 CT_T 为计数控制端，$D_3 \sim D_0$ 为并行数据输入端，$Q_3 \sim Q_0$ 为并行数据输出端，CO 为进位输出端。74LS160 的功能表见表 5-26。

表 5-26　74LS160 的功能表

输 入 变 量									输 出 变 量				说　明
$\overline{CR}$	$\overline{LD}$	CT_P	CT_T	CP	D_3	D_2	D_1	D_0	Q_3	Q_2	Q_1	Q_0	
0	×	×	×	×	×	×	×	×	0	0	0	0	异步清零，$CO=0$
1	0	×	×	↑	d_3	d_2	d_1	d_0	d_3	d_2	d_1	d_0	同步置数 $CO=CT_T Q_3 Q_0$
1	1	1	1	↑	×	×	×	×	加法计数				$CO=Q_3 Q_0$
1	1	0	×	×	×	×	×	×	保持				$CO=CT_T Q_3 Q_0$
1	1	×	0	×	×	×	×	×	保持				$CO=0$

74LS160 的主要功能有：

（1）异步清零功能。$\overline{CR}=0$ 时，不论有无时钟脉冲信号 CP 和其他输入信号，计数器都被清零，即 $Q_3 Q_2 Q_1 Q_0 = 0000$。

（2）同步并行置数功能。$\overline{CR}=1$、$\overline{LD}=0$ 时，在输入时钟脉冲信号 CP ↑ 到来时，并行输入的数据 $d_3 \sim d_0$ 被置入计数器，即 $Q_3 Q_2 Q_1 Q_0 = d_3 d_2 d_1 d_0$。

（3）加法计数功能。$\overline{LD}=\overline{CR}=CT_P=CT_T=1$ 时，计数器对 CP 信号按照 8421 BCD 码的规律进行十进制加法计数。

（4）保持功能。$\overline{LD}=\overline{CR}=1$ 且 $CT_P \cdot CT_T = 0$ 时，计数器状态保持不变。这时若 $CT_P=0$，$CT_T=1$，则 $CO=CT_T Q_3 Q_0 = Q_3 Q_0$，即进位输出信号 CO 保持不变；若 $CT_P=1$、$CT_T=0$，则 $CO=CT_T Q_3 Q_0 = 0$，即进位输出为 0。

2) 同步十进制加/减(可逆)计数器

图 5-47 为同步十进制加/减(可逆)计数器 74LS190 的引脚图。

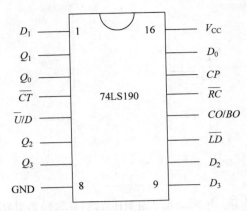

图 5-47　同步十进制加/减(可逆)计数器 74LS190 的引脚图

图 5-47 中，$\overline{LD}$ 为异步置数控制端，$\overline{CT}$ 为计数器控制端，$D_3 \sim D_0$ 为并行数据输入端，$Q_3 \sim Q_0$ 为并行数据输出端，$\overline{U}/D$ 为加/减计数器方式控制端，CO/BO 为进位输出/借位输出端，$\overline{RC}$ 为行波时钟输出端。虽然 74LS190 没有专用清零输入端，但可借助数据 $D_3 D_2 D_1 D_0 = 0000$ 实现计数器的清零功能。

74LS190 的功能表见表 5-27。

表 5-27　**74LS190 的功能表**

输入变量								输出变量				说　明
$\overline{LD}$	$\overline{CT}$	$\overline{U}/D$	CP	D_3	D_2	D_1	D_0	Q_3	Q_2	Q_1	Q_0	
0	×	×	×	d_3	d_2	d_1	d_0	d_3	d_2	d_1	d_0	并行异步置数
1	0	0	↑	×	×	×	×	加法计数				$CO/BO = Q_3 Q_0$
1	0	1	↑	×	×	×	×	减法计数				$CO/BO = \overline{Q_3}\, \overline{Q_2}\, \overline{Q_1}\, \overline{Q_0}$
1	1	×	×	×	×	×	×	保持				保持

74LS190 的主要功能有：

(1) 异步置数功能。$\overline{LD} = 0$ 时，无论有无时钟脉冲 CP 等信号输入，并行输入的数据 $d_3 d_2 d_1 d_0$ 都被置入计数器，即 $Q_3 Q_2 Q_1 Q_0 = d_3 d_2 d_1 d_0$。

(2) 加法计数功能。$\overline{LD} = 1$、$\overline{CT} = 0$、$\overline{U}/D = 0$ 时，在 CP↑ 作用下，进行十进制加法计数。

(3) 减法计数功能。$\overline{LD} = 1$、$\overline{CT} = 0$、$\overline{U}/D = 1$ 时，在 CP↑ 作用下，进行十进制减法计数。

(4) 保持功能。$\overline{LD} = \overline{CT} = 1$ 时，计数器保持原状态不变。

行波时钟输出端 $\overline{RC}$ 的作用是多级级联。根据级联方式的不同，$\overline{RC}$ 接后一级电路的 CP 端(串行)或接后一级电路的 $\overline{CT}$ 端(全同步计数)。

5.5.2　异步计数器

74LS290 为集成异步二-五-十进制计数器，其内部由一个(一位)二进制计数器和一个五进制计数器组成。图 5-48 是异步二-五-十进制计数器 74LS290 的引脚图。

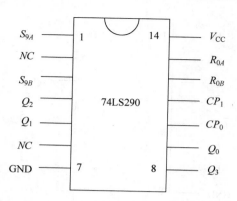

图 5-48　异步二-五-十进制计数器 74LS290 的引脚图

图中，R_{0A} 和 R_{0B} 为清零输入端，S_{9A} 和 S_{9B} 为置 9 输入端。74LS290 的功能见表 5-28。

表 5-28　74LS290 的功能表

输入变量			输出变量				说　明
$R_{0A} \cdot R_{0B}$	$S_{9A} \cdot S_{9B}$	CP	Q_3	Q_2	Q_1	Q_0	
1	0	×	0	0	0	0	清零
0	1	×	1	0	0	1	置 9
0	0	↓	计数				

74LS290 的主要功能有：

（1）异步清零功能。$R_0 = R_{0A} \cdot R_{0B} = 1$，$S_9 = S_{9A} \cdot S_{9B} = 0$ 时，计数器清零，即 $Q_3 Q_2 Q_1 Q_0 = 0000$。

（2）异步置 9 功能。$R_0 = R_{0A} \cdot R_{0B} = 0$，$S_9 = S_{9A} \cdot S_{9B} = 1$ 时，计数器置 9，即 $Q_3 Q_2 Q_1 Q_0 = 1001$。

（3）计数功能。$R_0 = R_{0A} \cdot R_{0B} = 0$，$S_9 = S_{9A} \cdot S_{9B} = 0$ 时，计数器处于计数工作状态，具体分为下面 4 种情况。

① 计数脉冲由 CP_0 端输入、Q_0 输出，构成一位二进制计数器。

② 计数脉冲由 CP_1 端输入、$Q_3 Q_2 Q_1$ 输出，构成异步五进制计数器。

③ 将 Q_0 与 CP_1 相连，计数脉冲由 CP_0 端输入，$Q_3 Q_2 Q_1 Q_0$ 输出，构成 8421 BCD 码异步十进制计数器。

④ 将 Q_3 与 CP_0 相连，计数脉冲由 CP_1 端输入，从高位到低位输出为 $Q_0 Q_3 Q_2 Q_1$，构成 5421 BCD 码异步十进制计数器。

5.5.3　计数器的应用

计数器的应用非常广泛。除了用于计数外，以计数器为核心，附加其他外围电路，还可以构成实现计时、分频、产生周期序列信号等功能的电路。

下面列举一个由同步四位二进制加法计数器 74LS161 和八选一数据选择器 74LS151 构成的"00010111"序列信号发生器电路，如图 5-49 所示。

在 CP 时钟脉冲信号的作用下，四位二进制计数器 74LS161 低 3 位的状态按照 000→

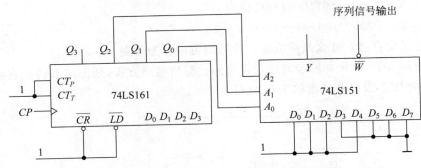

图 5-49 "00010111"序列信号发生器电路

$001\rightarrow010\rightarrow011\rightarrow100\rightarrow101\rightarrow110\rightarrow111\rightarrow000$ 的循环计数。由于这 3 位的输出作为八选一数据选择器 74LS151 的地址端输入变量,随着状态的变化,$\overline{D_7}\sim\overline{D_0}$ 的状态就出现在 $\overline{W}$ 端。通过定义数据选择器输入端的状态,就可以在输出端得到不同的序列信号输出。

5.6　本 章 小 结

时序逻辑电路是一种具有记忆功能的逻辑电路,主要由组合逻辑电路和存储电路两部分组成。描述时序逻辑电路的方程有 3 种:输出方程、状态方程和激励方程。按照电路中所有触发器状态是否同时发生变化,时序逻辑电路可分为同步和异步两种;按照电路中输出信号的不同特性,时序逻辑电路可分为 Mealy 型和 Moore 型两种。

时序逻辑电路的描述方式有电路图、电路方程、状态转换真值表、状态转换图(简称状态图)、时序图(波形图)。各种描述方式从不同侧面突出电路特点,并使获得的结果形象、直观。时序逻辑电路的分析过程就是根据已知电路图,给出电路的其他描述方式,然后结合各种描述方式的特点,描述电路实现的逻辑功能。时序逻辑电路的设计是分析的逆过程,即根据命题(电路功能的文字描述)要求建立原始状态图(表),化简并分配状态编码,根据图表求出电路方程,最后根据方程画出实现命题功能要求的电路图。

计数器和寄存器是最常见的典型时序逻辑电路。计数器可以实现对输入时钟脉冲 CP 个数的累计,常用于定时、分频、控制和信号产生电路中。寄存器主要用来暂时存放数码、运算结果或指令等二进制信息,也可以依靠移位功能实现数据的串-并转换、数据运算及处理等功能。

5.7　习题和自测题

习题(答案见附录 D)

1. 时序逻辑电路和组合逻辑电路有何不同? 描述时序逻辑电路需要几种不同的方程?
2. Moore 型同步时序逻辑电路和 Mealy 型同步时序逻辑电路有何区别?
3. 同步时序逻辑电路与异步时序逻辑电路有何不同?
4. 同步时序逻辑电路分析的步骤是什么?
5. 做出"1011"序列检测器的状态图。典型的输入输出序列如下。

输入 X：1010101101100011110110001

输出 Z：0000000100100000000010000

6. 什么是寄存器？什么是计数器？计数器可以分为几类？

7. 分析图 5-50 所示的同步时序逻辑电路。写出电路方程，列出状态转换真值表，做出状态图和时序图。设电路初始状态 $Q_2Q_1Q_0=000$。

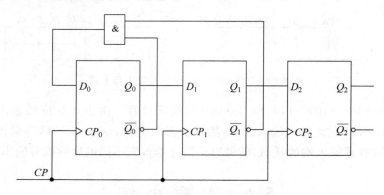

图 5-50　习题 7 同步时序逻辑电路

8. 分析图 5-51 所示的同步时序逻辑电路。写出电路方程，列出状态转换真值表，做出状态图和时序图，并说明该电路的功能。

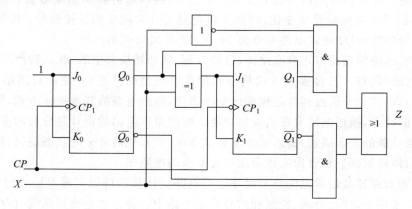

图 5-51　习题 8 同步时序逻辑电路

9. 分析图 5-52 所示的异步时序逻辑电路，并说明该电路的功能。

10. 分析图 5-53 所示的异步计数器。

11. 试用 JK 触发器设计一个可控计数器，当控制端 $C=1$ 时，实现 000→001→010→011→100→000；当 $C=0$ 时，实现 000→100→011→010→001→000。

12. 试用 JK 触发器设计一个"0010"串行序列检测器（可重叠）。

13. 试用 JK 触发器设计一个同步六进制减法计数器。

14. 试用 D 触发器设计一个同步八进制加法计数器。

15. 试用 74LS160 构成一个能对时钟脉冲进行 100 分频的分频电路。

16. 试用 74LS160 和 74LS151（八选一数据选择器）构成"11010"序列信号发生器，并画出电路图。

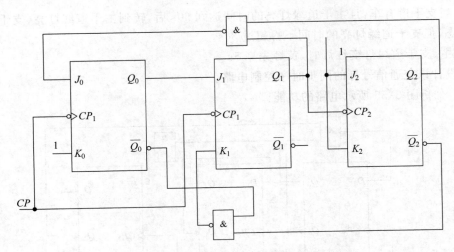

图 5-52 习题 9 异步时序逻辑电路

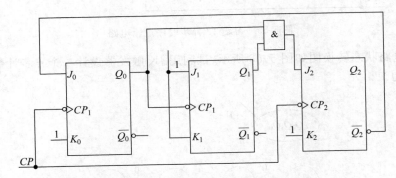

图 5-53 习题 10 异步时序逻辑电路

17. 图 5-54 是一个十字路口交通信号灯的示意图。要求：

① 平时的状态为：主干道绿灯亮、支干道红灯亮。为了保持主干道通畅，主干道绿灯亮的时间不得少于 60s。

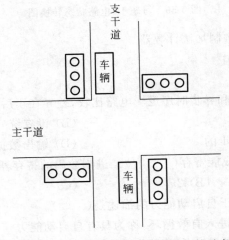

图 5-54 习题 17 十字路口交通信号灯的示意图

② 当支干道有车,且主干道绿灯亮的时间达到60s后,转到主干道红灯亮、支干道绿灯亮的状态,但支干道绿灯亮的时间不得超过30s。

③ 主、支干道绿灯变红灯时,黄灯先亮5s。

请设计该交通信号灯的同步时序控制电路。

18. 分析图5-55所示电路的功能。

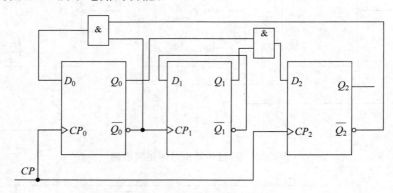

图 5-55　习题18异步时序逻辑电路

19. 设电路状态转换图如图5-56所示,试利用JK触发器设计一个异步计数器,并检查其自启动能力。

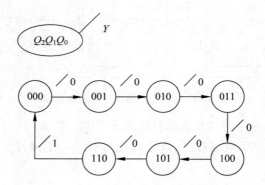

图 5-56　习题19电路状态转换图

20. 设计一个异步十进制加法计数器。

自测题(答案见附录D)

一、单选题

1. 同步时序逻辑电路和异步时序逻辑电路比较,差异在于后者(　　)。

　　(A) 没有稳定状态　　　　　　　　　　(B) 没有统一的时钟脉冲控制

　　(C) 输入数据是异步的　　　　　　　　(D) 输出数据是异步的

2. n个触发器可以构成能寄存(　　)位二进制数码的寄存器。

　　(A) n　　　　　　　　(B) $2n$　　　　　　　　(C) 2^n　　　　　　　　(D) n^2

3. 时序逻辑电路中对于自启动能力的描述是(　　)。

　　(A) 无效状态自动进入有效循环,称为具有自启动能力

　　(B) 无效状态在时钟脉冲作用下进入有效循环,称为具有自启动能力

(C) 有效状态在时钟脉冲作用下进入有效循环,称为具有自启动能力

(D) 有效状态自动进入有效循环,称为具有自启动能力

4. 时序逻辑电路中不可缺少的部分为(　　)。

(A) 组合电路　　　　　　　　　　(B) 记忆电路

(C) 同步时钟信号　　　　　　　　(D) 组合电路和记忆电路

5. Moore 型时序逻辑电路的输出(　　)。

(A) 与当前输入有关　　　　　　　(B) 与当前输入和状态都有关

(C) 与当前状态有关　　　　　　　(D) 与当前输入和状态都无关

6. 下列电路中,不属于时序逻辑电路的是(　　)。

(A) 计数器　　　(B) 触发器　　　(C) 寄存器　　　(D) 译码器

7. (　　)电路在任何时刻只能有一个输入端有效。

(A) 一般二进制编码器　　　　　　(B) 优先编码器

(C) 七段显示译码器　　　　　　　(D) 二进制译码器

8. 某时序逻辑电路的波形如图 5-57 所示,由此判定该电路是(　　)。

(A) 二进制计数器　(B) 十进制计数器　(C) 移位寄存器　(D) 以上均不是

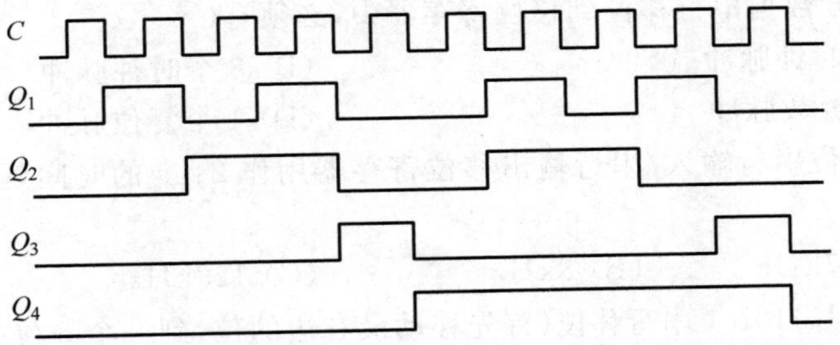

图 5-57　自测题 8 的电路

9. 利用 1MHz 的时钟频率,8 个数位可以(　　)并行进入移位寄存器中。

(A) 在 1 个触发器的传输延迟时间内　(B) 在 1μs 内

(C) 在 8μs 内　　　　　　　　　(D) 在 8 个触发器的传输延迟时间内

10. 移位寄存器中的一级由(　　)组成。

(A) 计数器　　(B) 译码器　　　(C) 触发器　　　(D) 加法器

11. 计数器的模是(　　)。

(A) 触发器的个数　　　　　　　　(B) 一秒钟内再循环的次数

(C) 状态的最大可能个数　　　　　(D) 时序中实际的状态个数

12. 4 位二进制计数器的最大模是(　　)。

(A) 4　　　(B) 8　　　　(C) 16　　　　(D) 32

13. 模 12 计数器必须具有(　　)。

(A) 12 个触发器　(B) 4 个触发器　(C) 3 个触发器　(D) 5 个触发器

14. 异步计数器和同步计数器的区别是(　　)。

(A) 时序中状态的个数　　　　　　(B) 时钟脉冲的方法

(C) 使用的触发器类型　　　　　　(D) 模的数值

15. 3 个级联的模 10 计数器的整体模是（   ）。

　　（A）1000　　　　（B）100　　　　（C）30　　　　（D）10000

16. 一个 10MHz 的时钟频率应用在一个级联计数器上，该级联计数器有一个模 5 计数器、模 8 计数器和两个模 10 计数器。最低输出频率可能是（   ）。

　　（A）2.5kHz　　　（B）5kHz　　　（C）10kHz　　　（D）25kHz

17. 一个 4 位二进制加/减计数器处于二进制状态 0。那么，在减模式中的下一个状态是（   ）。

　　（A）0001　　　　（B）1000　　　　（C）1110　　　　（D）1111

18. 模 13 二进制计数器的终端计数值是（   ）。

　　（A）0000　　　　（B）1100　　　　（C）1101　　　　（D）1111

19. 为了将 1B 数据并行载入一个具有同步载入的移位寄存器中，必须有（   ）。

　　（A）1 个时钟脉冲

　　（B）8 个时钟脉冲

　　（C）数据中的每个 1 都要有 1 个时钟脉冲

　　（D）数据中的每个 0 都要有 1 个时钟脉冲

20. 为了将 1B 数据串行移位到移位寄存器中，必须有（   ）。

　　（A）1 个时钟脉冲　　　　　　　　（B）8 个时钟脉冲

　　（C）1 个置数脉冲　　　　　　　　（D）1 个复位脉冲

21. 当一个 8 位串行输入/串行输出移位寄存器用作 24μs 的时间延迟时，时钟频率必须是（   ）。

　　（A）41.67kHz　　（B）8kHz　　　　（C）125kHz　　　（D）333kHz

22. 一组数位 10110101 串行移位（首先移动最右边的位）到一个 8 位并行输出移位寄存器中，移位寄存器的初始状态为 11100100。在两个时钟脉冲后，该寄存器的状态为（   ）。

　　（A）00101101　　（B）01011110　　（C）01111001　　（D）10110101

23. 使用 100kHz 的时钟频率，8 个数位可以在（   ）内串行进入移位寄存器中。

　　（A）80μs　　　（B）80ms　　　　（C）10μs　　　（D）8μs

24. 描述时序逻辑电路用的方法，下面不正确的是（   ）。

　　（A）时序图　　　　　　　　　　　（B）曲线图

　　（C）状态图　　　　　　　　　　　（D）状态转换真值表

25. 一个由触发器组成的 4 位异步计数器，每个计数器从时钟到 Q 输出的时间延迟为 12ns。计数器从 1111 循环回到 0000，花费的总时间是（   ）。

　　（A）12ns　　　　（B）24ns　　　　（C）36ns　　　　（D）48ns

26. 时序逻辑电路输出状态的改变（   ）。

　　（A）仅与该时刻的输入信号有关　　（B）仅与时序逻辑电路的原状态有关

　　（C）答案（A）、（B）都是　　　　（D）答案（A）、（B）都不是

27. Moore 和 Mealy 型时序逻辑电路的本质区别是（   ）。

　　（A）没有输入变量

　　（B）当时的输出只和当时电路的状态有关，和当时的输入无关

　　（C）没有输出变量

(D) 当时的输出只和当时的输入有关,和当时的电路状态无关

28. 8 位移位寄存器,串行输入时经(　　)个脉冲后,8 位数码全部移入寄存器中。

(A) 1　　　　　　(B) 2　　　　　　(C) 4　　　　　　(D) 8

29. 把一个五进制计数器与一个四进制计数器串联,可得到(　　)进制计数器。

(A) 4　　　　　　(B) 5　　　　　　(C) 20　　　　　　(D) 9

30. 寄存器在电路组成上的特点是(　　)。

(A) 有 CP 和数码输入端　　　　　　(B) 有 CP 输入端,无数码输入端

(C) 无 CP 输入端,有数码输入端　　　　　　(D) 以上都不对

二、判断题

1. 在一个异步计数器中,所有触发器的状态在同一时间变化。　　　　　　(　　)

2. 一个十进制计数器有 16 种状态。　　　　　　(　　)

3. 如果当前状态为 1000,那么一个在减模式时的 4 位加/减计数器的下一个状态是 0111。　　　　　　(　　)

4. 为了获得 100 的模,需要 10 个十进制计数器。　　　　　　(　　)

5. 移位寄存器由一组触发器组成。　　　　　　(　　)

6. 移位寄存器有数据存储和数据移位的功能。　　　　　　(　　)

7. 在串行移位寄存器中,几个数据位同时被输入。　　　　　　(　　)

8. 一个移位寄存器可以具有并行和串行输出。　　　　　　(　　)

9. 在双向移位寄存器中,存储的数据可以右移,也可以左移。　　　　　　(　　)

10. 一个移位寄存器可以作为一个时间延迟电路。　　　　　　(　　)

第 6 章

逻辑门电路

在数字系统设计中,合理选择器件是非常重要的一步,因此,需要了解各种逻辑器件及其特性。本章首先介绍半导体基础知识,然后介绍 TTL 逻辑门及 CMOS 逻辑门的电路结构和工作原理。

6.1 半导体基础

自然界的物质根据导电能力的强弱分为导体、绝缘体和半导体。半导体的导电能力介于导体和绝缘体之间。常用的半导体材料有硅(Si)、锗(Ge)、砷化镓(GaAs)等。半导体具有以下特性。

1) 掺杂特性

半导体对杂质很敏感。例如,在半导体硅中掺入亿分之一的硼(B),电阻率就会下降到原来的几万分之一。利用控制掺杂的方法可以精确地控制半导体的导电能力,制造出各种不同用途和性能的半导体器件。

2) 热敏特性

半导体对温度敏感。温度每升高 10℃,半导体的电阻率就减少为原来的二分之一。这种特性对半导体器件的工作有许多不利影响,但利用这一特性可制成热敏电阻。

3) 光敏特性

半导体对光照很敏感。半导体受光照射时,其电阻率会显著减少,利用这一特性可制成光敏电阻。

正是由于半导体的这些特性,才使其得到广泛应用。

1. 本征半导体

完全纯净、结构完整的半导体称为本征半导体。半导体和其他物质一样,是由原子按照一定规律、整齐排列构成的。以硅元素为例,其晶体共价键结构示意图如图 6-1 所示。硅原子的简化原子结构模型如图 6-2 所示。

晶体原子之间靠共价键链接,共价键具有很强的结合力。在绝对温度为零度时(即 0K,相当于−273.15℃),价电子无法摆脱共价键的束缚,不能自由移动,此时半导体不能导电。室温下,价电子获得足够的能量,足以摆脱共价键的束缚,成为自由电子,同时,在原共价键相应的位置上出现一个空位,称为空穴(hole)。自由电子与空穴是成对出现的,称为电子空穴对。这种现象称为本征激发。

所以,在半导体中有两种能够运载电荷从而形成电流的带电粒子(称为载流子):自由电子和空穴。

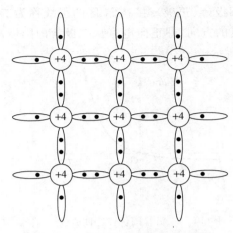

图 6-1　硅晶体共价键结构示意图

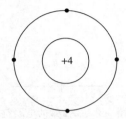

图 6-2　硅原子的简化原子结构模型

2. 杂质半导体

本征半导体掺杂不同性质的金属杂质,就构成了杂质半导体。常用的杂质半导体有 N 型半导体和 P 型半导体。

1) N 型半导体

在硅或锗的晶体中掺入少量的五价元素杂质,如磷、砷、锑等,由于杂质原子有 5 个价电子,它与周围硅原子组成共价键时,多出一个价电子,使晶体产生一个自由电子。根据掺入杂质的多少,可以控制自由电子的数量。由于自由电子的数量远远大于空穴的数量,这种半导体导电以自由电子导电为主。将自由电子称为多数载流子,简称多子;空穴称为少数载流子,简称少子。

2) P 型半导体

在硅或锗的晶体中掺入少量的三价元素杂质,如硼、铝、铟等,与上面的 P 型半导体类似,由于掺入具有 3 个价电子的杂质,在与周围硅原子组成共价键时,少了一个电子,使晶体产生一个空穴。所以,在 P 型半导体中,以空穴导电为主,空穴称为多子,自由电子称为少子。

3) PN 结

PN 结是半导体器件的核心。利用特殊工艺,在一块纯净的半导体中,一边制成 P 型半导体,一边制成 N 型半导体,则在 P 型半导体和 N 型半导体的交界面上会形成具有特殊性能、仅仅数微米的薄层,称为空间电荷区(又称势垒层或阻挡层),即 PN 结。

PN 结具有单向导电性,加正向电压时导通,加反向电压时截止,即正向导通,反向截止。PN 结的特性图如图 6-3 所示。

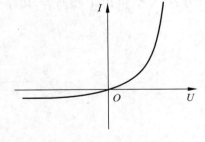

图 6-3　PN 结的特性图

6.1.1　半导体二极管

半导体二极管简称二极管,是由 PN 结、导线、电极、管壳等部分组成的。二极管的电路符号如图 6-4 所示。

图 6-4 中，接在 P 区的引线称为二极管的阳极（或正极），接在 N 区的引线称为二极管的阴极（或负极）。图 6-4 中，箭头表示正向电流的方向，即正向电流从二极管的阳极流入，从阴极流出。二极管的伏安特性曲线如图 6-5 所示。

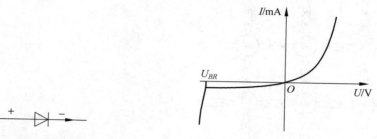

图 6-4 二极管的电路符号

图 6-5 二极管的伏安特性曲线

由图 6-5 可知，二极管具有以下特性。

1) 正向特性

二极管加正向电压时，只要电压稍微增加，正向电流就会迅速增大很多。二极管处于导通状态。

2) 反向特性

二极管加反向电压，且当反向电压小于 U_{BR}（反向击穿电压）时，反向电流非常小，几乎不受反向电压增大的影响。二极管处于截止状态。

3) 反向截止特性

当二极管两端的反向电压大于反向击穿电压 U_{BR} 时，反向电流突然剧增。二极管反向击穿。

6.1.2 半导体三极管

半导体三极管（双极型三极管）简称三极管，它是利用特殊工艺制成的具有两个 PN 结的半导体器件。它有 3 个电极：基极 B、发射极 E、集电极 C。根据结构的不同，三极管可以分为 NPN 型和 PNP 型两类，其符号图如图 6-6 所示。

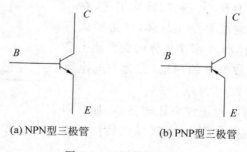

(a) NPN 型三极管   (b) PNP 型三极管

图 6-6 三极管符号图

三极管具有两个 PN 结，每个 PN 结所加电压不同，三极管的工作状态就不同，对整个电路的影响差距就比较大。三极管的 4 种工作状态见表 6-1。

表 6-1　三极管的 4 种工作状态

发 射 结	集 电 结	三极管的工作状态	说 明
正向偏置	反向偏置	放大	具有放大作用
正向偏置	正向偏置	饱和	近似看作 3 个电极短路
反向偏置	反向偏置	截止	近似看作 3 个电极断路
反向偏置	正向偏置	倒置运用	

6.1.3　场效应管

　　场效应管是利用电场效应控制固体材料导电能力的有源器件,它与半导体三极管的区别在于:场效应管是多子导电,只存在一种极性的载流子,所以也称为单极型晶体管。它的优点是输入端电流接近零,所以输入电阻非常高,同时具有体积小、重量轻、噪声低、稳定性好、功耗小等特点。在大规模集成电路中,其应用非常广泛。

　　场效应管也有 3 个电极:栅极 G、源极 S、漏极 D。这 3 个极分别相当于三极管的基极 B、发射极 E、集电极 C。

　　场效应管分为结型场效应管和绝缘栅型场效应管(简称 MOS 管)两种。结型场效应管又分为 N 沟道和 P 沟道两类,它利用空间电荷区内电场的大小影响导电沟道,从而控制漏极电流。绝缘栅型场效应管利用半导体表面的电场效应产生的感应电荷改变导电沟道,以控制漏极电流。绝缘栅型场效应管也分为 N 沟道和 P 沟道两类,其中每类又分为增强型和耗尽型。

6.1.4　开关特性

　　在数字电路中,二极管和三极管一般都工作在开关状态。

　　二极管开关工作条件:截止时外加反向电压;饱和/导通时外加正向电压。二极管开关等效模型如图 6-7 所示。

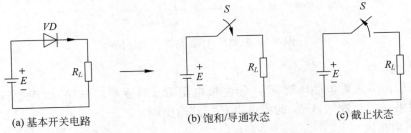

(a) 基本开关电路　　　　(b) 饱和/导通状态　　　　(c) 截止状态

图 6-7　二极管开关等效模型

　　三极管开关工作条件:截止时 $V_{BE} \leqslant 0, V_{BC} < 0$;饱和/导通时 $V_{BE} \geqslant V_{ON}, V_{BC} > 0$。三极管开关等效模型如图 6-8 所示。

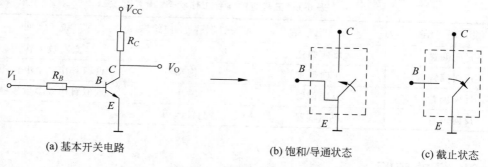

(a) 基本开关电路　　　　(b) 饱和/导通状态　　　(c) 截止状态

图 6-8　三极管开关等效模型

6.2　TTL 门电路

TTL 门电路是晶体管-晶体管逻辑门电路的简称,是目前使用最广泛的一种门电路。

6.2.1　TTL 与非门

图 6-9 是典型的 TTL 与非门电路图,由三部分电路组成,即输入级、中间倒相级和输出级。

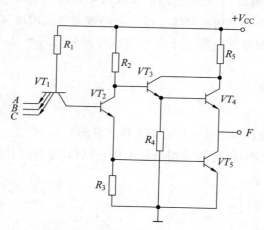

图 6-9　典型的 TTL 与非门电路图

1) 输入级

输入级包括多发射极晶体管 VT_1 和基极电阻 R_1,形成与门电路,实现逻辑"与"功能。VT_1 的发射极是"与"输入,VT_1 的集电极是"与"输出端。

2) 中间倒相级

中间倒相级包括 VT_2 及电阻 R_2、R_3。主要作用是将 VT_2 管的基极电流放大,以增强对输出级的驱动能力。

3) 输出级

输出级由 VT_3、VT_4、VT_5 管和电阻 R_4、R_5 组成。VT_3、VT_4 组成射极跟随器电路,同时与 VT_5 组成推挽电路,提高电路的带负载能力。

当电路输入全为高电平时,输出 F 为低电平;输入中有一个或一个以上为低电平时,电路输出为高电平。其逻辑关系为 $F=\overline{ABC}$。

典型 TTL 与非门电路各晶体管工作状态见表 6-2。

表 6-2 典型 TTL 与非门电路各晶体管工作状态

输入	输出	VT_1	VT_2	VT_3	VT_4	VT_5
全为高电平	低电平	倒置运用	饱和	微通	截止	饱和
有低电平输入	高电平	深度饱和	截止	微饱和	导通	截止

6.2.2 集电极开路输出门

集电极开路输出门简称集电极开路门,即 OC 门,其电路如图 6-10 所示。

集电极开路门是将 TTL 与非门的 VT_3 和 VT_4 管、R_4 和 R_5 电阻都去掉而得到的。它与普通 TTL 与非门结构上的差别仅在于 VT_5 管的集电极是开路的,没有集电极负载,使用时必须在电源和输出端之间外接一个负载电阻 R_L,只要 R_L 的阻值选择得适当,电路就可以正常工作。

OC 门与普通与非门相比,功能灵活,可以实现线与功能。所谓线与,就是几个 OC 门的输出端可以直接连接在一起,构成一个公共输出端,用于实现输出信号的线与逻辑运算。如图 6-11 所示,用 OC 门实现"线与"电路。

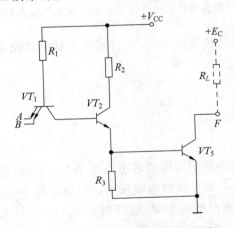

图 6-10 集电极开路与非门电路图

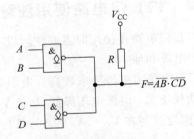

图 6-11 用 OC 门实现线与

OC 门的特点及使用时需要注意的问题如下。

(1) 门必须外接上拉电阻 R_L 才能正常工作。

(2) 多个 OC 门的输出可连接在一起构成"线与"逻辑。

(3) 改变上拉电阻连接的电源可实现电平转换。

6.2.3 三态输出门

三态输出门简称三态门,即 TS 门。它除了输出高电平、低电平两种状态外,还有第三种状态:高阻状态,也称禁止状态或开路状态,表示此时该门电路与其他电路的传送无关。

图 6-12 为三态与非门的逻辑符号图。其中，$\overline{EN}$ 是三态与非门的控制端或使能端，当 $\overline{EN}=0$ 时，电路完成正常的与非门功能；当 $\overline{EN}=1$ 时，输出端对地呈现高阻状态。

三态门的基本用途是在数字系统中构成总线(BUS)。

(1) 单向总线。三态门电路可以实现在同一条传输线上分时传递几个门电路信号，如图 6-13 所示。

电路工作时，各门电路控制端仅有一个处于有效状态，各门电路控制端轮流有效，这样可以将各门电路的输出轮流送至传输线上而不互相干扰。

(2) 双向总线。利用三态门可以实现信号的双向传输，如图 6-14 所示。当 $\overline{EN}=0$ 时，信号 $A \rightarrow B$；当 $\overline{EN}=1$ 时，信号 $B \rightarrow A$。

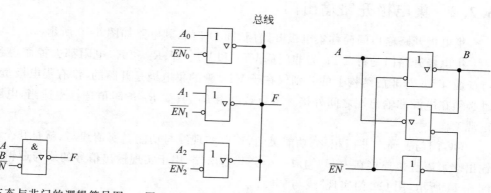

图 6-12 三态与非门的逻辑符号图　　图 6-13 三态门构成单向总线　　图 6-14 三态门构成双向总线

多路数据通过三态门共享总线实现数据分时传送的方法，在计算机和数字系统中被广泛使用。

6.2.4 TTL 门电路使用注意事项

TTL 门电路在使用时需要注意以下事项。

1) 电源和地

TTL 电路对电源要求较高。电源电压上升会导致门电路输出高电平 V_{OH} 升高，使负载加重、功耗增大；电源电压降低，会使 V_{OH} 减小，高电平噪声容限减小。一般情况下，电源的变化范围应控制在 V_{CC}(5V)的 10% 以内，对要求严格的电源，应控制在 V_{CC} 的 25% 变化范围内。

另外，为了保证系统正常工作，必须保证电路接地的良好性。同时，为了降低动态尖峰电流对系统的干扰，通常在电源与地之间接入滤波电容。

2) 电路外引端的连接

(1) 正确辨别电路的电源端和接地端，不能接反，否则将烧毁电路。

(2) 各输入端不能直接与高于 5.5V 或低于 $-0.5V$ 的低内阻电源连接，否则会产生较大电流而烧毁电路。

(3) 输出端应通过电阻与低内阻电源连接。

(4) 输出端接有较大容性负载时，应串入电阻，防止电路在接通瞬间产生较大冲击电流损坏电路。

（5）除具有 OC 结构和三态结构的电路外，不允许电路输出端并联使用。

3）多余输入端的处理

TTL 门电路的输入端对地悬空时，相当于接高电平，但悬空时容易使电路受到外界干扰而产生错误动作。

因此，TTL 与门、与非门电路的多余输入端通常采取接一个固定高电平（如接电源 V_{CC}）的做法。

TTL 或门、或非门电路的多余输入端不能悬空，应采取直接接地的办法，以保证电路逻辑的正确性。

另外，使用门电路时，还应注意功耗与散热问题。正常情况下，门电路功耗不能超过其最大功耗，否则将出现热失控而导致逻辑错误，甚至使集成电路损坏。

6.3　CMOS 门电路

以单极型场效应管为主组成的集成电路称作 MOS 集成电路。根据电路中选用 MOS 管的不同，可以将电路分为 3 类。

（1）PMOS 电路。由 P 沟道 MOS 管构成，制造工艺简单，但工作速度较慢。

（2）NMOS 电路。由 N 沟道 MOS 管构成，制造工艺复杂，但工作速度优于 PMOS 电路。

（3）CMOS 电路。由 PMOS 管和 NMOS 管构成的互补对称型 MOS 电路，优点是静态功耗低、抗干扰能力强、工作稳定性好、开关速度较快。虽然 CMOS 电路制作工艺相对复杂、成本偏高，但由于其优点突出，所以是现在发展最快、应用较广泛的一种集成电路。

6.3.1　常见的 CMOS 门电路

本节以高速 CMOS 集成电路 54/74HC 系列为例介绍一些常用的 CMOS 门器件。

1. CMOS 与非门

高速 CMOS 集成电路 54/74HC00 为四 2 输入与非门，即内部集成了 4 个 2 输入与非门，其逻辑表达式为 $F=\overline{AB}$，其逻辑符号、外部引脚图如图 6-15 所示。54/74HC00 功能表见表 6-3。

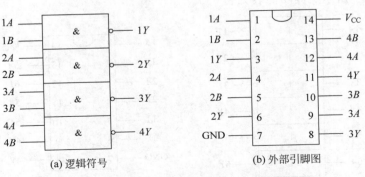

(a) 逻辑符号　　　　(b) 外部引脚图

图 6-15　54/74HC00 的逻辑符号和外部引脚图

表 6-3　54/74HC00 功能表

输 入 变 量		输 出 变 量
A	B	F
1	1	0
0	×	1
×	0	1

2. CMOS 或非门

高速 CMOS 集成电路 54/74HC02 为 2 输入四或非门，其逻辑表达式为 $F=\overline{A+B}$，其逻辑符号、外部引脚图如图 6-16 所示。其功能表见表 6-4。

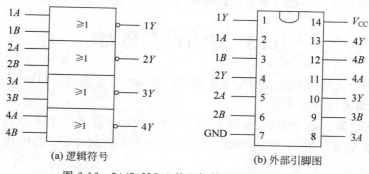

(a) 逻辑符号　　　　　　　　(b) 外部引脚图

图 6-16　54/74HC02 的逻辑符号和外部引脚图

表 6-4　54/74HC02 功能表

输 入 变 量		输 出 变 量
A	B	F
0	0	1
1	×	0
×	1	0

3. CMOS 反相器（非门）

高速 CMOS 集成电路 54/74HC04 为六非门，其逻辑表达式为 $F=\overline{A}$，其逻辑符号、外部引脚图如图 6-17 所示。其功能表见表 6-5。

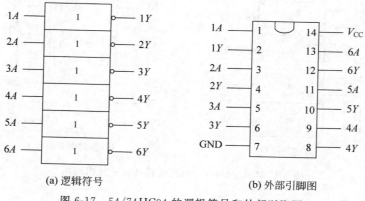

(a) 逻辑符号　　　　　　　　(b) 外部引脚图

图 6-17　54/74HC04 的逻辑符号和外部引脚图

表 6-5　54/74HC04 功能表

输 入 变 量	输 出 变 量
A	F
0	1
1	0

4. CMOS 漏极开路输出门（OD 门）

OD 门（Open Drain Gate）和 OC 门一样，可以实现"线与"逻辑，正常工作时也必须外接上拉电阻，同时，通过改变上拉电阻所接的电源也可实现电平转换。其逻辑符号与 OC 门相同。

54/74HC03 为四 2 输入 OD 与非门，与 TTL OC 与非门功能一样，这里不再赘述。

5. CMOS 传输门（TG 门）

TG 门（Transmission Gate）是一种可控的双向模拟开关。其逻辑符号图如图 6-18 所示。当控制信号 $C=1$ 时，MOS 管导通，A 和 B 之间呈现低阻状态，相当于开关接通；当控制信号 $C=0$ 时，MOS 管截止，相当于开关断开。

除上面介绍的常用 CMOS 门器件外，还有 54/74HC08 为四 2 输入与门，54/74HC32 为四 2 输入或门等。

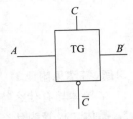

图 6-18　TG 门的逻辑符号图

6.3.2　CMOS 门电路使用注意事项

使用 CMOS 门电路时，应该注意以下几个规则。

1）电源规则

电源极性不能接反，否则将会造成集成电路的永久损坏。另外，电源电压应保持在最大极限电压范围内。电源电压越高，电路抗干扰能力越强，允许的工作频率就越高，但功耗会相应增大。

2）输入规则

与 TTL 门电路不同，CMOS 门电路的多余输入端禁止悬空，而应采取如下措施。

(1) 多余的与输入端接 V_{DD} 或高电平。

(2) 多余的或输入端接 V_{SS} 或低电平，也可以通过电阻接地。

3）输出规则

(1) 除具有 OD 结构和三态输出结构的门电路外，禁止将输出端并联使用。

(2) 禁止输出端直接与 V_{DD} 或 V_{SS} 连接。

(3) 为增加 CMOS 电路的驱动能力，同一芯片上的 CMOS 门允许并联在一起使用。不在同一芯片上的门电路不允许这样使用。

除此之外，为防止 CMOS 门电路产生锁定效应，通常采取在电源输入端加去耦电路，在 V_{DD} 与外电源之间加限流电阻等措施。同时，由于 CMOS 门电路承受静电电压的能力有限，故在操作使用过程中，应尽量避免或减少静电的产生，以防因静电击穿而导致 CMOS 电路失效。

6.4 本章小结

半导体是导电能力介于导体和绝缘体之间的一种特殊物质,其导电能力随着掺杂浓度、温度及光照的变化而发生巨大的变化。常用的杂质半导体有 N 型半导体和 P 型半导体两种。利用这两类不同的半导体材料可以制成各种各样的半导体器件,如二极管、三极管、场效应管等。在数字电路里,通常利用二极管、三极管和场效应管的导通和截止特性作为逻辑门电路的开关。

集成门电路主要有两类:一类是由双极型晶体管构成的电路;另一类是由场效应 MOS 管构成的集成门电路。三态门、OC 门和 OD 门是一类特殊的门电路。三态门具有 3 种输出状态,即 0、1 和高阻;OC 门和 OD 门具有"线与"及电平转换等功能。

6.5 习题和自测题

习题(答案见附录 D)

1. 半导体具有什么特征?

2. 晶体二极管为什么可以用作开关?

3. 简述三极管截止、放大、饱和 3 种工作电路的特点。说明三极管的饱和条件和截止条件。

4. 三态输出与非门的特点是什么? 几个三态门的控制端是否可以连在一起集中控制?

5. TTL 三态门电路图及输入信号波形图如图 6-19 所示,试根据输入波形画出输出波形。

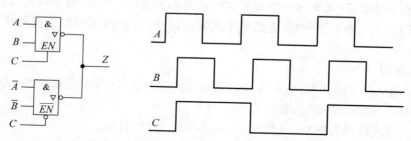

图 6-19 TTL 三态门电路图及输入信号波形图

6. 与 TTL 门电路相比,CMOS 门电路有什么优点? 使用 CMOS 门电路应注意哪些问题?

7. TTL 与非门电路的输入端悬空时,可看作什么电平输入? 不用的输入端如何处理?

8. TTL 与非门的输出端为什么不能直接连在一起使用? OC 门为什么能实现线与逻辑?

9. 什么是 OC 门? OC 门的用途是什么? 使用 OC 门时需要注意什么?

10. 什么是 OD 门? OD 门的用途是什么?

11. 简述使用 TTL 门电路的注意事项。

12. 分别用与非门、异或门、或非门实现一个非门电路,并画出简单的实现电路图。

13. CMOS 门电路图如图 6-20 所示, 试分析这些电路实现的功能。

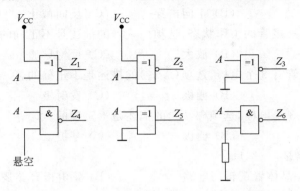

图 6-20 CMOS 门电路图

自测题(答案见附录 D)

一、单选题

1. 双向数据总线常采用(   )构成。

(A) 数据分配器　　(B) 数据选择器　　(C) 三态门　　(D) 译码器

2. 三态门(TS 门)组成的电路如图 6-21 所示, 该电路实现的逻辑功能是(   )。

(A) $\overline{A\overline{B}+\overline{A}B}$　　(B) $\overline{AB+\overline{A}\overline{B}}$

(C) $\overline{A\oplus B}$　　(D) $A\overline{B}+\overline{A}B$

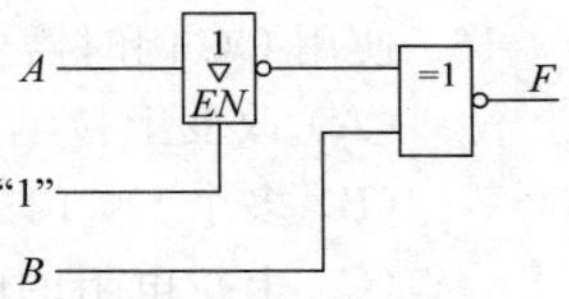

图 6-21 自测题 2 图

3. OC 门和 OD 门在正常工作时, 要求必须外接(   )。

(A) 上拉电阻　　(B) 下拉电阻

(C) 耦合电阻　　(D) 光敏电阻

4. 将几个 OC 门的输出端直接并联在一起, 构成一个公共输出端, 用于实现(   )功能。

(A) 线加　　(B) 线乘　　(C) 线减　　(D) 线除

5. (   )不是 TTL 电路。

(A) 74LS00　　(B) 74AL00　　(C) 74AS00　　(D) 74HC00

6. 一个悬空的 TTL 或非门输入端(   )。

(A) 作为低电平　　(B) 应该接电源

(C) 应该接地　　(D) 答案(A)和(C)

7. 在高噪声的环境中, CMOS 的工作比 TTL 更可靠, 这是因为 CMOS 的(   )。

(A) 较高的噪声容限　　(B) 较低的噪声容限

(C) 输入电阻　　(D) 较小的功耗

8. 在一个逻辑电路中, 输入的变化到对应的输出变化之间的时间间隔称为(   )。

(A) 建立时间　　(B) 保持时间　　(C) 传输延迟时间　　(D) 上升时间

9. PN 结是半导体的核心, 它具有(   )特性。

(A) 单向导电　　(B) 正向导通

(C) 反向截止　　(D) 以上答案都正确

10. 对于半导体二极管的特性，选项（ ）的描述是不正确的。
  （A）正向导通　　　（B）正向击穿　　　（C）反向截止　　　（D）反向击穿

11. 对于半导体三极管的工作状态，选项（ ）的描述是不正确的。
  （A）缩小　　　（B）放大　　　（C）反饱导通　　　（D）截止

12. 半导体三极管有 3 个电极，选项（ ）的描述是不正确的。
  （A）基极　　　（B）栅极　　　（C）发射极　　　（D）集电极

13. 场效应管有 3 个电极，选项（ ）的描述是不正确的。
  （A）源极　　　（B）栅极　　　（C）基极　　　（D）漏极

14. TTL 门电路是（ ）。
  （A）晶体管-晶体管逻辑门电路　　　（B）集电极开路逻辑门电路
  （C）漏极开路逻辑门电路　　　（D）绝缘栅型场效应管逻辑门电路

15. 二极管工作于开关状态时，工作条件是（ ）。
  （A）截止时不加电压，导通时加电压
  （B）截止时外加反向电压，导通时外加正向电压
  （C）导通时外加反向电压，截止时外加正向电压
  （D）导通时不加电压，截止时加电压

16. 使用 OC 门时需要注意一些问题，选项（ ）的描述是错误的。
  （A）改变上拉电阻的电源可以实现电平转换
  （B）多个 OC 门的输出可以直接相连
  （C）上拉电阻的电源必须跟 OC 门电源相等
  （D）必须在外电路连接上拉电阻

17. 三态门可以输出 3 种状态，输出什么状态主要取决于三态门的（ ）。
  （A）使能端　　　（B）输入端
  （C）逻辑功能　　　（D）以上答案都正确

18. 三态门在计算机和数字系统的应用中，选项（ ）的描述是错误的。
  （A）共享总线时实现数据分时传送　　　（B）实现数据的寻址
  （C）实现数据的双向传输　　　（D）答案（A）和（C）

19. 一个 TTL 与非门电路的多余输入端应该（ ）处理。
  （A）接电源　　　（B）接地　　　（C）接电阻　　　（D）接电容

20. CMOS 门电路与 TTL 门电路不同，CMOS 门电路的多余输入端禁止（ ）。
  （A）悬空　　　（B）接地　　　（C）接电源　　　（D）接电阻

21. 当二极管两端加的反向电压大于（ ）时，反向电流突然剧增。
  （A）正向导通电压　　　（B）反向击穿电压
  （C）反向截止电压　　　（D）门电路电压

22. 当三极管工作于放大状态时，其（ ）。
  （A）发射结反向偏置，集电结反向偏置
  （B）发射结正向偏置，集电结正向偏置
  （C）发射结正向偏置，集电结反向偏置
  （D）发射结反向偏置，集电结正向偏置

23. 当三极管工作于截止状态时,其(　　)。
 (A) 发射结反向偏置,集电结反向偏置
 (B) 发射结正向偏置,集电结正向偏置
 (C) 发射结正向偏置,集电结反向偏置
 (D) 发射结反向偏置,集电结正向偏置

24. 在场效应管中,参与导电的离子是(　　)。
 (A) 多子和少子　　　　　　　　(B) 少子
 (C) 多子　　　　　　　　　　　(D) 以上答案都不正确

25. 在 TTL 晶体管中,参与导电的离子是(　　)。
 (A) 多子和少子　　(B) 少子　　(C) 多子　　　　(D) 原子

26. 半导体晶体管主要是指(　　)。
 (A) 二极管　　　　　　　　　　(B) 三极管
 (C) MOS 管　　　　　　　　　　(D) 以上答案都正确

27. 逻辑门电路的扇入系数是(　　)。
 (A) 逻辑门允许的输出端数目　　(B) 逻辑门允许的输入端数目
 (C) 逻辑门内部包含的晶体管数目　(D) 逻辑门外部包含的晶体管数目

28. 逻辑门电路的扇出系数是(　　)。
 (A) 反映门电路的带负载能力
 (B) 逻辑门输出端连接同类门的最多个数
 (C) 可以无限大
 (D) 答案(A)和(B)

29. 三态门除了数据输入端外,还包含(　　)输入端。
 (A) 使能　　　　(B) 读/写　　　(C) 清零　　　　(D) 置位

30. 常用的半导体材料主要有(　　)。
 (A) 硅　　　　　　　　　　　　(B) 锗
 (C) 砷化镓　　　　　　　　　　(D) 以上答案都正确

二、判断题
1. TTL 的典型直流电源电压是+5V。　　　　　　　　　　　　　(　　)
2. 一个集电极开路门必须连接一个外部电阻。　　　　　　　　　(　　)
3. 一个三态输出可以是高电平、低电平或高阻抗。　　　　　　　(　　)
4. 传输延迟用于衡量一个逻辑门的速度。　　　　　　　　　　　(　　)
5. 一个逻辑门的扇出是在 IC 封装中的门的数目。　　　　　　　(　　)
6. 一个推拉输出意思是两个或多个电阻串联。　　　　　　　　　(　　)
7. CMOS 使用 MOSFET(互补金属氧化物半导体场效应管)。　　(　　)
8. 半导体的导电能力跟光、温度和掺杂浓度有关。　　　　　　　(　　)
9. 任意几个逻辑门的输出都可以直接并联使用。　　　　　　　　(　　)
10. 一个逻辑门的输出可以直接作为若干个其他门的输入信号使用,门的数量没有限制。　　　　　　　　　　　　　　　　　　　　　　　　　(　　)

第 7 章

半导体存储器与可编程器件

可编程逻辑器件(Programmable Logic Device,PLD)是作为一种通用集成电路产生的,它的逻辑功能按照用户对器件编程确定。其集成度高,足以满足一般数字系统的设计需要。用户只通过编程技术进行内部电路结构的连接,就可把一个数字系统"集成"在一片 PLD 上,而不必去请芯片制造厂商设计和制作专用的集成电路芯片。可编程逻辑器件的出现简化了系统的设计过程,缩短了产品的开发周期,节约了成本,也使电路的修改变得极其容易。

早期的可编程逻辑器件只有可编程只读存储器(Programmable ROM,PROM)、紫外线可擦除只读存储器(Erasable Programmable ROM,EPROM)和电可擦除只读存储器(Electrically Erasable Programmable ROM,EEPROM)3 种。由于结构的限制,它们只能完成简单的数字逻辑功能。

随着可编程逻辑集成电路的技术发展,器件的集成度和复杂程度越来越高。随后出现了一类结构上稍复杂的 PLD,如 PAL(Programmable Array Logic)和 GAL(Generic Array Logic),它们能够完成速度特性较好的逻辑功能,但其过于简单的结构也使它们只能实现规模较小的电路。为了弥补这一缺陷,20 世纪 80 年代中期,Altera 和 Xilinx 公司分别推出了类似 PAL 结构的扩展型 CPLD(Complex Programmable Logic Device)和 FPGA(Field Programmable Gate Array)。

CPLD 和 FPGA 兼容了 PLD 和通用门阵列的优点,可实现较大规模的电路,编程也很灵活,而且具有设计开发周期短、设计制造成本低、开发工具先进、标准产品无须测试、质量稳定以及可实时在线检验等优点。几乎所有的应用门阵列、PLD 和中小规模通用数字集成电路的场合均可应用 FPGA 和 CPLD 器件。

本章主要介绍半导体存储器、常用的可编程器件 PAL、GAL、CPLD、FPGA 及硬件描述语言。

7.1 半导体存储器

存储器(Memory)是计算机系统中的记忆设备,用来存放程序和数据。存储器的种类很多,根据存储器使用介质的不同,可分为磁介质存储器、半导体介质存储器、光介质存储器。本节主要介绍半导体存储器。

半导体存储器是一种以半导体电路作为存储媒体的存储器,是数字系统和计算机系统中必不可少的重要部件。按照功能的不同,半导体存储器分为只读存储器(Read Only Memory,ROM)和随机存取存储器(Random Access Memory,RAM)。

7.1.1 只读存储器

只读存储器(ROM)属于非易失性存储器,断电之后,保存在 ROM 中的数据仍能够长期保存。实际上,有些 ROM 存储器也是能够由用户写入数据的,但是它们写入数据的过程要比 RAM 复杂,且写入速度慢很多。所以,ROM 通常适合于不频繁写入数据的场合,如计算机和其他数字系统中的系统软件、应用程序、常数等信息都存放在 ROM 中。计算机里的南北桥芯片就是典型的 ROM。

1. ROM 的分类

ROM 的种类很多,根据 ROM 存储信息的方式不同,可分为以下几类。

1) 掩膜 ROM(Mask ROM)

掩膜 ROM 是在出厂前由芯片厂家将程序写入到 ROM 里。写入后信息只能读出,不能修改。这种 ROM 的集成度高,适合大批量生产的产品。掩膜 ROM 可由二极管、双极型晶体管或 MOS 电路构成,其工作原理都是类似的。

2) 可编程 ROM(Programmable ROM,PROM)

与掩膜只读存储器相比,PROM 有一定的灵活性,可由用户根据自己的需要编程。PROM 在出厂时,所有的信息均为 0(或 1),用户可以根据自己设计的需要对 PROM 编程写入信息。由于物理结构和制造工艺的限制,PROM 的编程是一次性的,编程后就不能修改。

图 7-1 是一种用二极管和熔断丝组成的熔丝式 PROM 的一个存储单元(1 位)。出厂时熔断丝都是通的,即存储的内容都是"1"。编程时若将某存储单元中的熔断丝通以足够大的电流,使熔断丝烧断,则该存储单元的内容就改写为"0"。由于熔断丝烧断后不能再恢复,所以 PROM 只能写一次。

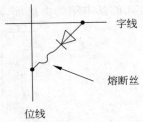

图 7-1　熔丝式 PROM 的一个存储单元

3) 可擦除的可编程 ROM(Erasable Programmable ROM,EPROM)

显然一次性写入的 PROM 很不方便,但要想使得 PROM 能反复写入和擦除,必须改变 PROM 的物理结构和制造工艺。

EPROM 适用于需要多次改写存储内容的场合。图 7-2(a)是一种 P 沟道 EPROM 的结构示意图,它在 N 型半导体上生长了两个高浓度的 P 型半导体区域,分别引出漏极(D)和源极(S),在 D 和 S 之间有一个由多晶硅做的浮空栅极,被绝缘物 SiO_2 包围。出厂时,浮空栅极上没有电荷,则 D 和 S 间没有导电沟道,不导电。当把这种 EPROM 管用于存储矩阵时,一个基本存储位的电路如图 7-2(b)所示,因这时 EPROM 管不导电,所以该位存储的内容为"1"。对 EPROM 管进行编程时,地址译码器选中该单元,并在 D 和 S 之间加上 $V_{PP} = +25V$ 的高电压并加上编程脉冲,使 D 和 S 被瞬间击穿,就会有电子通过绝缘层注入浮空多晶硅栅中,当高压电源去除后,因为硅栅被绝缘层包围,注入的电子不会泄露,硅栅就为负,于是在两个 P 区之间就形成了导电沟道,从而使 EPROM 管导通接地,因此该单元存储的内容被改写为"0",而没有选中的单元存储的内容仍为"1"。当通过存储电路上方的石英玻璃窗口照射紫外线时,硅栅中的电荷就会泄露,使电路恢复到起始状态,原来写入的内容被"擦去",可再写入新的内容,因此,EPROM 可以多次编程。

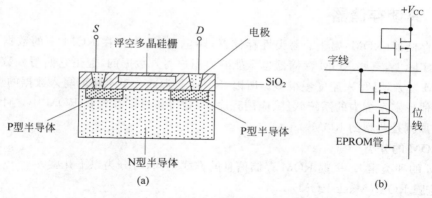

图 7-2　P 沟道 EPROM 结构示意图

　　根据擦除方法的不同，EPROM 又可分为若干种。目前常见的有紫外光擦除的 UVEPROM（Ultra Violet EPROM）、电可改写的 EEPROM（Electrically EPROM）和 Flash ROM 等。

　　各种类型的 PROM 和 EPROM 虽然具有编程写入功能，但由于写入的信息可长期保存使用，通常使用时只是读出其中的信息，所以仍然归类为只读存储器。

2. ROM 的基本结构

　　ROM 的基本结构由地址译码器、存储矩阵和输出缓冲器组成，如图 7-3 所示。

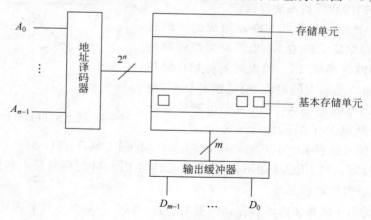

图 7-3　ROM 的结构框图

　　地址译码器有 n 条地址输入线，2^n 条输出线（称为字线）。每条字线连接到存储矩阵中的一个存储单元上。

　　存储矩阵是存储器的核心，需存储的信息都放在这里。每个存储单元有 m 个基本存储单元，每个基本存储单元存储一位二进制信息（0 或 1）。一个存储器的存储容量为 $2^n \times m$ 位。

　　输出缓冲器由三态门组成，用来驱动 m 条输出线（称为位线）。每当输入一组地址信号，译码器就选中一条相应的字线，并把这个存储单元中的内容输出到输出线上。

　　图 7-4 是二极管组成的 4×4 位 ROM 电路。A_1、A_0 称为地址线；$W_3 \sim W_0$ 称为字线；$D_3 \sim D_0$ 称为位线。

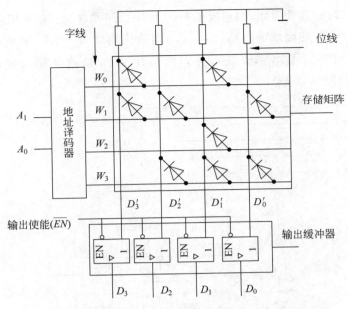

图 7-4　二极管组成的 4×4 位 ROM 电路

两位地址线 A_1 和 A_0 经地址译码器译码后,输出 4 条选择线 $W_3 \sim W_0$(字线),高电平有效,每一时刻只有一条字线为高电平,其余 3 条字线为低电平,字线为高电平时选中一行存储单元(包含 4 位,称为一个字)。位线输出即为这个字的各位。存储矩阵由二极管矩阵组成,当某字线为高电平时,接于该字线上的二极管就会导通,因此接有二极管的位线上就是高电平,而没有接二极管的位线上就是低电平。当输出使能 $\overline{EN}$(低电平有效)为低电平时,输出缓冲器打开,位线上的数据就输出到外部的数据总线 $D_3 \sim D_0$ 上。例如,当 $A_1 A_0 = 00$ 时,字线 W_0 为"1",而字线 $W_1 \sim W_3$ 都为"0",这时选中字线 0,位线上输出 $D_3 \sim D_0 = 1010$。由于二极管存储矩阵的内容取决于制造工艺,一旦制造好以后,就不能再改变。图 7-4 中,存储矩阵的内容为字线 0(1010)、字线 1(1101)、字线 2(0010)、字线 3(0111)。

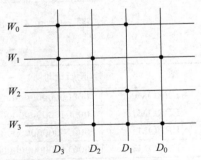

图 7-5　图 7-4 对应的结点连接图

另外,为简化作图,也可以画出存储矩阵的结点连接图,即在存储矩阵中接有二极管的交叉点上画一个圆点,代替存储器件。图 7-4 对应的结点连接图如图 7-5 所示。

3. ROM 的应用

ROM 的应用十分广泛,归纳起来主要有以下 4 个方面的应用。

1) 存储固定的程序

在个人计算机中,ROM 用来存储启动程序,计算机上电后首先启动程序,将操作系统软件由硬盘调入内存。在以单片机为控制核心的各种数字化仪器中,ROM 用来存储监控程序及仪器的专用程序,使仪器具有智能化功能。

由于一片 ROM 的容量有限,因此当程序较大时,常采用多片 ROM,这时需要将高位地址通过译码器译码,产生选片信号,选片信号接到每片 ROM 的选片输入端 $\overline{CE}$。图 7-6 是由 4 片 EPROM 2716(容量为 2KB)组成的 8KB 程序存储器电路。单片机的低位地址 $A_{10} \sim A_0$ 接到每片 EPROM 的地址输入端 $A_{10} \sim A_0$,而高位地址 $A_{15} \sim A_{11}$ 则通过 74LS138 译码后,产生 4 个选片信号(低电平有效),分别接每片 2716 的选片输入端 $\overline{CE}$。这样,每片 EPROM 的地址范围见表 7-1。

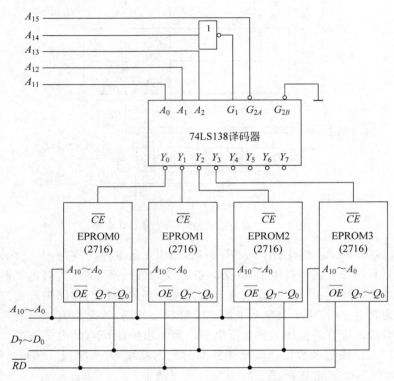

图 7-6 由 4 片 EPROM 2716 组成的 8KB 程序存储器电路

表 7-1 每片 EPROM 的地址范围表

编　号	起始地址($A_{15} \sim A_0$)	结束地址($A_{15} \sim A_0$)	地 址 范 围	容量/KB
EPROM0	0000000000000000B	0000011111111111B	0000H~07FFH	2
EPROM1	0000100000000000B	0000111111111111B	0800H~0FFFH	2
EPROM2	0001000000000000B	0001011111111111B	1000H~17FFH	2
EPROM3	0001100000000000B	0001111111111111B	1800H~1FFFH	2

这种译码方式使每片 EPROM 的每个字节单元的地址是唯一的。当计算机读取某一单元的程序代码时,计算机先送出地址信号 $A_{15} \sim A_0$,$A_{15} \sim A_{11}$ 经选片地址译码器译码后选中其中一片 EPROM,而 $A_{10} \sim A_0$ 直接送每片 EPROM,经 EPROM 内部的地址译码器译码后选中一个字节单元。然后,计算机送出读信号 $\overline{RD}$,则两者都选中的那个单元中的 8 位数据输出到计算机的数据总线 $D_7 \sim D_0$ 上。

　　2) 存储固定的数据表格

　　在数学运算中,为了加快运算速度,常将某变量的函数(如三角函数、对数函数等)先造一个表,预先写入 ROM 中。工作时,只要将变量作为地址读取 ROM,则从该地址中读出的内容就是这个变量的函数值。

3) 产生波形

如果在 ROM 中预先写入各种波形的数据(如正弦波、三角波、方波、阶梯波等),用一个二进制计数器为 ROM 提供地址,ROM 的输出数据经 D/A 转换器转换为模拟信号,再经低通滤波器就可得到相应的波形。例如,在一片 EPROM 2716 中写入如下数据:00H-01H-……-FEH-FFH-FEH-……-01H-00H-01H-……。

采用如图 7-7 所示的电路,振荡器产生的连续脉冲信号作为计数器的时钟输入,计数器由 3 片四位二进制计数器 74LS163 组成 12 位的同步计数器,计数器的低 11 位输出作为 EPROM 的地址,这样,EPROM 就可以反复输出其存储的数据,在示波器上可以观察到一个三角波形。

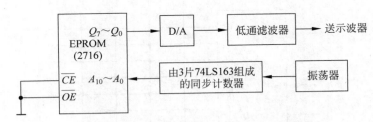

图 7-7　用 EPROM 2716 构成的波形产生电路

4) 实现组合逻辑函数

从 ROM 的结构可看出,当把输入地址看作二进制变量,将地址译码器的输出看作是由输入变量组成的全部最小项,将存储矩阵(或阵列)看作是"或"输出时,ROM 就可组成任意组合逻辑,具有 n 位地址输入、m 位数据输出的 ROM 可实现 m 个 n 变量的组合逻辑函数。而 PROM 可看作是"与"阵列固定、"或"阵列可编程的器件。下面举例具体说明。

【例 7-1】　利用 ROM 完成 8421 BCD 到余 3 码的转换。

解:设 8421 BCD 为 $A_3A_2A_1A_0$,余 3 码为 $Y_3Y_2Y_1Y_0$,二者之间的转换关系见表 7-2。

表 7-2　8421 BCD 与余 3 码之间的转换关系

十进制数	8421 BCD				余 3 码			
	A_3	A_2	A_1	A_0	Y_3	Y_2	Y_1	Y_0
0	0	0	0	0	0	0	1	1
1	0	0	0	1	0	1	0	0
2	0	0	1	0	0	1	0	1
3	0	0	1	1	0	1	1	0
4	0	1	0	0	0	1	1	1
5	0	1	0	1	1	0	0	0
6	0	1	1	0	1	0	0	1
7	0	1	1	1	1	0	1	0
8	1	0	0	0	1	0	1	1
9	1	0	0	1	1	1	0	0

根据表 7-2,可得到余 3 码四位输出的最小项之和表达式为

$$Y_3 = m_5 + m_6 + m_7 + m_8 + m_9 = \sum m(5,6,7,8,9)$$

$$Y_2 = m_1 + m_2 + m_3 + m_4 + m_9 = \sum m(1,2,3,4,9)$$

$$Y_1 = m_0 + m_3 + m_4 + m_7 + m_8 = \sum m(0,3,4,7,8)$$

$$Y_0 = m_0 + m_2 + m_4 + m_6 + m_8 = \sum m(0,2,4,6,8)$$

取具有 4 位地址输入、4 位数据输出的 16×4 位 ROM,将 4 个输入变量分别接至地址输入端 A_3、A_2、A_1、A_0,按照逻辑函数的要求存入相应的数据,即可在数据输出端获得 Y_3、Y_2、Y_1、Y_0。具体实现电路如图 7-8 所示。

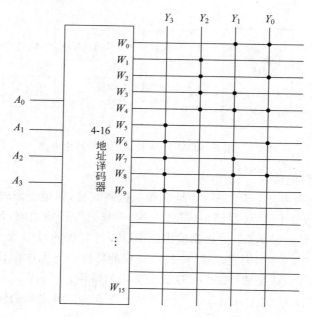

图 7-8 ROM 实现的组合逻辑函数

7.1.2 随机存取存储器

随机存取存储器(RAM)是一种读写方便、使用灵活的随机读写存储器。但是,一旦掉电,存储的信息就会丢失。RAM 适用于数据需要随时读写的工作环境,如计算机里的内存条、显卡的显存就是典型的 RAM。

1. RAM 的分类

根据原理的不同,RAM 分为静态随机存取存储器(Static RAM,SRAM)和动态随机存取存储器(Dynamic RAM,DRAM)两种。按照集成电路器件,RAM 又可分为双极型和 MOS 型两种。

1) SRAM

SRAM 是一种只要在供电条件下便能够存储数据的存储器件,是大多数高性能系统的一个关键部分。SRAM 的特点是工作速度快,只要电源不撤除,写入 SRAM 的信息就不会消失,不需要刷新电路,同时在读出时不破坏原来存放的信息,一经写入,可多次读出,但集

成度较低、功耗较大。SRAM 一般用作计算机中的高速缓冲存储器。

　　SRAM 的内部结构框图如图 7-9 所示(以静态 RAM 6116 为例)，与 ROM 类似，静态 RAM 的存储单元也排列成矩阵形式，输入地址分成两组分别送 X 译码器和 Y 译码器，由 X 译码器和 Y 译码器同时选中的单元(含 8 位，一个字节)进行读写操作。

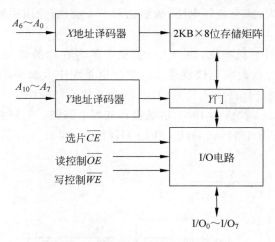

图 7-9　SRAM 的内部结构框图

　　2）DRAM

　　DRAM 是利用场效应管的栅极对其衬底间的分布电容保存信息，以存储电荷的多少，即电容端电压的高低表示"1"和"0"。DRAM 每个存储单元所需的场效应管较少，常见的有 4 管、3 管和单管型 DRAM。因此，它的集成度较高、功耗也较低，但缺点是保存在场效应管栅极分布电容里的信息随着电容器的漏电会逐渐消失，一般信息保存时间为 2ms 左右。为了保存 DRAM 中的信息，必须每隔 1～2ms 对其刷新一次。因此，采用 DRAM 的计算机必须配置动态刷新电路，以防止信息丢失。DRAM 一般用作计算机中的主存储器。

　　2. RAM 的特点

　　1）随机存取

　　所谓"随机存取"，是指当存储器中的消息被读取或写入时，所需要的时间与这段信息所在的位置无关。相对地，读取或写入顺序访问(Sequential Access)存储设备中的信息时，其所需要的时间与位置就会有关系，如磁带。

　　2）易失性

　　当电源关闭时，RAM 不能保存数据。如果需要保存数据，就必须把它们写入一个长期的存储设备中(如硬盘)。RAM 和 ROM 的最大区别是 RAM 在断电以后保存在其上的数据会自动消失，而 ROM 不会。

　　3）高访问速度

　　现代的 RAM 几乎是所有访问设备中写入和读取速度最快的，取存延迟和其他涉及机械运作的存储设备相比，也显得微不足道。

　　4）需要刷新

　　现代的 RAM 依赖电容器存储数据。电容器充满电后代表 1(二进制)，未充电的电容器代表 0。由于电容器或多或少有漏电的情形，若不作特别处理，数据会渐渐随时间流失。

刷新是指定期读取电容器的状态，然后按照原来的状态重新为电容器充电，弥补流失了的电荷。需要刷新正好解释了 RAM 的易失性。

5）对静电敏感

正如其他精细的集成电路，RAM 对环境的静电荷非常敏感。静电会干扰 RAM 内电容器的电荷，导致数据流失，甚至烧坏电路，故触碰 RAM 前，应先用手触摸金属接地。

3. RAM 的应用

RAM 主要应用于计算机系统，如个人计算机中的内存用的就是 DRAM。因为 DRAM 需要刷新逻辑电路，所以在数字化仪器仪表的单片机系统中大都采用 SRAM。

常用的 SRAM 有 2114（1K×4 位）、6116（2K×8 位）、6264（8K×8 位）3 种。

图 7-10 是由 2 片 6264 构成的 16KB 的数据存储器电路图。6264 的地址范围为：RAM0，2000H～3FFFH，8KB；RAM1，4000H～5FFFH，8KB。

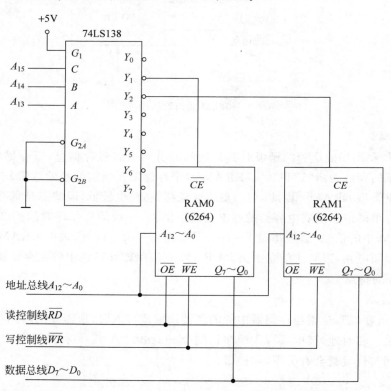

图 7-10　由 2 片 6264 构成的 16KB 的数据存储器电路图

7.2　可编程器件

7.2.1　概述

随着电子技术的不断发展，现代电子产品的复杂程度越来越大，不可避免地出现了电路体积大、功耗大、可靠性不高等问题。早期解决的途径主要是采用专用集成电路（Application Specific Integrated Circuits，ASIC）完成电路的设计，即 ASIC 是根据用户的要求设计制造的,根据设计的方法不同,采用全定制和半定制的设计方法进行检查,开发费用高、设计周期长,产品的性价比较低。随着设计方法的不断完善,希望出现一种新的器件:能够简化设计过程、减小系统体积、节约成本、提高可靠性、缩短研发周期、各个厂家可以提供、具有一定连线和封装好的具有一定功能的标准电路,使用户可以根据需要自己使用某种编程技术进行内部电路结构的连接,实现用户既是设计者也是使用者的转变,这就是可编程逻辑器件(PLD)。

PLD 可以由用户通过编程配置各种逻辑功能,十分适合于小批量生产的系统或在系统开发研制过程中采用。

PLD 的结构框图如图 7-11 所示。它由四大部分组成。输入部分的作用是缓冲和反相,以便把只有原变量的输入转换成有原变量及反变量的互补输入。与阵列和或阵列用来获得与或逻辑,以便实现各种组合逻辑。前三部分是任何 PLD 都必备的。输出部分则各不相同,除输出驱动门外,有些 PLD 还配有寄存器(D 触发器)或向输入的反馈,因而还可以实现各种时序逻辑。

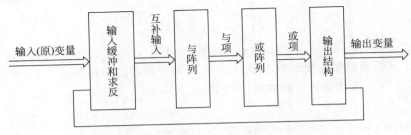

图 7-11　PLD 的结构框图

早期的 PLD 主要用于解决数字系统中的存储问题,后来逐渐扩大到数字逻辑应用。PLD 主要经历了以下几个发展阶段。

1) 早期 PLD

如前面介绍的 PROM、UVEPROM、EEPROM 等,受结构的限制,它们只能完成比较简单的数字逻辑功能。

2) 稍复杂的可编程芯片

PLD 芯片是可编程的,未经编程的芯片无法实现任何功能,通过编程可以规定 PLD 芯片的逻辑功能,PLD 是最早实现可编程的 ASIC 器件。

3) 复杂可编程逻辑器件(CPLD)和现场可编程门阵列(FPGA)

20 世纪 80 年代出现了类似 PAL 结构的 CPLD 和 FPGA。它们的体系结构和逻辑单元灵活、集成度高、应用范围广,可以实现大规模电路,替代几十甚至上百个 IC 芯片,在数字系统设计领域占据了重要位置,广泛应用于产品设计过程中。

目前使用的 PLD 产品主要有:

(1) 现场可编程逻辑阵列(Field Programmable Logic Array,FPLA)。

(2) 可编程阵列逻辑(Programmable Array Logic,PAL)。

(3) 通用阵列逻辑(GAL)。

(4) 可擦除的可编程逻辑器件(EPLD)。

(5) 现场可编程门阵列(FPGA)。

其中,EPLD 和 FPGA 的集成度比较高。有时又把这两种器件称为高密度 PLD。

7.2.2 可编程阵列逻辑

可编程阵列逻辑（PAL）属于可编程逻辑器件的早期产品。它由一个可编程的"与"逻辑阵列和一个固定的"或"逻辑阵列构成。由于任意一个组合逻辑都可以用"与或"表达式描述，所以，通过对"与"逻辑阵列编程可以获得不同形式的组合逻辑函数。图 7-12 为 3 输入、3 输出的 PAL 的基本结构图。它具有 3 个输入端、3 个输出端、6 个乘积项，可以实现一组三变量的逻辑函数。

PAL 器件是现场可编程的，它的实现工艺有反熔丝技术、EPROM 技术和 EEPROM 技术。通过编程可以实现不同的逻辑电路。例如，熔丝编程方式在尚未编程前，与逻辑阵列的所有交叉点均有熔丝接通，编程时将有用的熔丝保留，无用的熔丝熔断，即可得到所需的电路。

下面通过实例说明利用 PAL 实现函数的具体过程。

【例 7-2】 利用图 7-12 的 PAL 实现一组函数：

$$\begin{cases} Y_0 = BC + \bar{B}\bar{C} \\ Y_1 = B\bar{C} + \bar{A}C \\ Y_2 = ABC + \bar{A}\bar{B} \end{cases}$$

解： 由于该组函数输入变量数不超过 3 个，且每个函数的乘积项为 2 个，所以用图 7-12 的 PAL 器件实现。具体编程电路如图 7-13 所示。

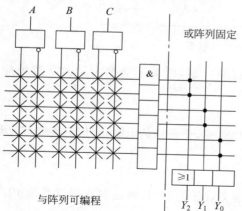

图 7-12 3 输入、3 输出的 PAL 的基本结构图

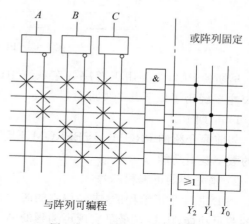

图 7-13 PAL 实现逻辑函数

另外，在有些型号的 PAL 器件中，输出电路中设置有触发器和从触发器输出到与逻辑阵列的反馈线，利用这种 PAL 器件还可以很方便地构成各种时序逻辑电路。

除了 PAL 外，还有一类结构更灵活的逻辑器件——可编程逻辑阵列（PLA），它也是由一个"与"逻辑阵列和一个"或"逻辑阵列构成，但是这两个阵列的连接关系是可编程的。PLA 器件既有现场可编程的，也有掩膜可编程的。在 PAL 的基础上，又发展了一种通用阵列逻辑（GAL），如 GAL16V8、GAL22V10 等。

7.2.3 通用阵列逻辑

通用阵列逻辑（Generic Array Logic，GAL）同样依靠逻辑阵列实现函数，但与 PAL 不同，它采用 EEPROM 工艺，实现了电可擦除、电可改写，其输出结构是可编程的逻辑宏单元,因而它的设计具有很强的灵活性,至今仍有许多人使用。

GAL 中,输出单元采用了逻辑宏单元结构(Output Logic Macro Cell,OLMC),它是一种能够通过配置改变逻辑功能的电路。通过编程,GAL 的输出既可以是组合电路形式的,也可以是时序逻辑形式的,输出电路形式存在很大的选择余地。因此,GAL 具有比 PAL 更灵活的应用特性。

下面以 GAL16V8 为例介绍 GAL。

1. GAL 的结构

GAL16V8 型 GAL 器件包括 8 个输入缓冲器、8 个输出反馈/输入缓冲器、8 个输出逻辑宏单元(OLMC)、8 个三态输出缓冲器、与阵列、时钟(CK)及输出选通信号(OE)的输入缓冲器。

GAL16V8 的外部引脚图如图 7-14 所示,各引脚的功能见表 7-3。

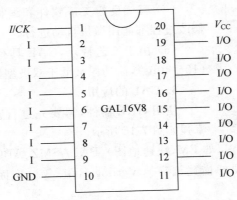

图 7-14　GAL16V8 的外部引脚图

表 7-3　GAL16V8 各引脚的功能

引　　脚	功　　能	引　　脚	功　　能
1	系统时钟输入端	11	三态控制公共端
2～9	输入端	12～19	输出宏单元
10	GND	20	V_{CC}

GAL 的基本结构由 5 个部分组成。

(1) 输入端:GAL16V8 的 2～9 引脚共 8 个输入端,每个输入端有一个缓冲器,并由缓冲器引出两个互补的输出到与阵列。

(2) 与阵列部分:与阵列有 32 列、64 行,即 GAL16V8 的与阵列为一个 32×64 的阵列,共 2048 个可编程单元(或结点)。

(3) 输出宏单元:GAL16V8 共有 8 个输出宏单元,分别对应 12～19 引脚。每个宏单元的电路可以通过编程实现所有 PAL 输出结构实现的功能。

(4) 系统时钟:GAL16V8 的 1 引脚为系统时钟输入端,与每个输出宏单元中的 D 触发器时钟输入端相连。可见,GAL 器件只能实现同步时序逻辑电路,无法实现异步时序逻辑电路。

(5) 输出三态控制端:用来控制输出是处于正常输出状态,还是处于高阻状态,也可以当作输入端使用。

2. GAL 的优点

（1）具有电可擦除的功能，克服了采用熔断丝技术只能一次编程的缺点，其可改写的次数超过 100 次，擦写过程只需几秒钟。写入后，其数据可保持 20 年以上。

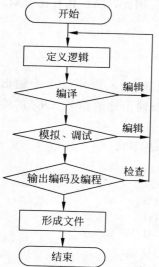

图 7-15　典型的 GAL 设计流程

（2）由于采用了输出宏单元结构，用户可根据需要进行组态。一片 GAL 器件可以实现各种组态的 PAL 器件输出结构的逻辑功能，给电路设计带来极大的方便。

（3）具有加密的功能，保护了知识产权。

（4）在器件中开设了一个存储区域，用来存放识别标志，相当于电子标签的功能。

（5）有优良的支持软件和编程器，使设计、编程、检验、修改过程都能用微机自动进行。

（6）由于工艺特点，GAL 具有双极型器件的高速能力（12～40ns），而功耗又低于双极型器件。

3. GAL 的应用

使用 GAL 器件，需要先进行设计。典型的 GAL 设计流程如图 7-15 所示。

GAL 的编程工具有很多，如 FM（快速地图）、PALASMZ、ABEL（高级布尔表达语言）、VHDL（超高速集成电路硬件描述语言）、Verilog-HDL 等。下面介绍一个 GAL 的应用实例。

【例 7-3】 用一片 GAL16V8 实现如图 7-16 所示的 4 个逻辑电路。要求写出符合 ABEL 语言规范的用户源文件。

解： 由图 7-16 可知，4 个逻辑电路图对应的方程式为

$$S_i = A_i \oplus B_i \oplus C_i \quad C_{i+1} = \overline{A}_i B_i C_i + A_i \overline{B}_i C_i + A_i B_i \overline{C} + A_i B_i C_i$$

$$F_1 = \overline{ABC} \quad F_2 = D \oplus E \quad Q_1^{n+1} = \overline{Q_1^n} \quad Q_2^{n+1} = Q_1^n \oplus Q_2^n$$

GAL 的引脚定义示意图如图 7-17 所示。

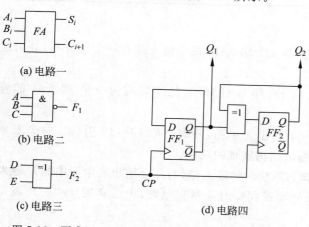

图 7-16　要求用一片 GAL16V8 实现的 4 个逻辑电路

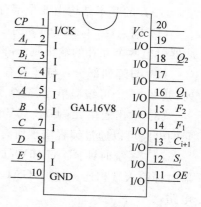

图 7-17　GAL 的引脚定义示意图

ABEL 的源文件如下。

```
module complex
title
exam device 'p16v8r'
CP, OE                      pin 1, 11
Ai, Bi, Ci, A, B, C         pin 2, 3, 4, 5, 6, 7
D, E                        pin 8, 9
Si, Ci + 1, F1, F2, Q1, Q2  pin 12, 13, 14, 15, 16, 18
equation
Si = Ai $ Bi $ Ci                                           //$ 表示异或运算
Ci + 1 = ! Ai&Bi&Ci ♯ Ai&! Bi&Ci ♯ Ai&Bi&! Ci ♯ Ai&Bi&Ci   //& 表示与运算, ♯ 表示或运算, ! 表示非运算
F1 = ! A&B&C
F2 = D $ E
Q1: = ! Q1
Q2: = ! Q1 $ Q2
End complex
```

【例 7-4】 用 2 片 GAL16V8 实现的具有双向移位功能的 8 位通用寄存器。要求写出符合 ABEL 规范的用户源文件。

解：2 片 GAL16V8 组成的 8 位通用寄存器结构图如图 7-18 所示。

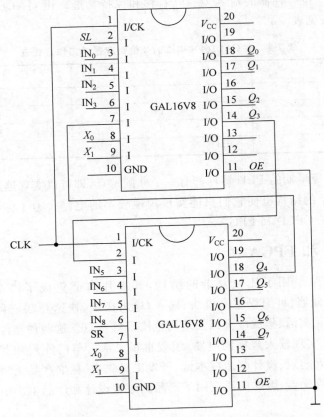

图 7-18　2 片 GAL16V8 组成的 8 位通用寄存器结构图

ABEL 设计的源文件如下。

```
module universal_ register
title
exam device 'p16v8r'
CLK, OE           pin 1,11          //定义 1 引脚为时钟输入,11 引脚为芯片使能控制输入
A, B, C, D        pin 3,4,5,6       //输入引脚定义
S0,S1,SIL,SIR     pin 8,9,2,7       //输入引脚定义
QA,QB,QC,QD       pin 18,17,14,13   //输出引脚定义
Q = [QD,QC,QB,QA]
I = [D,C,B,A]
SL = [QC,QB,QA,SIL]
SR = [SIR,QD,QC,QB]
equation
      Q: = S0&S1&I
         # ! S0&S1&SL
         # S0&! S1&SR
         # ! S0&! S1&Q
End universal_ register
```

当给 GAL16V8 的 1 引脚送入工作脉冲 CLK 后,通过 8、9 引脚的工作方式控制信号 X_0、X_1,即可实现 8 位寄存器的输入、左移、右移和保持功能。由 GAL16V8 构成的 8 位寄存器的工作方式表见表 7-4。

表 7-4　由 GAL16V8 构成的 8 位寄存器的工作方式表

X_0	X_1	工 作 方 式
0	0	保持功能
0	1	右移功能
1	0	左移功能
1	1	输入功能

PAL 和 GAL 等早期的 PLD 器件都有一个共同特点,即可以实现速度特性较好的逻辑功能,但其过于简单的结构也使它们只能实现规模较小的电路。为了弥补这一缺陷,20 世纪 80 年代中期出了 CPLD 和 FPGA。

7.2.4　CPLD 和 FPGA

CPLD 和 FPGA 采用了比较复杂的结构,其芯片内部集成了许多功能电路,包括 SRAM、FLASH 存储器、可编程逻辑模块、输入/输出模块、快速互联资源等。它们都具有体系结构和逻辑单元灵活、集成度高以及适用范围广等特点。这两种器件兼容了 PLD 和通用门阵列的优点,可实现较大规模的电路,编程也很灵活。与门阵列和其他 ASIC 相比,它们又具有设计开发周期短、设计制造成本低、开发工具先进、标准产品无须测试、质量稳定以及可实时在线检验等优点,因此广泛应用于产品的原型设计和产品生产中。

1. CPLD

CPLD 是当今工业领域中主流的基于逻辑宏单元的 PLD 元件,逻辑密度和门容量远远高于 GAL 元件。CPLD 主要由可编程逻辑宏单元围绕中心的可编程互连矩阵单元组成,其

中宏单元逻辑结构较复杂,并具有复杂的 I/O 单元互连结构,可由用户根据需要生成特定的电路结构,完成一定的功能。由于 CPLD 内部采用固定长度的金属线进行各逻辑块的互连,所以设计的逻辑电路具有时间可预测性。CPLD 发展迅速,不仅具有电擦除特性,而且出现了边缘扫描及在线可编程等高级特性。较常见的有 Xilinx 公司的 EPLD 和 Altera 公司的 CPLD。

CPLD 的基本结构由可编程逻辑宏单元、可编程 I/O 单元、可编程内部连线 3 部分组成。

1) 可编程逻辑宏单元

可编程逻辑宏单元(Logic Macro Cell,LMC)主要包括与阵列、或阵列、多路数据选择器和可编程触发器,可独立选择组合或时序工作方式。逻辑宏单元具有密度高、乘积项共享结构、多触发器、异步时钟等特点。

2) 可编程 I/O 单元

CPLD 的 I/O 单元是内部信号与 I/O 引脚之间的接口部分,不同功能的器件,结构也不尽相同。一般 I/O 作为一个独立的单元处理,由三态输出缓冲器、输出极性选择、输出选择等部分组成。

3) 可编程内部连线

可编程内部连线的作用是在各逻辑宏单元之间及在逻辑宏单元与 I/O 单元之间提供互联网络。通过它,逻辑宏单元接收输入端的信号,并传递宏单元的信号。

CPLD 是基于 EEPROM 配置的,从而使其编程非易失。编程后,当系统上电时,CPLD 就可以保持其配置并进行操作。

在 CPLD 的最初发展阶段,大部分 CPLD 的电压供应为 5V,由于芯片技术的不断发展,目前一个 CPLD 可以在多个电压(3.3V、2.5V、1.8V 和 1.5V)下进行操作。为了接口电压的转换和总线管理,许多 CPLD 都支持在同一个芯片上超过一个 I/O 电压标准。通常可以把 I/O 引脚分成几个区,每个区可以选择不同的 I/O 电压。

大部分 CPLD 的逻辑容量较小,不能满足更复杂的逻辑运算或数字系统设计要求,不能实现 CPU 或 DSP 等复杂的数字逻辑系统的设计。幸运的是,FPGA 可以满足这样复杂的逻辑和数字系统设计要求。

2. FPGA

FPGA 由许多独立的可编程逻辑模块组成,用户可以通过编程将模块连接起来实现不同的设计,它集成度更高、逻辑功能更强、设计更加灵活。

在 FPGA 中实现逻辑功能通常采用查找方法。片内的 FLASH 存储器用于存储编程信息,装入数据后的 SRAM 用来实现逻辑功能。因此,只要通过事先编程,就能构成具有特定逻辑功能的数字系统。

FPGA 的配置与 CPLD 不同,大部分 FPGA 是基于 SRAM 技术的,从而使其配置更加多样。一个典型的 FPGA 必须在每次系统上电时实现重新编程,通常可以通过片外的 ROM 实现对 FPGA 的自动编程。目前的 FPGA 制造商有 Actel、Altera、Atmel、Lattice、QuickLogic 和 Xilinx。

每个 FPGA 制造商提供的 FPGA 的逻辑单元结构都会有些不同,但是,FPGA 中一些关键资源的有无会影响一个特定的设计是否可以实现。这些资源包括时钟分配单元、嵌入的 RAM 块和多功能的 I/O 单元。

1）时钟分配单元

FPGA 内部的每个逻辑单元都具有一个需要时钟的触发器。因此，一个 FPGA 必须至少提供一个全局的时钟信号，以最低的时滞分配到每个逻辑单元。对大规模的数字系统，因为一个接口、微处理器和外设之间的传输，一个时钟往往是不够的。典型的 FPGA 提供了 4～16 个具有低时滞分配资源的全局时钟。

大部分 FPGA 提供了锁相环（Phase Locked Loop，PLL）或延迟锁相环（Delay Locked Loop，DLL），可以对输入时钟信号进行时滞处理、分频和乘法，对系统的设计非常有利。

2）嵌入的 RAM 块

在逻辑单元阵列中嵌入的 RAM 块是许多应用中的重要特征。在各种数据处理结构中，都会使用先入先出（First-In-First-Out，FIFO）和缓冲区。没有片上的 RAM，重要的 I/O 资源和速度就需要依靠片外的存储元件。为了适应广泛的应用场合，RAM 必须是可配置的，并且非常灵活。

3）多功能的 I/O 单元

I/O 单元对 FPGA 支持的板级接口的类型具有重要的影响。这种影响涉及两个方面：同步功能和电压/电流级。FPGA 支持可以配置为输入、输出或双向的通用 I/O 单元，这些 I/O 单元具有三态缓冲输出使能，并且在 I/O 单元内应该包括实现所有 3 种功能（输入、输出和双向使能）的触发器。

对于 FPGA，除了同步功能外，与各种 I/O 电压和电流驱动标准兼容也是很关键的。与 CPLD 类似，在不同的 I/O 区可以选择不同的电压级，如 Xilinx 的 Spartan 3E 就分为 4 个 I/O 区（Bank），每个区的电压可以选择 3.3V、3.0V、2.5V、1.8V、1.5V 或 1.2V。

3. CPLD 和 FPGA 的区别

CPLD 和 FPGA 相比，主要有以下几点区别。

（1）CPLD 更适合完成各种算法和组合逻辑。FPGA 更适合完成时序逻辑。换句话说，FPGA 更适合于触发器丰富的结构，而 CPLD 更适合于触发器有限而乘积项丰富的结构。

（2）CPLD 的连续式布线结构决定了它的时序延迟是均匀的和可预测的，而 FPGA 的分段式布线结构决定了其延迟的不可预测性。

（3）在编程上，FPGA 比 CPLD 具有更大的灵活性。CPLD 通过修改具有固定内连电路的逻辑功能编程。FPGA 主要通过改变内部连线的布线编程。FPGA 可在逻辑门下编程，而 CPLD 是在逻辑块下编程。

（4）FPGA 的集成度比 CPLD 高，具有更复杂的布线结构和逻辑实现。

（5）CPLD 比 FPGA 使用起来更方便。CPLD 的编程采用 E2PROM 或 FASTFLASH 技术，无须外部存储器芯片，使用简单。而 FPGA 的编程信息需存放在外部存储器上，使用方法复杂。

（6）CPLD 的速度比 FPGA 快，并且具有较大的时间可预测性。

（7）CPLD 保密性好，FPGA 保密性差。

（8）一般情况下，CPLD 的功耗要比 FPGA 大，且集成度越高越明显。

（9）与 FPGA 相比，CPLD 的 I/O 更多，尺寸更小。

7.2.5 ISP 技术

可编程器件的编程方式有两种：一种是采用专用编程器进行编程；另一种是在系统编程(In-System Programming,ISP)。后者甩掉了专用编程器,而且也不用将芯片从电路系统取下,只利用计算机和一组下载电缆就可以在系统编程,已经编程的器件也可以用 ISP 方式擦除或再编程。

1. ISP 的工作原理

ISP 的实现相对简单,一般是通过片内可擦写的 FLASH 存储器实现的。其通用做法是内部的存储器可以由上位机的软件通过串口进行改写。对于单片机来讲,可以通过 SPI 或其他串行接口接收上位机传来的数据并写入存储器中。所以,即使将芯片焊接在电路板上,只要留出和上位机接口的这个串口,就可以实现芯片内部存储器的改写,而无须再取下芯片。

2. ISP 的优点

ISP 技术的优势是不需要编程器,就可以进行单片机的实验和开发。单片机芯片可以直接焊接到电路板上,调试结束即成成品,免去了调试时由于频繁插入、取出芯片对芯片和电路板带来的不便。

ISP 技术的出现极大地方便了用户对编程的需求。目前,Lattice 和 Xilinx 等几家大公司都有在系统可编程 ASIC 产品。

ISP 技术为随时改变系统的数据代码,从而改变系统的逻辑功能带来了极大的方便,它是现代电子技术的一项重要成就。目前,ISP 技术广泛应用于单片机(微处理器)、可编程逻辑集成电路等。ISP 技术是未来发展的方向。

7.3 硬件描述语言

7.3.1 概述

随着 EDA(电子设计自动化)技术的发展,采用硬件描述语言进行 PLD/CPLD/FPGA 设计开发成为当前的一种发展趋势。硬件语言采用软件编程的方法描述电子系统的逻辑功能、电路结构和连接方式等。利用硬件描述语言设计电子系统要比传统的原理图法简洁、准确、方便；同时,它可以对电子系统的设计进行不同层次、不同领域的仿真验证和综合优化等处理,从而实现设计的高度自动化。

现在,国内外硬件描述语言的种类十分繁多,目前广泛应用的硬件描述语言有 ABEL、AHDL、Verilog HDL 和 VHDL。

1. ABEL

ABEL(高级布尔表达语言)是由美国 DATAIO 公司开发的一种高级可编程逻辑设计语言。它具有支持可编程逻辑器件实现逻辑设计、逻辑描述方式和设计方法灵活、能够生成测试向量、软件处理程序功能强大和硬件支持要求较低等优点,因此,ABEL 曾经是非常流行的一种硬件描述语言。如今,ABEL 已经渐渐淡出了历史舞台。

2. AHDL

AHDL(Altera 硬件描述语言)是由美国 Altera 公司开发的一种高级硬件描述语言。

20 世纪 90 年代,由于其自身的 C 语言设计风格以及 Altera 公司的大力推广,AHDL 在国内外各大公司和高校有十分广泛的用户群体。AHDL 的主要优点是易学易用、便于快速掌握;缺点是移植性较差,只能在 Altera 公司的开发系统上使用,这在很大程度上限制了AHDL 的使用范围。

3. Verilog HDL

Verilog HDL(Verilog 硬件描述语言)是在 C 语言的基础上发展起来的一种硬件描述语言,语法较自由,应用十分广泛。Verilog HDL 于 1983 年诞生于 GDA 公司;1984—1985年,Verilog-XL 仿真器的出现使得 Verilog HDL 得到迅速发展和广泛应用;1986 年,快速门级仿真的 XL 算法的提出使得 Verilog HDL 变得更加丰富和完善;1989 年,CADENCE公司收购了 GDA 公司,Verilog HDL 从此成为 CADENCE 公司的独家专利;1990 年,CADENCE 公司公开发表了 Verilog HDL,并且成立 LVI 组织,以促使 Verilog HDL 成为IEEE 标准,即 IEEE Standard 1364-1995。

Verilog HDL 的最大优点是易学、易用,具有 C 语言基础的初学者能够在较短的时间内掌握这门语言;缺点是它具有非常自由的语法,因此初学者容易犯一些设计上的错误,同时,它对初学者或者设计人员的硬件水平要求也较高。

4. VHDL

VHDL(VHSIC Hardware Description Language,甚高速集成电路硬件描述语言)是由美国国防部开发的,也是被 IEEE 确认的、目前非常流行的一种硬件描述语言。目前,几乎所有的硬件综合和仿真工具都包括了 VHDL。

VHDL 主要用于描述数字系统的结构、行为、功能和接口。它的优点在于:具有强大的描述能力;具有共享与复用能力;具有独立于器件和工艺设计的能力;具有良好的可移植能力和性能评估能力;具有向 ASIC 移植的能力。

可见,作为一种 IEEE 的工业标准,VHDL 具有很多其他硬件描述语言不具备的优点。当然,VHDL 也有不足之处,主要表现在:系统级抽象描述能力较差;某些场合不能准确地描述硬件电路;综合工具生成的逻辑实现有时并不最佳;综合工具的不同将导致综合质量的不同;不具有描述模拟电路的能力。

7.3.2　VHDL/Verilog HDL 的开发流程

目前最主流的硬件描述语言是 VHDL 和 Verilog HDL。一般而言,这两种语言在使用时的侧重点稍有不同,前者非常适合大型电子系统的描述,后者则更适合硬件细节的描述。用 VHDL/VerilogHD 开发 PLD/FPGA 的完整流程如下。

1) 文本编辑

用任何文本编辑器都可以进行,也可以用专用的 HDL 编辑环境。通常,VHDL 文件保存为 .vhd 文件,Verilog 文件保存为 .v 文件。

2) 功能仿真

将文件调入 HDL 仿真软件进行功能仿真,检查逻辑功能是否正确(也称前仿真,对简单的设计可以跳过这一步,只在布线完成以后进行时序仿真)。

3) 逻辑综合

将源文件调入逻辑综合软件进行综合,即把语言综合成最简的布尔表达式和信号的连接关系。逻辑综合软件会生成.edf(edif)的 EDA 工业标准文件。

4) 布局布线

将.edf 文件调入 PLD 厂家提供的软件中进行布线,即把设计好的逻辑安放到 PLD/FPGA 内。

5) 时序仿真

需要利用在布局布线中获得的精确参数,用仿真软件验证电路的时序(也称后仿真)。

6) 编程下载

确认仿真无误后,将文件下载到芯片中。

通常,以上过程可以在 PLD/CPLD/FPGA 厂家提供的开发工具(如 MAXPLUS Ⅱ、Quartus Ⅱ、Foundation、ISE)中完成,但许多集成的 PLD 开发软件只支持 VHDL/Verilog 的子集,可能造成少数语法不能编译,如果采用专用的 HDL 工具分开执行,效果会更好。

下面介绍几个基于 VHDL 的开发实例。

7.3.3　VHDL 开发实例

本节以简单电路为例,说明如何从传统方法描述数字电路轻松过渡到用硬件描述语言描述数字电路。

1. VHDL 的结构

在 VHDL 中,一个任意复杂度的电路模块都被看作是一个设计单元,这个模块可以是门、芯片或电路板。也就是说,一个 VHDL 设计单元不仅可以描述如门电路那样的简单电路,也可以描述如微处理器那样的复杂电路。VHDL 中,一个完整的设计单元是由库、程序包、实体说明、结构体和配置5部分组成的。

库用来存放已经编译过的实体说明、结构体、程序包和配置说明等;程序包用来存放各个设计都能共享的信号说明、常量定义、数据类型、子程序说明、属性说明和元件说明等,设计者可以在其他 VHDL 设计中随时引用库和程序包中的信息,易于做到资源共享;实体说明描述从外部看到的设计单元的外貌(即外部接口特征),是整个模块或整个系统的输入/输出,在器件设计中,实体说明就是一个芯片的输入/输出;结构体用于说明设计单元的内部情形,描述的是设计单元的逻辑功能和结构;配置用来描述各种层与层之间的连接关系以及设计实体说明与结构体之间的连接关系,主要用于指定与实体对应的结构体。

2. VHDL 源文件的基本格式

常用的 VHDL 源文件的基本格式为

```
LIBRARY  库名;                            -- 库
USE 库名.程序包名.程序包中的项目;          -- 程序包
ENTITY  实体名 IS                         -- 实体说明
  PORT(…);
END  实体名;
ARCHITECTURE  结构体名  OF  实体名  IS     -- 结构体
  (…)
END 结构体名;
```

大多数的 VHDL 设计都具有此格式,下面以这个基本格式为模板,介绍 VHDL 设计实例。

3. VHDL 设计实例

【例 7-5】 用 VHDL 设计一个两输入与门。

解：两输入与门的代码如下所示。

```
LIBRARY IEEE;                            -- 库
USE IEEE.std_logic_1164.ALL;             -- 程序包
ENTITY and2gate IS                       -- 实体说明
   PORT(a,b:IN std_logic;
        f:OUT std_logic);
END  and2gate;
ARCHITECTURE  and2b  OF  and2gate  IS    -- 结构体
BEGIN
   f <= a and b;
END   and2b;
```

本例中，实体部分描述的是两输入与门的外部特征，即 a、b 为输入信号，f 为输出信号；结构体部分描述的是两输入与门的逻辑功能，即 f=ab。

若要设计一个两输入异或门，只需要将上述程序中的 f<=a and b 改为 f<=a xor b，然后将出现 and 的地方均用 xor 替代即可。

【例 7-6】 用 VHDL 设计一个三态门电路。三态门的逻辑符号图及功能表如图 7-19 所示。

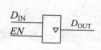

D_{IN}	EN	D_{OUT}
X	0	Z
0	1	0
1	1	1

图 7-19　三态门的逻辑符号图和功能表

解：三态门的 VHDL 程序如下所示。

```
LIBRARY   IEEE;                               -- 库
USE   IEEE.std_logic_1164.ALL;                -- 程序包
ENTITY   tristate_gate IS                     -- 实体说明
   PORT(din,en : IN std_logic;
        dout: OUT std_logic);
END tristate_gate;
ARCHITECTURE  behave  OF  tristate_gate  IS  -- 结构体
BEGIN
    PROCESS (din,en)
    BEGIN
      IF (en = '1') THEN
          dout <= din;
      ELSE
          dout <= 'Z';
      END  IF;
    END  PROCESS;
END  behave;
```

【例 7-7】 用 VHDL 设计一个 8 位双向总线缓冲器，图 7-20 为该缓冲器的逻辑符号图及功能表。

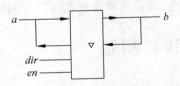

dir	en	数据传输
x	1	z(高阻)
0	0	ab
1	0	ab

图 7-20　8 位双向总线缓冲器的逻辑符号图和功能表

解：本例中，由于总线缓冲器的端口同时作为输入和输出端口，因此程序中需要将信号 a 和 b 的端口模式设定为 INOUT。8 位双向总线缓冲器的 VHDL 程序如下所示。

```
LIBRARY  IEEE;                              -- 库
USE  IEEE.std_logic_1164.ALL;               -- 程序包
ENTITY  bidir_buff8 IS                      -- 实体说明
  PORT(a,b : INOUT std_logic_vector(7 DOWNTO 0);
       en,dir: IN std_logic);
END  bidir_buff8;
ARCHITECTURE  behave  OF  bidir_buff8  IS    -- 结构体
  SIGNAL a_tmp,b_tmp: std_logic_vector(7 DOWNTO 0);
BEGIN
    PROCESS (a,b,dir,en)
    BEGIN
      IF (en = '0') THEN
          IF (dir = '1') THEN
              b_tmp <= a;
          ELSE
              a_tmp <= b;
          END IF;
      ELSE
          a_tmp <= (OTHERS => 'Z');
          b_tmp <= (OTHERS => 'Z');
      END IF;
      END PROCESS;
      b <= b_tmp;
      a <= a_tmp;
  END  behave;
```

7.4　本章小结

　　存储器是计算机系统中必不可少的存储设备，用来存储程序和数据。系统中的内存就是由半导体存储器构成的。半导体存储器可以分为 ROM 和 RAM 两类。ROM 属于非易失性存储器，断电之后，内部信息不会丢失，通常用来存放那些需要长期保存、固定不变的信息；RAM 属于易失性存储器，一旦掉电，存储的信息就会丢失。RAM 适用于数据需要随时读写的工作环境。

　　可编程器件使用户可以根据自己需要，使用某种编程技术进行内部电路结构的连接，就可以实现一个具有特点功能的数字系统。可编程逻辑器件的出现简化了系统的设计过程、缩短了产品的开发周期、节约了成本，也使电路的修改变得极其容易。

利用可编程器件实现数字系统是目前的主流,也是未来系统发展的方向。

7.5　习题和自测题

习题(答案见附录 D)

1. ROM 和 RAM 的特点是什么? ROM 分为几类? RAM 分为几类?

2. 目前常用的可编程器件有哪些?

3. 利用 PROM 实现组合逻辑函数的点阵图如图 7-21 所示。写出函数 Z_1、Z_2 的逻辑表达式。

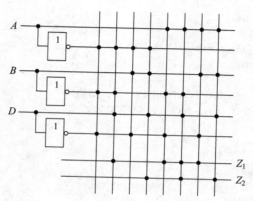

图 7-21　习题 3 点阵图

4. 试用 PLA 实现下列逻辑函数,并画出点阵图。

$$\begin{cases} Z_1 = \overline{A}BD + \overline{B}C\overline{D} \\ Z_2 = BD + \overline{B}\,\overline{D} \end{cases}$$

5. 描述 PAL 和 PLA 在结构上的主要区别。

6. CPLD 和 FPGA 在电路的基本结构形式上有何不同? 各有哪些优缺点?

7. FPLA 和触发器组成的时序逻辑电路如图 7-22 所示。要求如下。

(1) 写出各 JK 触发器的激励方程。

(2) 分析电路的逻辑功能,画出状态转移图,并说明电路是否能自动启动。

自测题(答案见附录 D)

一、单选题

1. 下面器件中,( )是易失性存储器。

　(A) FLASH　　　　(B) EPROM　　　　(C) DRAM　　　　(D) PROM

2. RAM 和 ROM 有 3 组信号线,它们是地址线、控制线、( )。

　(A) 数据线　　　　(B) 使能线　　　　(C) 传输线　　　　(D) 信号线

3. 有关 ROM 的描述,下列说法正确的是( )。

　(A) 需要定时作刷新损伤　　　　　　　(B) 可以读出也可以写入

　(C) 可读出,但不能写入　　　　　　　(D) 信息读出后,即遭破坏

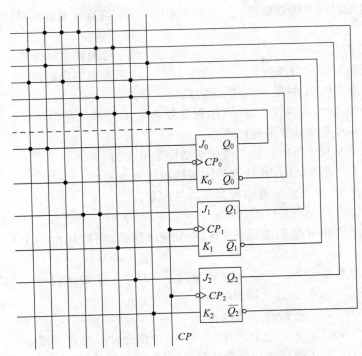

图 7-22　FPLA 和触发器组成的时序逻辑电路

4. 1M×1 位 RAM 芯片,其地址线有(　　)条。

　　(A) 20　　　　　　　(B) 1　　　　　　　(C) 19　　　　　　　(D) 10

5. 一个 ROM 共有 10 根地址线、8 根位线(数据输出线),则其存储容量为(　　)。

　　(A) 10×8　　　　　(B) 10^2×8　　　　(C) 10×8^2　　　　(D) 2^{10}×8

6. 使用 PROM 实现组合逻辑时,要将逻辑表达式写成(　　)。

　　(A) 最小项之和　　(B) 最简与-或式　　(C) 最简或-与式　　(D) 最大项之和

7. 下面说法错误的是(　　)。

　　(A) 一个 RAM 有 3 组信号线,即地址线、数据线、读写命令线

　　(B) RAM 中的地址线是双向的,它传送地址码,以便按地址码访问存储单元

　　(C) RAM 中的数据线是双向的

　　(D) RAM 中的读写命令线是单向的,是控制线

8. (　　)不属于 PLD 中可编程连接采用的处理技术。

　　(A) 熔丝技术　　　(B) 反熔丝技术　　　(C) EPROM 技术　　(D) SRAM 技术

9. 动态半导体存储器的特点是(　　)。

　　(A) 在工作中存储器内容会产生变化

　　(B) 每次读出后,需要根据原存内容重新写入一遍

　　(C) 每隔一定时间,需要根据原存内容重新写入一遍

　　(D) 在工作中需要动态地改变访存地址

10. EPROM 是指(　　)。

　　(A) 随机读写存储器　　　　　　　　　　(B) 只读存储器

（C）可编程的只读存储器　　　　　　　（D）可擦可编程的只读存储器

11. FPGA 是指（　　）。

（A）门阵列　　　　　　　　　　　　（B）可编程逻辑阵列

（C）现场可编程门阵列　　　　　　　（D）专用集成电路

12. 下面关于 FPGA 的说法中,错误的是（　　）。

（A）一个 FPGA 中有 CLB、可编程互联总线、I/O 输入输出块 3 个基本元素

（B）FPGA 是现场可编程门阵列

（C）FPGA 基于反熔丝技术的体系结构是可变的

（D）FPGA 基于 SRAM 技术的体系结构是可变的

13. 下面器件中,属于复杂可编程逻辑器件的是（　　）。

（A）PLA　　　　　（B）PAL　　　　　（C）FPGA　　　　　（D）GAL

14. 只读存储器和可编程逻辑阵列（PLA）的相同之处是均由一个与阵列和（　　）组成。

（A）数个触发器　　　（B）一个计数器　　　（C）一个或阵列　　　（D）一个寄存器

15. 下面关于 VHDL 的说法错误的是（　　）。

（A）VHDL 是一种硬件描述语言

（B）一个 VHDL 程序包含实体、结构体、包集合、库、配置 5 部分

（C）VHDL 描述结构体功能有数据流描述、结构描述、行为描述 3 种方法

（D）VHDL 中必须的元素是实体和库,二者须同时使用

16. 本质上讲,控制器是一种（　　）电路。

（A）时序逻辑　　　（B）组合逻辑　　　（C）译码器　　　（D）编码器

17. 数字系统是指（　　）。

（A）计数器　　　　　　　　　　　　（B）逻辑子系统的集合物

（C）寄存器　　　　　　　　　　　　（D）加法器

18. PAL 是指（　　）。

（A）可编程逻辑阵列　　　　　　　　（B）可编程阵列逻辑

（C）通用阵列逻辑　　　　　　　　　（D）只读存储器

19. 寻址容量为 16K×8 位的 RAM 需要（　　）根地址线。

（A）14　　　　　　　（B）16　　　　　　　（C）于 18　　　　　　　（D）20

20. （　　）不属于只读存储器。

（A）PROM　　　　　（B）EEPROM　　　　　（C）FLASH　　　　　（D）DRAM

21. 下面选项中,（　　）不是 ROM 基本结构中的一部分。

（A）地址译码器　　　（B）存储体　　　（C）编码器　　　（D）输出缓冲器

22. ROM 不能用于（　　）。

（A）计算机内存条　　　　　　　　　（B）存储固定程序

（C）存储固定的数据表格　　　　　　（D）实现组合逻辑函数

23. 关于可编程器件 FPGA 和 CPLD,选项（　　）描述不正确的。

（A）都属于高密度的复杂可编程器件

（B）内部都包含有大量的可编程逻辑资源

(C) 都可用来设计时序逻辑电路和组合逻辑电路

(D) 编程技术都一样,无需外部存储芯片

24. 使用 256×4 位 EPROM 芯片构成 $2K \times 32$ 位存储器,共需(　　)片 EPROM 芯片。

(A) 64　　　　　　　(B) 32　　　　　　(C) 48　　　　　　　(D) 16

25. ispLSI 器件中的缩写 GLB 是指(　　)。

(A) 巨块　　　　　　(B) 通用逻辑块　　(C) 全局布线区　　(D) 输出布线区

26. 数据在(　　)时存储在 RAM 中。

(A) 读操作　　　　　(B) 写操作　　　　(C) 使能操作　　　(D) 寻址操作

27. RAM 中的数据在(　　)情况下会丢失。

(A) 电源关闭　　　　　　　　　　　　(B) 数据从地址中读出

(C) 在地址中写入新数据　　　　　　　(D) 答案(A)和(C)

28. 一个 32 位数据字由(　　)组成。

(A) 2 个字节　　　　　　　　　　　　(B) 4 个半字节

(C) 4 个字节　　　　　　　　　　　　(D) 3 个字节和 1 个半字节

29. 具有 256 个地址的存储器有(　　)。

(A) 256 条地址线　　(B) 6 条地址线　　(C) 1 条地址线　　(D) 8 条地址线

30. 硬盘和软盘都是(　　)。

(A) 磁存储器　　　　　　　　　　　　(B) 光存储器

(C) 磁-光存储器　　　　　　　　　　(D) 半导体存储器

二、判断题

1. 一个存储单元可以存储一个数据字节。　　　　　　　　　　　　(　　)

2. 写操作将数据存储到内存中。　　　　　　　　　　　　　　　　(　　)

3. 读操作总是擦除数据字节。　　　　　　　　　　　　　　　　　(　　)

4. RAM 是随机地址存储器。　　　　　　　　　　　　　　　　　(　　)

5. ROM 是随机输出存储器。　　　　　　　　　　　　　　　　　(　　)

6. 一个闪存使用一条光束存储数据。　　　　　　　　　　　　　　(　　)

7. 如果一个静态 RAM 的电源关闭,则存储的数据将丢失。　　　　(　　)

8. 动态 RAM 必须周期性地刷新保存的数据。　　　　　　　　　　(　　)

9. 高速缓冲存储器用于直接或暂时的数据存储。　　　　　　　　　(　　)

10. 程序语言都用于编写程序代码,所以 C 语言也属于硬件描述语言的一种。(　　)

常用逻辑门国标符号与非国标符号对照表

名　称	国标符号	非国标符号	说　明
与门			$F=AB$
或门			$F=A+B$
非门			$F=\overline{A}$
与非门			$F=\overline{AB}$
或非门			$F=\overline{A+B}$
异或门			$F=\overline{A}B+A\overline{B}$ $=A\oplus B$
同或门			$F=\overline{A}\,\overline{B}+AB$ $=A\odot B$
与或非门			$F=\overline{AB+CD}$
三态输出的非门			$F=\overline{A}(EN=1)$ $F=高阻(EN=0)$
与非门(OC)			$F=\overline{AB}$

名　称	国标符号	非国标符号	说　明
传输门	$\overline{C}$ A — TG — F C	$\overline{C}$ A ▷◁ F C	$F=A(C=1)$ $F=$高阻$(C=0)$
半加器	A_i — Σ — S_i B_i — CO — C_i	A_i — HA — S_i B_i — C_i	$S_i=\overline{A_i}B_i+A_i\overline{B_i}$ $\quad=A_i\oplus B_i$ $C_i=A_iB_i$
全加器	A_i B_i — Σ — S_i C_{i-1} — $CI\ CO$ — C_i	A_i B_i — FA — S_i C_{i-1} — C_i	$S_i=A_i\oplus B_i\oplus C_{i-1}$ $C_i=A_i(B_i\oplus C_{i-1})+$ $\qquad B_iC_{i-1}$
基本 RS 触发器	R S	$R\ \ Q$ $S\ \ \overline{Q}$	
同步 RS 触发器	IS CI IR	$IS\ \ Q$ CP $IR\ \ \overline{Q}$　　$IS\ \ Q$ CK $IR\ \ \overline{Q}$	
边沿（上升沿）D 触发器	S ID $\triangleright CI$ R	$S_D\ \ Q$ D $\triangleright CK$ $R_D\ \ \overline{Q}$	上升沿触发 S 为异步置位端 R 为异步清零端
边沿（下降沿）JK 触发器	S IJ $\triangleright CI$ IK R	$J\ \ Q$ $\triangleright CP$ $K\ \ \overline{Q}$　　$J\ \ S_D\ Q$ CK $K\ \ R_D\ \overline{Q}$	下降沿触发 S 为异步置位端 R 为异步清零端
主从 JK 触发器	S IJ CI IK R	$J\ \ Q$ $\triangleright CP$ $K\ \ \overline{Q}$　　$J\ \ S_D\ Q$ $\triangleright CK$ $K\ \ R_D\ \overline{Q}$	

常用 TTL 型中小规模集成电路芯片型号索引

索引号	名　称	国内型号	国外型号
00	四 2 输入与非门	CT2000 T1000 T2000 CT3000 CT4000 CT54/74 F00 CT1000	SN54/74LS00 74ALS00A 74AS00 74S00 74H00 74HC00 74L00
01 03	四 2 输入与非门(OC)	CT1001、CT3003 T1003、T2001 T066、T096 CT2001、CT4001 CT1003、CT4003	SN54/74S01 74ALS01 7401 74H01 74ALS03B
02	四 2 输入或非门	CT4002 T3002 CT1002 CT54/74 F02 T1002 CT3002	SN54/74LS02 74ALS02 74AS02 74S02 7402 74L02
04	六反相器	CT1004 T1004 CT2004 T3004	SN54/74LS04 74ALS04 74ALS04B 74S04 74HC04 74L04
05	六反相器(OC)	CT1005 T2005 T3005 CT2005 T1005 CT4005	SN54/74LS05 74ALS05 74ALS05A 74S05 7405 74HC05

续表

索引号	名　称	国内型号	国外型号
06 16	六反相缓冲器/驱动器(OC)	CT1006、T1006 CT1016、T1016	SN54/7406 7416
07 17	六缓冲器/驱动器(OC)	CT1007、T1007 CT1017、T1017	SN54/7407 7417
08	四 2 输入与门	CT3008 T3008 CT1008 CT4008 T1008 CT54/74 F08	SN54/74LS08 74ALS08 74AS08 74S08 7408 74HC08
09	四 2 输入与门(OC)	CT1009 T3009 CT3009 T1009 CT4009	SN54/74LS09 74ALS09 74S09 7409 74HC09
10	三 3 输入与非门	CT2010 T2010 T3010 CT3010 T1010 CT74F10 CT4010	SN54/74LS10 74ALS10 74AS10 74S10 7410 74HC10 74H10
13	双 4 输入与非门(施密特触发器)	CT1013 T1013 CT4013	SN54/74LS13 7413
14	六反相器(施密特触发器)	CT1014 T1014、CT4014 CT54/74 F14	SN54/74LS14 7414 74HC14
20	双 4 输入与非门	CT2020 T1020、T2093 CT3020 CT4020、CT3092 CT1020	SN54/74LS20 74ALS20A 74H20 74HC20 74L20
21	双 4 输入与门	T1021、T2021 T3021、CT1021 CT2021、CT4021	SN54/74LS21 74H21 74C21
22	双 4 输入与非门(OC)	T3022、CT1022 T1022、T2022 CT2022、CT3022	SN54/74LS22 74ALS22A 74S22
23	可扩展的双 4 输入或非门(带选通端)	CT1023	SN54/74 23
24	四 2 输入与非门(施密特触发器)		SN54/74LS24

续表

索引号	名 称	国内型号	国外型号
25	双4输入或非门(有选通)	T1025、CT1025	SN54/74 25
27	三3输入或非门	CT4027 CT1027 T1027	SN54/74LS27 74ALS27 7427
30	8输入与非门	CT1030 T1030、T2030 T3030 CT2030 CT4030 CT3030	SN54/74LS30 74ALS30 74AS30 74S30 74HC30 74H30
32	四2输入或门	CT1032 T3032 CT3032 CT4032	SN54/74LS32 74ALS32 74S32 74HC32
37	四2输入与非缓冲器	CT1037、CT4037 T3037 CT54/74 F37 T1037	SN54/74LS37 74ALS37 74S37 7437
42	4线-10线译码器	CT1042、CT4042 T331、T1042	SN54L42 SN54/744 2A
43	余3码-十进制译码器	CT1043	SN54/744 3A
44	4线-10线译码器(余3码输入)	CT1044	SN54/744 4A SN54L44
47	4线-7段译码器/驱动器(OC)	CT1047 CT4047	SN54/744 7A SN54L47
48	4线-7段译码器/驱动器	CT1048、CT4048 T339、T1048	SN54/74LS48 7448
72	JK触发器(与门输入、主从)	T1072、T2072 T108、T109	SN54L72 SN54/74 72
73	双JK触发器(带清零)	CT4073	SN54/74 73
74	双D触发器(带预置、清零)	CT54/74 F74 T1074、T2074 T3074 CT1074、CT2074	SN54/74LS74 74ALS74 74ALS74A 74AS74
76	双JK触发器(带预置、清零)	T109 T3144 CT4076	SN54/74LS76A 74H76 74HC76
83	四位二进制全加器(快速进位)		SN54/74LS83A 7483A
85	4位数值比较器	CT1085、CT4085 CT3085 CT54/74 85 T3085	SN54/74LS85 74S85 74HC85 74L85

续表

索引号	名 称	国内型号	国外型号
86	四 2 输入异或门	CT3086 T3086 CT4086 CT54/74 F86 CT1086	SN54/74LS86 74ALS86 74S86 74HC86 74L86
90	十进制计数器(2 分频和 5 分频)	CT4090	SN54/74LS90 74L90
91	8 位移位寄存器(串入串出)	CT4091 T1091	SN54/74LS91 74L91
92	12 分频计数器	CT4092	SN54/74 92A 74LS92
95	四位移位寄存器(并行存取)	CT1095 T1095 CT4095	SN54/74AS95 7495A 74L95
107	双 JK 触发器(带清零)	CT4107 CT1107M	SN54/74LS107A 74107
111	双 JK 触发器(带数据锁定)	T1111、CT1111M	SN54/74 111
112	双 JK 触发器(负沿触发带预置和清零)	T3112 T079 CT54/74 F112	SN54/74LS112A 74ALS112A 74HC112
121	单稳触发器	T1121、CT1121M	SN54/74 121
123	双单稳触发器(可重复触发,且带清除)	CT1123M CT4123 CT54/74HC123	SN54/74LS123 74HC123
132	四 2 输入与非门(施密特触发)	CT3132M CT4132M CT1132M CT54/74F132	SN54/74LS132 74S132 741342 74HC132
133	13 输入与非门	CT3133M CT4133M	SN54/74ALS133 74S133
138	3 线-8 线译码器	CT3138M、CT4138M T330 T3138	SN54/74LS138 74ALS138 74AS138
147	10 线(十进制)-4 线优先权编码器	CT4147M CT1147M	SN54/74LS147 74147
148	8 线-3 线优先权编码器	T1148 CT1148M、CT4148M CT54/74 F148	SN54/74LS148 74HC148
150	十六选一数据选择器	T1150 CT1150M	SN54/74 150

续表

索引号	名　　称	国内型号	国外型号
151	八选一数据选择器	CT1151M T1151 CT3151、CT4151M CT54/74 F151	SN54/74LS151 74ALS151 74S151 74HC151
153	双四选一数据选择器	CT3153M T1153 T3153 CT4153M CT1153M CT54/74 F153	SN54/74LS153 74ALS153 74AS153 74S153 74L153 74HC153
154	4 线-16 线译码器	CT1154M T1154	SN54/74HC154 74L154
157	4 二选一数据选择器	CT1157M T1157 CT3157M、CT4157M CT54/74 F157	SN54/74LS157 74ALS157 74S157 74HC157
160	4 位十进制同步可预置计数器（直接清除）	CT1160M CT4160M	SN54/74ALS160 74AS160
161	4 位二进制同步可预置计数器（直接清除）	CT54/74 F161 T1161 CT1161M CT4161M	SN54/74LS161 74ALS161 74ALS161B 74AS161
162	4 位十进制同步计数器（同步清除）	CT1162M CT3162M CT4162M CT54/74 F162	SN54/74 162 74ALS162 74ALS162B 74AS162
163	4 位二进制同步计数器（同步清除）	CT1163M CT3163M CT4163M T3163	SN54/74LS163 74ALS162B 74AS163 74163
164	8 位移位寄存器（串入并出）	CT54/74 F164 CT1164M T1164	SN54/74ALS164 74ALS164 74164
166	8 位移位寄存器（并行/串行输入，串行输出）	CT4166M CT1166M	SN54/74ALS166 74166
180	8 位奇偶校验器/发生器	T699	SN54/74 180
190	同步递增/递减 BCD 计数器	T1190 CT1190M CT4190M CT54/74 F190	SN54/74 190 74ALS190 74LS190 74HS190

续表

索引号	名　称	国内型号	国外型号
192	同步双时钟可逆计数器	CT4192M CT1192M T1192 CT54/74 F192	SN54/74LS192 74L192 74192 74HC192
193	同步双时钟可逆二进制计数器（带清零）	CT4193M CT1193M T1193 CT54/74 F193	SN54/74LS193 74L193 74193 74HC193
194	4 位双向移位寄存器	CT1194M T1194 CT3194、CT4194M CT54/74 F194	SN54/74LS194A 74AS194 74S194 74HC194
195	4 位并行存取移位寄存器	CT3195M CT1195M CT4195M T1195、T3195 CT54/74 F195	SN54/74LS195 74AS195 74S195 74195 74HC195
373	八 D 锁存器（三态输出）	CT3373M 3373 CT4373M CT54/74 F373	SN54/74LS373 74AS373 74S373 74HC373
573	八 D 透明锁存器（三态输出）	CT54/74 F573	SN54/74ALS573

常用 MOS 型中小规模集成电路芯片型号索引

索引号	名　　称	国 内 型 号	国 外 型 号
4000	双 3 输入或非门一个反相器	CC4000	CD4000B
4001	四个 2 输入或非门	CC4001	CD4001B
4002	双 4 输入或非门	CC4002	CD4002B
4009	六个反相器(驱动器)	CC4009	CD4009B
4010	六个缓冲器	CC4010	CD4010B
4011	四个 2 输入与非门	CC4011	CD4011B
4012	双 4 输入与非门	CC4012	CD4012B
4013	双 D 触发器	CC4013	CD4013B
4014	8 位移位寄存器	CC4014	CD4014B
4015	双 4 位串入/并出移位寄存器	CC4015	CD4015B
4017	十进制计数器	CC4017	CD4017B
4023	三个 3 输入与非门	CC4023	CD4023B
4024	7 位二进制计数器	CC4024	CD4024B
4025	三个 3 输入或非门	CC4025	CD4025B
4026	十进制计数器(带 7 段译码)	CC4026	CD4026B
4027	双 JK 触发器	CC4027	CD4027B
4028	4 线-10 线译码器	CC4028	CD4028B
4040	12 位二进制串行计数器	CC4040	CD4040B
4051	八选一模拟开关	CC4051	CD4051B
4052	双四选一模拟开关	CC4052	CD4052B

习题和自测题答案

第 1 章　数字逻辑概述

习题答案：

1. 解：(1) $(110011)_2 = (51)_{10} = (63)_8 = (33)_{16}$；

(2) $(1100.11)_2 = (12.75)_{10} = (14.6)_8 = (C.C)_{16}$；

(3) $(1.1001)_2 = (1.5625)_{10} = (1.44)_8 = (1.9)_{16}$；

(4) $(101.001)_2 = (5.125)_{10} = (5.1)_8 = (5.2)_{16}$。

2. 解：(1) $(46)_{10} = (101110)_2 = (56)_8 = (2E)_{16}$；

(2) $(23.75)_{10} = (10111.11)_2 = (27.6)_8 = (17.C)_{16}$；

(3) $(5.254)_{10} = (101.01000)_2 = (5.2)_8 = (5.4)_{16}$；

(4) $(65.9)_{10} = (1000001.11100)_2 = (101.7)_8 = (41.E)_{16}$。

3. 解：(1) $(13.5)_8 = (1011.101)_2$；

(2) $(362)_8 = (11110010)_2$；

(3) $(1B.F)_{16} = (11011.1111)_2$；

(4) $(5A.FB)_{16} = (1011010.11111011)_2$。

4. 解：(1) $(36)_{10} = (0011\ 0110)_{8421} = (0110\ 1001)_{余3}$；

(2) $(73.75)_{10} = (0111\ 0011.0111\ 0101)_{8421} = (1010\ 0110.1010\ 1000)_{余3}$。

5. 解：(1) $(100100110101)_{8421} = (935)_{10}$；

(2) $(010011011011)_{2421} = (475)_{10}$；

(3) $(10010011.0101)_{余3} = (60.2)_{10}$。

6. 解：

序　号	原　码	补　码	反　码
(1) $+1101$	00001101	00001101	00001101
(2) -1101	10001101	11110011	11110010
(3) $+0.1101$	0.1101000	0.1101000	0.1101000
(4) -0.1101	1.1101000	1.0011000	1.0010111

7. 解：$[X_1]_{原} = [X_1]_{反} = [X_1]_{补} = 00001100$；

$[X_2]_{原} = 10010111, [X_2]_{反} = 11101000, [X_2]_{补} = 11101001$，

$[-X_2]_{反}=00010111,[-X_2]_{补}=00010111;$

$[X_1+X_2]_{补}=00001100+11101001=11110101=-11;$

$[X_1-X_2]_{补}=00001100+00010111=00100011=+35;$

$[X_1+X_2]_{反}=00001100+11101000=11110100=-11;$

$[X_1-X_2]_{反}=00001100+00010111=00100011=+35。$

8. **解**：格雷码转换为二进制码的方法如下：假设 n 位格雷码为 $G_{n-1}G_{n-2}\cdots G_1G_0$，对应的 n 位二进制数码为 $B_{n-1}B_{n-2}\cdots B_1B_0$，则有 $B_{n-1}=G_{n-1},B_i=B_{i+1}\oplus G_i(i=n-2,n-3,\cdots,1,0)$。

9. **解**：数字电路的分类如下。

(1) 按照电路的集成度不同，可以分为小规模、中规模、大规模和超大规模集成电路。

(2) 按照电路使用的晶体管不同，可以分为 TTL(双极型)电路和 CMOS(单极型)电路。

(3) 按照电路的工作原理不同，可以分为组合逻辑电路和时序逻辑电路。

10. **解**：模拟量——连续的量或具有连续的值；数字量——和数字或离散量有关，具有不连续的值；数字量可以更有效和更可靠地传输和存储。

自测题答案：

一、单选题

1. (C)　　2. (D)　　3. (A)　　4. (B)　　5. (D)　　6. (A)　　7. (B)

8. (C)　　9. (D)　　10. (A)　　11. (D)　　12. (C)　　13. (B)　　14. (A)

15. (C)　　16. (A)　　17. (D)　　18. (A)　　19. (B)　　20. (D)　　21. (D)

22. (A)　　23. (B)　　24. (C)　　25. (D)　　26. (B)　　27. (B)　　28. (D)

29. (A)　　30. (C)

二、判断题

1. 对；2. 对；3. 错；4. 错；5. 对；6. 对；7. 对；8. 错；9. 错；10. 错。

第2章　布尔代数和逻辑化简

习题答案：

1. **解**：对于 A、B、C 3 组的不同取值，3 个函数的值分别如下表所示。

变 量 取 值	001	011	110
(1) $F=AB+A\overline{C}$	0	0	1
(2) $F=(A+\overline{B}+\overline{C})(A+B)$	0	0	1
(3) $F=\overline{A}(B+\overline{C})$	1	1	0

2. **解**：(1) 假；(2) 假；(3) 假。

3. **证明**：(1) 代数法：左 $=\overline{A}B+A\overline{B}+B=(\overline{A}+1)B+A\overline{B}=B+A\overline{B}=A+B=$右

　　　　　　真值表法：

A	B	$\overline{A}B$	$A\overline{B}$	$\overline{A}B+A\overline{B}+B$	$A+B$
0	0	0	0	0	0
0	1	1	0	1	1
1	0	0	1	1	1
1	1	0	0	1	1

由上面的真值表可知,对于 A、B 的任意一种取值,$\overline{A}B+A\overline{B}+B$ 的值始终与 $A+B$ 的值相等,故 $\overline{A}B+A\overline{B}+B=A+B$ 成立。

(2) 代数法:

左 $=(AB)\oplus(AC)=AB\,\overline{AC}+\overline{AB}AC=AB(\overline{A}+\overline{C})+(\overline{A}+\overline{B})AC=AB\overline{C}+A\overline{B}C=A(B\oplus C)=$ 右

真值表法(略)。

(3) 左 $=\overline{AC}+\overline{AB}=\overline{AC}\cdot\overline{AB}=(A+\overline{C})(\overline{A}+\overline{B})=A\overline{C}+\overline{AB}+\overline{BC}=A\overline{C}+\overline{AB}=$ 右

真值表法(略)。

4. **解**:(1) $F'=(A+B)(A+\overline{C}D)$,$\overline{F}=(\overline{A}+\overline{B})(\overline{A}+CD)$;

(2) $F'=[(A+B)\overline{C}+D](D+E)+G$,$\overline{F}=[(\overline{A}+\overline{B})C+\overline{D}](\overline{D}+\overline{E})+\overline{G}$;

(3) $F'=\overline{A+B\overline{C}}\cdot\overline{A\,\overline{B}+C}$,$\overline{F}=\overline{\overline{A}+BC}\cdot\overline{\overline{A}\cdot\overline{B}+\overline{C}}$。

5. **解**:(1) 标准与或式: $F=(A+B)(\overline{A}+\overline{C})=A\overline{C}+\overline{A}B+B\overline{C}=A\overline{B}\overline{C}+\overline{A}BC+A\overline{B}\overline{C}+AB\overline{C}=\sum m(2,3,4,6)$;

标准或与式: $F=\sum m(2,3,4,6)=\overline{\sum m(0,1,5,7)}=\prod M(0,1,5,7)$。

(2) 标准与或式: $F=\overline{A}\overline{B}+\overline{A}C+\overline{B}C=\overline{A}\overline{B}\overline{C}+\overline{A}BC+\overline{A}\overline{B}C+A\overline{B}C=\sum m(0,1,2,5)$;

标准或与式: $F=\sum m(0,1,2,5)=\overline{\sum m(3,4,6,7)}=\prod M(3,4,6,7)$。

6. **解**:(过程略)

(1) $F=A+CD$;

(2) $F=A+BC$;

(3) $F=AC+\overline{B}C$;

(4) $F=\overline{C}+AB$;

(5) $F=\overline{B}\overline{C}+\overline{A}\overline{C}D+\overline{B}\overline{D}+A\overline{D}$;

(6) $F=\overline{B}+\overline{A}D+A\overline{C}D$;

(7) 提示:由约束条件 $AB+CD=0$ 可知,在函数中不可能出现 $AB=11$ 和 $CD=11$ 的情况,即 $AB=11$ 和 $CD=11$ 是函数的无关项,即原函数可以写成 $F=\sum m(1,4,5,6,10)+\sum d(3,7,11,12,13,14,15)$。将无关项和表达式各项填入卡诺图中并进行化简,结果为 $F=B+\overline{A}D+AC$。

7. **解**:(1) 最简与或式: $F=AD+C$;

最简与非式: $F=\overline{\overline{AD+C}}=\overline{\overline{AD}\cdot\overline{C}}$;

最简或与式:求反函数,有 $\overline{F}=\overline{AD+C}=\overline{A}\overline{C}+\overline{C}\overline{D}$,再求反函数的反函数,有 $F=(A+C)(C+D)$;

最简或非式：$F=(A+C)(C+D)=\overline{\overline{(A+C)(C+D)}}=\overline{\overline{A+C}+\overline{C+D}}$；

最简与或非式：$F=\overline{\overline{A}\overline{C}+\overline{C}\overline{D}}$。

（2）最简与或式：$F(A,B,C,D)=C\overline{D}+\overline{A}\overline{D}+\overline{A}\overline{B}\overline{C}+ABC$；

最简与非式：$F(A,B,C,D)=\overline{\overline{C\overline{D}+\overline{A}\overline{D}+\overline{A}\overline{B}\overline{C}+ABC}}=\overline{\overline{C\overline{D}}\cdot\overline{\overline{A}\overline{D}}\cdot\overline{\overline{A}\overline{B}\overline{C}}\cdot\overline{ABC}}$；

最简或与式：先求反函数，有 $\overline{F}(A,B,C,D)=\overline{\sum(0,1,2,4,6,10,14,15)}=\sum m(3,$
$5,7,8,9,11,12,13)=A\overline{C}+\overline{A}BD+\overline{B}CD$，再求反函数的反函数，有 $F(A,B,C,D)=(\overline{A}+C)(A+\overline{B}+\overline{D})(B+\overline{C}+\overline{D})$；

最简或非式：$F(A,B,C,D)=\overline{\overline{(\overline{A}+C)(A+\overline{B}+\overline{D})(B+\overline{C}+\overline{D})}}$
$$=\overline{\overline{\overline{A}+C}+\overline{A+\overline{B}+\overline{D}}+\overline{B+\overline{C}+\overline{D}}};$$

最简与或非式：$F(A,B,C,D)=\overline{A\overline{C}+\overline{A}BD+\overline{B}CD}$。

8. **解**：两个函数的卡诺图分别如下。

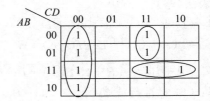

所以有：$F_1=AC+\overline{A}CD$；$F_2=\overline{A}CD+ABC+\overline{C}D$。

9. **解**：（1）$F_1=\overline{\overline{A}+\overline{B}}=AB$；

（2）$F_2=\overline{\overline{A}\cdot\overline{B}}=A+B$；

（3）$F_3=\overline{ABC}=\overline{A}+\overline{B}+\overline{C}$；

（4）$F_4=\overline{A+B+C}=\overline{A}\overline{B}\overline{C}$；

（5）$F_5=\overline{A(B+C)}=\overline{A}+\overline{B+C}=\overline{A}+\overline{B}\overline{C}$；

（6）$F_6=\overline{AB+CD}=\overline{A}+\overline{B}+\overline{C}+\overline{D}$；

（7）$F_7=\overline{AB+CD}=\overline{AB}\cdot\overline{CD}=(\overline{A}+\overline{B})(\overline{C}+\overline{D})$；

（8）$F_8=\overline{(A+\overline{B})(\overline{C}+D)}=\overline{A+\overline{B}}+\overline{\overline{C}+D}=\overline{A}B+C\overline{D}$。

10. **解**：填写函数的卡诺图，画卡诺圈时有两种圈法，可以圈 1，也可以圈 0。

方法一：在卡诺图中选择圈 1，共有两个圈，如下图所示。

F $\diagdown$ BC A	00	01	11	10
0	1	1	1	0
1	1	1	1	0

此时可以直接写出原函数 F 的最简与或式，即 $F=\overline{B}+C$。

方法二：在卡诺图中选择圈 0，只有 1 个圈，如下图所示。

F $\diagdown$ BC A	00	01	11	10
0	1	1	1	0
1	1	1	1	0

此时可以直接写出反函数 $\overline{F}=B\overline{C}$,则利用摩根定理得 $F=\overline{B}+C$。

自测题答案:

一、单选题

1.（B） 2.（A） 3.（D） 4.（D） 5.（C） 6.（A） 7.（B）

8.（C） 9.（C） 10.（C） 11.（A） 12.（D） 13.（B） 14.（C）

15.（A） 16.（C） 17.（D） 18.（C） 19.（C） 20.（D） 21.（D）

22.（A） 23.（C） 24.（B） 25.（D） 26.（A） 27.（D） 28.（C）

29.（B） 30.（A）

二、判断题

1. 对；2. 错；3. 对；4. 对；5. 错；6. 对；7. 错；8. 错；9. 错；10. 对。

第 3 章　组合逻辑电路

习题答案:

1. **解**：真值表如下：

A	B	C	D	F	A	B	C	D	F
0	0	0	0	1	1	0	0	0	1
0	0	0	1	1	1	0	0	1	0
0	0	1	0	1	1	0	1	0	0
0	0	1	1	0	1	0	1	1	1
0	1	0	0	1	1	1	0	0	0
0	1	0	1	0	1	1	0	1	1
0	1	1	0	0	1	1	1	0	1
0	1	1	1	1	1	1	1	1	0

最简与或表达式 $F=\overline{A}\overline{C}\overline{D}+\overline{A}\overline{B}\overline{C}+\overline{A}\overline{B}\overline{D}+\overline{B}C\overline{D}+\overline{A}BCD+AB\overline{C}D+ABC\overline{D}+A\overline{B}CD$

2. **解**：$Y_1=\overline{\overline{AB}+A\overline{B}}=\overline{A}B+A\overline{B}$,异或；

$Y_2=\overline{\overline{\overline{AB}\cdot A}\cdot\overline{\overline{AB}\cdot B}}=(AB+\overline{A})(AB+\overline{B})=\overline{A}\overline{B}+AB$,同或。

3. **解**：由图 3-60 可列出真值表，再写出表达式：$F=AB\overline{C}+\overline{A}BC$。

4. **解**：$Y=\overline{(A\oplus S_1)\cdot(B\oplus S_1)}\oplus S_2$。

S_1	S_2	Y
0	0	$Y=\overline{A+B}$
0	1	$Y=A+B$
1	0	$Y=AB$
1	1	$Y=\overline{AB}$

5. 解：$Y=(AB+\bar{B})C+AB=AB+\bar{B}C=\overline{\overline{AB+\bar{B}C}}=\overline{\overline{AB}\cdot\overline{\bar{B}C}}$,依据表达式画出电路图即可。

6. 解：当输入端全为 0 或全为 1 时,为逻辑一致,所以不一致电路的表达式为 $Y=\overline{A}\,\overline{B}\,\overline{C}\,\overline{D}+ABCD$。

7. 解：

X_2	X_1	X_0	Y_2	Y_1	Y_0
0	0	0	0	0	0
0	0	1	0	0	1
0	1	0	0	1	0
0	1	1	0	1	1
1	0	0	1	0	1
1	0	1	1	1	0
1	1	0	1	1	1
1	1	1	d	d	d

由以上真值表得：$Y_2=X_2$,$Y_1=X_1+X_2X_0=\overline{\overline{X_1}\,\overline{X_2X_0}}$,$Y_0=X_2\,\overline{X_0}+\overline{X_2}X_0=\overline{\overline{X_2\,\overline{X_0}}\,\overline{\overline{X_2}X_0}}$。

8. 解：因为有 4 个功能,所以设有两个控制端 S_1 和 S_0。

S_1	S_0	Y
0	0	$F=AB$
0	1	$F=\overline{A\oplus B}$
1	0	$F=A+B$
1	1	$F=\overline{AB}$

$F=\overline{S_1}\,\overline{S_0}AB+\overline{S_1}S_0\,\overline{A\oplus B}+S_1\,\overline{S_0}(A+B)+S_1S_0\,\overline{AB}$

$=\overline{S_1}AB+S_0\overline{AB}+S_1S_0\overline{A}+S_1\,\overline{S_0}B+S_1A\overline{B}$

$=\overline{\overline{\overline{S_1}AB}\cdot\overline{S_0\overline{AB}}\cdot\overline{S_1S_0\overline{A}}\cdot\overline{S_1\,\overline{S_0}B}\cdot\overline{S_1A\overline{B}}}$(此题答案不唯一)。

9. 解：

A	B	C	D	F	A	B	C	D	F
0	0	0	0	0	1	0	0	0	0
0	0	0	1	0	1	0	0	1	1
0	0	1	0	0	1	0	1	0	1
0	0	1	1	1	1	0	1	1	0
0	1	0	0	0	1	1	0	0	1
0	1	0	1	1	1	1	0	1	1
0	1	1	0	1	1	1	1	0	0
0	1	1	1	0	1	1	1	1	1

$F=\overline{A}\,\overline{B}CD+\overline{A}B\overline{C}D+\overline{A}BC\overline{D}+AB\overline{C}\overline{D}+ABCD+A\overline{B}\overline{C}D+A\overline{B}C\overline{D}$。

10. 解：(提示)设两位二进制数分别为 X_1X_0 和 Y_1Y_0,比较结果为 $F_{X>Y}$(大于)、$F_{X=Y}$

（等于）、$F_{X<Y}$（小于），列出真值表如下。

X_1	X_0	Y_1	Y_0	$F_{X>Y}$	$F_{X=Y}$	$F_{X<Y}$	X_1	X_0	Y_1	Y_0	$F_{X>Y}$	$F_{X=Y}$	$F_{X<Y}$
0	0	0	0	0	1	0	1	0	0	0	1	0	0
0	0	0	1	0	0	1	1	0	0	1	1	0	0
0	0	1	0	0	0	1	1	0	1	0	0	1	0
0	0	1	1	0	0	1	1	0	1	1	0	0	1
0	1	0	0	1	0	0	1	1	0	0	1	0	0
0	1	0	1	0	1	0	1	1	0	1	1	0	0
0	1	1	0	0	0	1	1	1	1	0	1	0	0
0	1	1	1	0	0	1	1	1	1	1	0	1	0

表达式 $F_{X>Y}=X_1\,\overline{Y_1}+X_0\,\overline{Y_1}\,\overline{Y_0}+X_1X_0\,\overline{Y_0}$；

$F_{X<Y}=\overline{X_1}Y_1+\overline{X_1}\,\overline{X_0}Y_0+X_0Y_1Y_0$；

$F_{X=Y}=\overline{X_1}\,\overline{X_0}\,\overline{Y_1}\,\overline{Y_0}+\overline{X_1}X_0\,\overline{Y_1}Y_0+X_1\,\overline{X_0}Y_1\,\overline{Y_0}+X_1X_0Y_1Y_0$。将上面 3 个函数分别
等价转换为与或非式，即可满足题目要求，实现一个两位二进制的比较电路。

11. **解**：（提示）因为 8421 码加 0011(3) 后可得到余 3 码，所以将余 3 码减去 0011 可得
8421 码，即加 1101。电路如下：

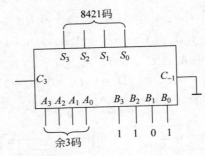

12. **解**：

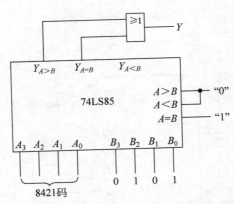

13. **解**：将以上函数转换为与四选一数据选择器相匹配的形式，在输入端输入相应的变量。

(1) $F=\overline{A}\,\overline{B}\cdot 1+\overline{A}B\cdot 0+A\overline{B}\cdot 1+ABC$，所以 $A_1=A$、$A_0=B$、$D_0=1$、$D_1=0$、$D_2=1$、
$D_3=C$。

(2) $F=\overline{B}\,\overline{D}\cdot AC+\overline{B}D(\overline{C}+\overline{A})+B\overline{D}\,\overline{C}+BD\overline{C}$，所以 $A_1=B$、$A_0=D$、$D_0=AC$、$D_1=\overline{AC}$、

$D_2 = \overline{C}$、$D_3 = \overline{C}$。

(3) $F = \overline{B}D + \overline{A}CD + \overline{A}\overline{B}\overline{C} = \overline{A}D\,\overline{BC} + \overline{A}D(B+C) + A\overline{D}\overline{B} + AD \cdot 0$，所以 $A_1 = A$、$A_0 = D$、$D_0 = \overline{BC}$、$D_1 = B+C$、$D_2 = \overline{B}$、$D_3 = 0$。

14. **解**：将以上函数转换为与八选一数据选择器相匹配的形式，在输入端输入相应的变量。

(1) $F = (\overline{A}\overline{B}\overline{C} + \overline{A}\overline{B}C + A\overline{B}\overline{C} + A\overline{B}C + ABC) \cdot 1 + (\overline{A}B\overline{C} + \overline{A}BC + AB\overline{C}) \cdot 0$，所以 $A_2 = A$、$A_1 = B$、$A_0 = C$、$D_0 = 1$、$D_1 = 1$、$D_2 = 0$、$D_3 = 0$、$D_4 = 1$、$D_5 = 1$、$D_6 = 0$、$D_7 = 1$。

(2) $F = \overline{A}\overline{C}\overline{D} \cdot B + \overline{A}\overline{C}D \cdot 1 + \overline{A}C\overline{D} \cdot 0 + \overline{A}CD \cdot \overline{B} + A\overline{C}\overline{D} \cdot B + A\overline{C}D \cdot 1 + AC\overline{D} \cdot \overline{B} + ACD \cdot 0$，所以 $A_2 = A$、$A_1 = C$、$A_0 = D$、$D_0 = B$、$D_1 = 1$、$D_2 = 0$、$D_3 = \overline{B}$、$D_4 = B$、$D_5 = 1$、$D_6 = \overline{B}$、$D_7 = 0$。

(3) $F = \overline{A}\overline{B}\overline{D} \cdot 1 + \overline{A}\overline{B}D \cdot C + \overline{A}B\overline{D} \cdot \overline{C} + \overline{A}BD \cdot 1 + A\overline{B}\overline{D} \cdot 1 + A\overline{B}D \cdot 0 + AB\overline{D} \cdot 0 + ABD \cdot 1$，所以 $A_2 = A$、$A_1 = B$、$A_0 = D$、$D_0 = 1$、$D_1 = C$、$D_2 = \overline{C}$、$D_3 = 1$、$D_4 = 1$、$D_5 = 0$、$D_6 = 0$、$D_7 = 1$。

15. **解**：(提示)$A_2 = A_n$、$A_1 = B_n$、$A_0 = C_{n-1}$，全加器的表达式变形为

$$C_n = \overline{A_n}B_nC_{n-1} + A_n\overline{B_n}C_{n-1} + A_nB_n\overline{C_{n-1}} + A_nB_nC_{n-1}$$
$$= \overline{A_n}\,\overline{B_n}\,\overline{C_{n-1}} \cdot 0 + \overline{A_n}\,\overline{B_n}C_{n-1} \cdot 0 + \overline{A_n}B_n\overline{C_{n-1}} \cdot 0 + \overline{A_n}B_nC_{n-1} \cdot 1 +$$
$$A_n\overline{B_n}\,\overline{C_{n-1}} \cdot 0 + A_n\overline{B_n}C_{n-1} \cdot 1 + A_nB_n\overline{C_{n-1}} \cdot 1 + A_nB_nC_{n-1} \cdot 1$$

所以 $D_0 = 0$、$D_1 = 0$、$D_2 = 0$、$D_3 = 1$、$D_4 = 0$、$D_5 = 1$、$D_6 = 1$、$D_7 = 1$。

$$S_n = \overline{A_n}\,\overline{B_n}C_{n-1} + \overline{A_n}B_n\overline{C_{n-1}} + A_n\overline{B_n}\,\overline{C_{n-1}} + A_nB_nC_{n-1}$$
$$= \overline{A_n}\,\overline{B_n}\,\overline{C_{n-1}} \cdot 0 + \overline{A_n}\,\overline{B_n}C_{n-1} \cdot 1 + \overline{A_n}B_n\overline{C_{n-1}} \cdot 1 + \overline{A_n}B_nC_{n-1} \cdot 0 +$$
$$A_n\overline{B_n}\,\overline{C_{n-1}} \cdot 1 + A_n\overline{B_n}C_{n-1} \cdot 0 + A_nB_n\overline{C_{n-1}} \cdot 0 + A_nB_nC_{n-1} \cdot 1$$

所以 $D_0 = 0$、$D_1 = 1$、$D_2 = 1$、$D_3 = 0$、$D_4 = 1$、$D_5 = 0$、$D_6 = 0$、$D_7 = 1$。

16. **解**：(1) $F = \overline{A}C + B\overline{C} + \overline{A}BC = \sum m(0,1,2,6) = \overline{\overline{m_0}\ \overline{m_1}\ \overline{m_2}\ \overline{m_6}}$。

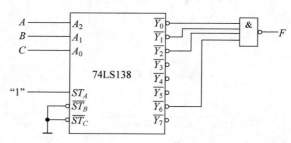

(2) $F(A,B,C) = \sum m(0,2,4,5,7) = \overline{\overline{m_0}\ \overline{m_2}\ \overline{m_4}\ \overline{m_5}\ \overline{m_7}}$。

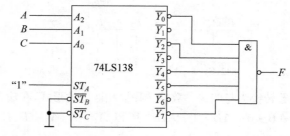

17. **解**：(提示)假设设备故障为"1"，正常为"0"，红灯为 R、绿灯为 G、黄灯为 Y，则有表

达式为

$$R = \sum m(1,2,4,7) = \overline{\overline{m_1}\ \overline{m_2}\ \overline{m_4}\ \overline{m_7}}, \quad G = \sum m(0,7) = \overline{\overline{m_0}\ \overline{m_7}},$$

$$Y = \sum m(3,5,6,7) = \overline{\overline{m_3}\ \overline{m_5}\ \overline{m_6}\ \overline{m_7}}$$

电路构造与习题16类同。

18. **解:**（提示）将表达式变形为

$$\begin{cases} F_1 = \sum m(0,2,6) = \overline{\overline{m_0}\ \overline{m_2}\ \overline{m_6}} \\ F_2 = \sum m(3,5,7) = \overline{\overline{m_3}\ \overline{m_5}\ \overline{m_7}} \end{cases}$$

电路构造方法与习题16类同。

19. **解:**（1）不存在。

（2）存在冒险,添加冗余项 $\overline{B}D$,将表达式变为 $F = \overline{A}D + A\overline{B} + A\overline{C}\overline{D} + \overline{B}D$。

（3）存在冒险,将表达式变为 $F = AB + \overline{A}C + BC$。

（4）不存在。

自测题答案:

一、单选题

1. (B)　2. (A)　3. (D)　4. (A)　5. (B)　6. (D)　7. (B)

8. (D)　9. (C)　10. (C)　11. (A)　12. (C)　13. (A)　14. (B)

15. (C)　16. (C)　17. (D)　18. (A)　19. (B)　20. (A)　21. (A)

22. (D)　23. (C)　24. (A)　25. (B)　26. (A)　27. (D)　28. (B)

29. (A)　30. (C)

二、判断题

1. 错；2. 错；3. 对；4. 对；5. 对；6. 错；7. 错；8. 对；9. 错；10. 对。

第4章 触 发 器

习题答案:

1. **解:**

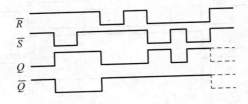

2. **解:**

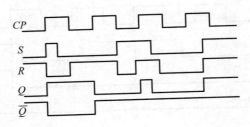

3. 解：

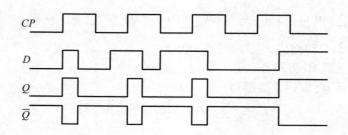

4. 解：

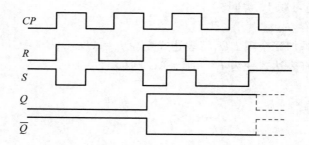

5. 解：

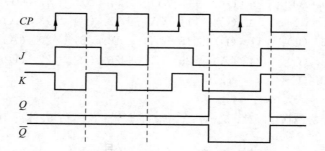

6. 解：

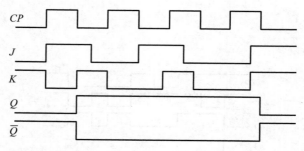

7. 解：$Q_1^{n+1} = X \oplus Q_1^n$；$Q_2^{n+1} = Q_1^n$。

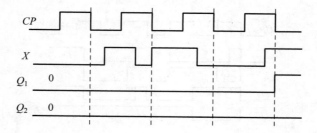

8. 解：$Q_1^{n+1} = \overline{Q_1^n \oplus Q_2^n}$；$Q_2^{n+1} = Q_1^n \overline{Q_2^n}$。

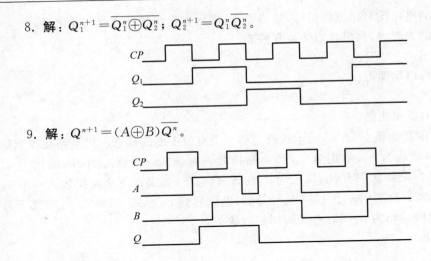

9. 解：$Q^{n+1} = (A \oplus B)\overline{Q^n}$。

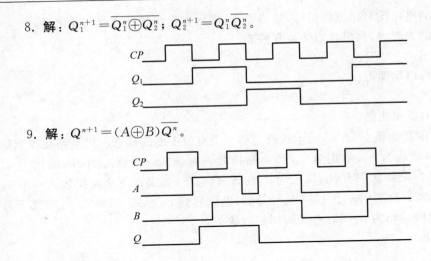

自测题答案：

一、单选题

1.（B）　2.（C）　3.（D）　4.（D）　5.（B）　6.（A）　7.（B）

8.（C）　9.（B）　10.（D）　11.（C）　12.（A）　13.（C）　14.（C）

15.（A）　16.（D）　17.（A）　18.（A）　19.（D）　20.（B）　21.（D）

22.（A）　23.（A）　24.（C）　25.（A）　26.（C）　27.（A）　28.（B）

29.（D）　30.（D）

二、判断题

1. 错；2. 对；3. 错；4. 错；5. 对；6. 错；7. 对；8. 错；9. 错；10. 对。

第5章　时序逻辑电路

习题答案：

1. 答：组合逻辑电路在任一时刻的稳定输出仅取决于该时刻电路的输入。而时序逻辑电路在任一时刻的稳定输出不仅与该时刻电路的输入有关，而且还与电路原来的状态有关，即与电路以前的输入信号有关。这是时序逻辑电路区别于组合逻辑电路的最大特点。

描述时序逻辑电路通常需要 3 种方程：输出方程、激励方程、状态方程。

2. 答：Mealy 型时序逻辑电路中，输出 Z_i 不仅是当前外部输入 $X_1 \sim X_n$ 的函数，同时也是当前状态 $Q_1^n \sim Q_m^n$ 的函数。Moore 型时序逻辑电路中，输出 Z_i 是当前状态 $Q_1^n \sim Q_m^n$ 的函数，或者根本不存在专门的输出 Z_i，而以电路中触发器的状态直接作为输出。

3. 答：同步时序逻辑电路中，所有触发器共用同一个时钟脉冲信号 CP，在 CP 作用下，满足转换条件的触发器状态同步转换，即触发器状态的更新和 CP 同步。

异步时序逻辑电路中，时钟脉冲信号 CP 只能触发部分触发器，其余触发器由电路内部信号触发。因此，具备转换条件的触发器状态变化有先后顺序，并不与 CP 同步。

4. 答：同步时序逻辑电路的分析通常可以按照以下步骤进行。

（1）根据给定的电路图写出方程组（即输出方程、激励方程和状态方程），并化简。

（2）根据电路的方程组，列出状态转换真值表。

（3）画出状态图。

（4）检查电路自启动能力。

（5）画时序图。

（6）描述电路的逻辑功能。

5. 解：设电路的初始状态为 S_0，表示接收到第一个有效 1 前的状态。当电路接收到第一个有效 1 时，电路状态为 S_1，输出为 0。当电路接收到有效 10 时，状态为 S_2，输出为 0。当电路接收到 101 时，电路状态为 S_3，输出为 0，在 S_3 状态下，如果接下来又接收到一个 1，此时电路输出为 1，表示检测到一个 1011 信号，同时电路回到 S_2 状态，如果在 S_3 状态下接收到一个 0 信号，此时输出为 0，同时电路回到初始状态 S_0。

电路状态图如下。

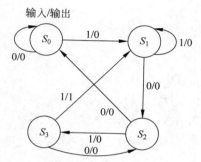

6. 答：寄存器是常用的时序逻辑电路之一，主要用来存放数码、运算结果或指令等二进制信息。它除了可实现对数据的接收、保存、传送和清除等基本功能外，根据需要有的还具有移位、串/并输入、串/并输出以及预置等功能。

计数器是数字系统中应用最广泛的时序逻辑电路之一，其功能是对输入时钟脉冲 CP 的个数进行累计。

计数器种类很多，特点各异。通常有以下几种不同的分类方法。

（1）按数制分类：二进制计数器、十进制计数器。

（2）按计数功能分类：加法计数器、减法计数器、加/减（可逆）计数器。

（3）按触发器翻转方式分类：同步计数器、异步计数器。

这几种分类方法互相融和。例如，在同步计数器中，又可以根据进位制或者计数增减进一步详细分类。

7. 解：（1）写方程组。

激励方程：

$$D_0 = \overline{Q_1^n}\ \overline{Q_0^n}$$
$$D_1 = Q_0^n$$
$$D_2 = Q_1^n$$

状态方程：

$$Q_0^{n+1} = D_0 = \overline{Q_1^n}\ \overline{Q_0^n}$$
$$Q_1^{n+1} = D_1 = Q_0^n$$

$$Q_2^{n+1} = D_2 = Q_1^n$$

（2）状态转换真值表。

现 态			次 态		
Q_2^n	Q_1^n	Q_0^n	Q_2^{n+1}	Q_1^{n+1}	Q_0^{n+1}
0	0	0	0	0	1
0	0	1	0	1	0
0	1	0	1	0	0
0	1	1	1	1	0
1	0	0	0	0	1
1	0	1	0	1	0
1	1	0	1	0	0
1	1	1	1	1	0

（3）状态图。

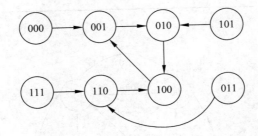

（4）波形图。

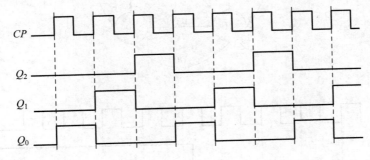

（5）功能描述。

通过波形图和状态图可知，随着 CP 脉冲的到来，电路由初始状态进入到 001 状态后，电路始终在 001、010、100 3 个状态中循环，即每来一个脉冲，就发生一次左移，相当于一个左移寄存器。除 001、010、100 之外的其他 5 个状态为电路的无用状态。

8. **解**：（1）写方程组。

输出方程：
$$Z = \overline{X}Q_0^n Q_1^n + X\overline{Q_0^n}\,\overline{Q_1^n}$$

激励方程：
$$J_0 = K_0 = 1$$
$$J_1 = K_1 = X \oplus Q_0^n$$

状态方程：

$$Q_0^{n+1} = \overline{Q_0^n}$$
$$Q_1^{n+1} = X \oplus Q_0^n \oplus Q_1^n$$

（2）状态转换真值表。

输 入	现 态		次 态		输 出
X	Q_1^n	Q_0^n	Q_1^{n+1}	Q_0^{n+1}	Z
0	0	0	0	1	0
0	0	1	1	0	0
0	1	0	1	1	0
0	1	1	0	0	1
1	0	0	1	1	1
1	0	1	0	0	0
1	1	0	0	1	0
1	1	1	1	0	0

（3）状态图。

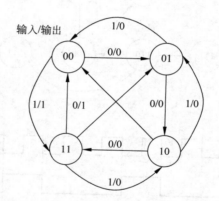

（4）波形图。

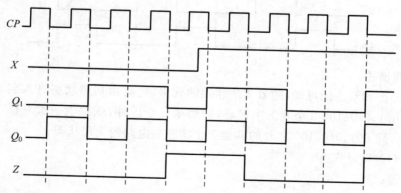

（5）功能描述。

通过波形图和状态图可知，随着 CP 脉冲的到来，当输入信号 $X=0$ 时，进行加法计数，$X=1$ 时，进行减法计数。该电路是一个四进制加减法计数器，X 是加减控制端，Z 是进位或借位输出端。

9. **解**：(1) 写方程组。

时钟方程：

$$CP_0 = CP_1 = CP \quad (CP \downarrow)$$
$$CP_2 = Q_1 \quad (Q_1 \downarrow)$$

激励方程：

$$J_0 = \overline{Q_2^n Q_1^n}, \quad K_0 = 1; \quad J_1 = Q_0^n, \quad K_1 = \overline{\overline{Q_2^n}\ \overline{Q_0^n}} = Q_2^n + Q_0^n, \quad J_2 = K_2 = 1$$

状态方程：

$$Q_0^{n+1} = J_0 \overline{Q_0^n} + \overline{K_0} Q_0^n = \overline{Q_2^n Q_1^n}\ \overline{Q_0^n} \quad (CP \downarrow)$$
$$Q_1^{n+1} = J_1 \overline{Q_1^n} + \overline{K_1} Q_1^n = \overline{Q_1^n} Q_0^n + \overline{Q_2^n} Q_1^n \overline{Q_0^n} \quad (CP \downarrow)$$
$$Q_2^{n+1} = J_2 \overline{Q_2^n} + \overline{K_2} Q_2^n = \overline{Q_2^n} \quad (Q_1 \downarrow)$$

(2) 根据激励方程和状态方程,列出状态转换真值表。

外部时钟	现 态			次 态			触发器时钟		
CP	Q_2^n	Q_1^n	Q_0^n	Q_2^{n+1}	Q_1^{n+1}	Q_0^{n+1}	CP_2	CP_1	CP_0
$\downarrow$	0	0	0	0	0	1	0	$\downarrow$	$\downarrow$
$\downarrow$	0	0	1	0	1	0	$\uparrow$	$\downarrow$	$\downarrow$
$\downarrow$	0	1	0	0	1	1	1	$\downarrow$	$\downarrow$
$\downarrow$	0	1	1	1	0	0	$\downarrow$	$\downarrow$	$\downarrow$
$\downarrow$	1	0	0	0	1	0	1	$\downarrow$	$\downarrow$
$\downarrow$	1	0	1	1	1	0	$\uparrow$	$\downarrow$	$\downarrow$
$\downarrow$	1	1	0	0	0	0	$\downarrow$	$\downarrow$	$\downarrow$
$\downarrow$	1	1	1	0	0	0	$\downarrow$	$\downarrow$	$\downarrow$

(3) 由状态转换真值表得到状态图。

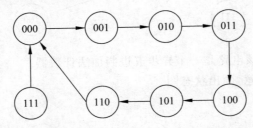

(4) 由状态图可知,该电路是一个异步七进制加法计数器。

10. **解**：(1) 写方程组。

时钟方程：

$$CP_0 = CP_2 = CP \quad (CP \downarrow)$$
$$CP_1 = Q_0 \quad (Q_0 \downarrow)$$

激励方程：

$$J_0 = \overline{Q_2^n}, \quad K_0 = 1; \quad J_1 = K_1 = 1; \quad J_2 = Q_1^n Q_0^n, \quad K_2 = 1$$

状态方程：

$$Q_0^{n+1} = J_0\overline{Q_0^n} + \overline{K_0}Q_0^n = \overline{Q_2^n}\,\overline{Q_0^n} \quad (CP\downarrow)$$

$$Q_1^{n+1} = J_1\overline{Q_1^n} + \overline{K_1}Q_1^n = \overline{Q_1^n} \quad (Q_0\downarrow)$$

$$Q_2^{n+1} = J_2\overline{Q_2^n} + \overline{K_2}Q_2^n = \overline{Q_2^n}Q_1^nQ_0^n \quad (CP\downarrow)$$

（2）根据激励方程和状态方程，列出状态转换真值表。

外部时钟	现 态			次 态			触发器时钟		
CP	Q_2^n	Q_1^n	Q_0^n	Q_2^{n+1}	Q_1^{n+1}	Q_0^{n+1}	CP_2	CP_1	CP_0
↓	0	0	0	0	0	1	↓	↑	↓
↓	0	0	1	0	1	0	↓	↓	↓
↓	0	1	0	0	1	1	↓	↑	↓
↓	0	1	1	1	0	0	↓	↓	↓
↓	1	0	0	0	0	0	↓	0	↓
↓	1	0	1	0	1	0	↓	↓	↓
↓	1	1	0	0	1	0	↓	0	↓
↓	1	1	1	0	0	0	↓	↓	↓

（3）由状态转换真值表得到状态图。

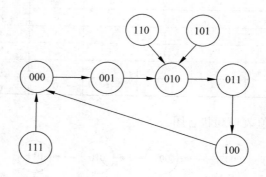

（4）由状态图可知，该电路是一个异步五进制加法计数器。

11. **解**：（1）根据题意，画出状态图。

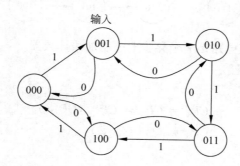

（2）根据状态图，由现态到次态的变化，确定 JK 触发器激励信号的值，列出状态转换真值表。

C	Q_2^n	Q_1^n	Q_0^n	Q_2^{n+1}	Q_1^{n+1}	Q_0^{n+1}	J_2	K_2	J_1	K_1	J_0	K_0
0	0	0	0	1	0	0	1	d	0	d	0	d
0	0	0	1	0	0	0	0	d	0	d	d	1
0	0	1	0	0	0	1	0	d	d	1	1	d
0	0	1	1	0	1	0	0	d	d	0	d	1
0	1	0	0	0	1	1	d	1	1	d	1	d
1	0	0	0	0	0	1	0	d	0	d	1	d
1	0	0	1	0	1	0	0	d	1	d	d	1
1	0	1	0	0	1	1	0	d	d	0	1	d
1	0	1	1	1	0	0	1	d	d	1	d	1
1	1	0	0	0	0	0	d	1	0	d	0	d

（3）由状态真值表，画出激励输入卡诺图，可以求出激励方程。

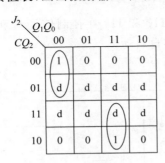
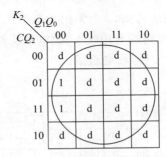

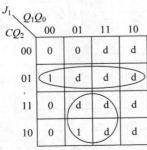

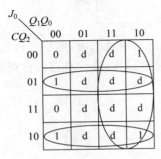
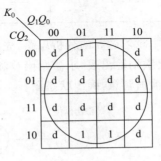

$$J_2 = \overline{C}\,\overline{Q_1}\,\overline{Q_0} + CQ_1Q_0, \quad K_2 = 1;$$

$$J_1 = \overline{C}Q_2 + CQ_0, \quad K_1 = \overline{C}\overline{Q_0} + CQ_0;$$

$$J_0 = Q_1 + \overline{C}Q_2 + C\overline{Q_2}, \quad K_0 = 1$$

（4）检查电路能否自启动。

该电路有 3 个无用状态 101、110 和 111,在控制信号 C 和 CP 外部脉冲作用下,它们的次态如下面的无用状态表所示。

输　入	现　态	激　励　变　量			次　态
CP	$Q_2^n Q_1^n Q_0^n$	$J_2 K_2$	$J_1 K_1$	$J_0 K_0$	$Q_2^{n+1} Q_1^{n+1} Q_0^{n+1}$
0	101	01	10	11	010
0	110	01	11	11	001
0	111	01	10	11	010
1	101	01	11	01	010
1	110	01	00	11	011
1	111	11	11	11	000

通过无用状态表可知,3 个无用状态 101、110 和 111 在控制信号 C 和 CP 外部脉冲作用下,都能够回到电路的有用状态,故电路能够自启动。

（5）根据激励方程,画电路图。

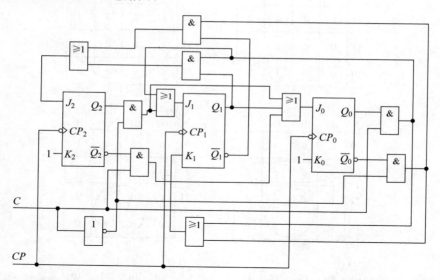

12. **解**：参考本章习题 5 的分析思路,先画出原始状态图,然后进行化简和状态编码,根据最简状态表列出激励输出表,求激励函数和输出函数,进行自启动检查后,画出电路图。

13. **解**：（1）根据题意,画出状态图。

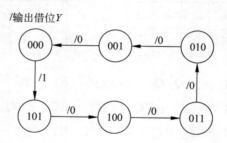

（2）根据状态图中现态到次态的变化,确定 JK 触发器激励信号的值,列出状态转换真值表。

Q_2^n	Q_1^n	Q_0^n	Q_2^{n+1}	Q_1^{n+1}	Q_0^{n+1}	J_2	K_2	J_1	K_1	J_0	K_0	Y
0	0	0	1	0	1	1	d	0	d	1	d	1
0	0	1	0	0	0	0	d	0	d	d	1	0
0	1	0	0	0	1	0	d	d	1	1	d	0
0	1	1	0	1	0	0	d	d	0	d	1	0
1	0	0	0	0	1	d	1	0	d	1	d	0
1	0	1	1	0	0	d	0	0	d	d	1	0

（3）根据状态表,画激励函数和输出函数的卡诺图,求激励函数和输出函数。

$J_2 = \overline{Q_1}\,\overline{Q_0}$,　$K_2 = \overline{Q_0}$;　$J_1 = Q_2\,\overline{Q_0}$,　$K_1 = \overline{Q_0}$,　$J_0 = K_0 = 1$;　$Y = \overline{Q_2}\,\overline{Q_1}\,\overline{Q_0}$

（4）根据激励函数,列出无用状态转换表,检查电路自启动能力。

无用现态	无用现态对应的次态	输出 Y
110	001	0
111	110	0

由上表可知,在时钟脉冲作用下,电路的两个无用状态都能够回到有用状态,而且输出没有错误,故该电路能够自启动。

（5）根据激励方程和输出方程,画电路图。

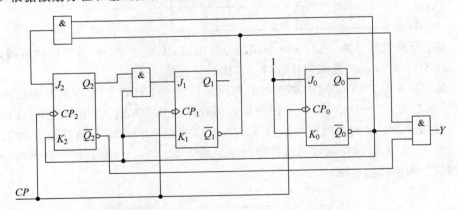

14.　**解**:（1）根据题意,画状态图。

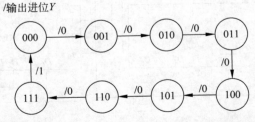

（2）根据状态图中现态到次态的变化,确定 D 触发器激励信号的值,列出状态转换真值表。

Q_2^n	Q_1^n	Q_0^n	Q_2^{n+1}	Q_1^{n+1}	Q_0^{n+1}	D_2	D_1	D_0	Y
0	0	0	0	0	1	0	0	1	0
0	0	1	0	1	0	0	1	0	0
0	1	0	0	1	1	0	1	1	0
0	1	1	1	0	0	1	0	0	0
1	0	0	1	0	1	1	0	1	0
1	0	1	1	1	0	1	1	0	0
1	1	0	1	1	1	1	1	1	0
1	1	1	0	0	0	0	0	0	1

（3）根据状态表，画出激励函数和输出函数的卡诺图，求激励函数和输出函数。

$$D_2 = Q_2 \overline{Q_0} + \overline{Q_2} Q_1 Q_0 + Q_2 \overline{Q_1}; \quad D_1 = \overline{Q_1} Q_0 + Q_1 \overline{Q_0}; \quad D_0 = \overline{Q_0};$$
$$Y = Q_2 Q_1 Q_0$$

（4）根据激励方程和输出方程，画电路图。

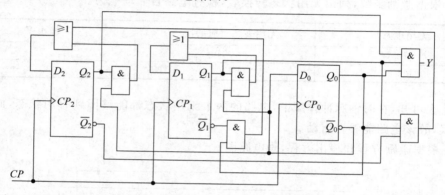

15. **解**：分频也是计数，进行100分频的分频电路，也是一个100进制的计数器，故此题就是用74LS160构成100进制的计数器。具体设计省略。

16. **解**：参考图5-49，实现电路图如下图所示。让74LS160工作在五进制加法计数器状态，计数状态为 000→001→010→011→100，同时计数到100时，借助复位端，让计数器重新从000开始计数。要构成的序列信号 11010 对应加到74LS151的数据输入端 $D_0 \sim D_4$。计数器的 $Q_2 \sim Q_0$ 输出端控制数据选择器的地址输入端 $A_2 \sim A_0$，则数据选择器的输出端 Y 就是序列信号的串行输出端。

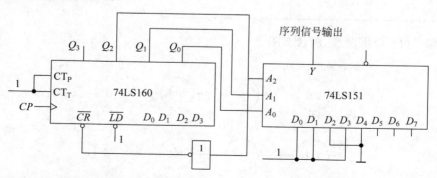

17. **解**：本题灯亮时间均可借助时钟脉冲进行定时，假定同步时钟 CP 的频率为1Hz，则一个 CP 周期就是1s，设定定时输入信号为 T。支干道有车输入信号为 X，$X=1$ 表示有

车通过,否则 $X=0$。

GA、RA 和 YA 表示主干道绿灯、红灯和黄灯,GB、RB 和 YB 表示支干道绿灯、红灯和黄灯。灯亮用 1 表示,灯灭用 0 表示。

平时为主干道绿灯亮、支干道红灯亮的状态。我们把这个状态设定为初始状态,用 S_0 表示。在 S_0 状态下,如果输入 $X=1$ 且 $T>60s$,则进入状态 S_1,否则仍然为 S_0 状态。S_1 状态表示主干道黄灯亮,支干道红灯亮。S_1 状态下,如果延迟时间不到 5s,继续回到 S_1 状态,如果到了 5s,就进入 S_2 状态,S_2 状态表示主干道红灯亮,支干道绿灯亮。S_2 状态下如果延迟时间不到 30s,就继续回到 S_2 状态,如果延迟时间达到 30s,则进入 S_3 状态,S_3 状态表示主干道红灯亮,支干道黄灯亮。S_3 状态下,经过 5s 延迟,如果 5s 延迟不到,则继续回到 S_3 状态;否则,回到电路的初始状态 S_0。

状态转换流程如下图所示。

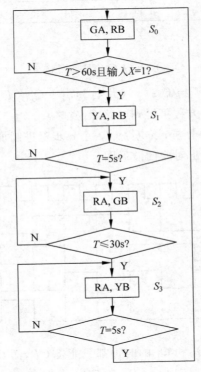

根据状态流程图建立原始状态图。

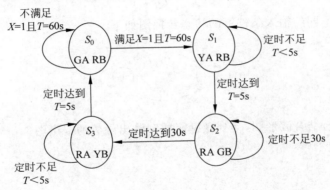

设状态图中的 4 个状态的编码分别为 00,01,10,11,输入信号为 X 和定时时间为 T。如果选 D 触发器,则可得到电路的激励输出表。

输入条件	$Q_1^n Q_0^n$	$Q_1^{n+1} Q_0^{n+1}$	$D_1 D_0$
不满足 $X=1$ 且 $T=60\text{s}$	00	00	00
满足 $X=1$ 且 $T=60\text{s}$	00	01	01
$T<5\text{s}$	01	01	01
$T=5\text{s}$	01	10	10
$T<30\text{s}$	10	10	10
$T=30\text{s}$	10	11	11
$T<5\text{s}$	11	11	11
$T=5\text{s}$	11	00	00

由上表可得到如下方程。

$$D_1 = \overline{Q_1}Q_0(T=5\text{s}) + Q_1\,\overline{Q_0} + Q_1 Q_0(T<5\text{s})$$

$$D_0 = \overline{Q_1}[(X=1 \text{ 且 } T=60\text{s}) + (T<5\text{s})] + Q_1[(T=30\text{s}) + (T<5\text{s})]$$

两个触发器同步工作,由方程可得到电路图(省略)。

18. **解**:参照异步电路的分析,该电路是一个异步五进制加法计数器。

19. **解**:(1) 由状态图画出对应的波形图。

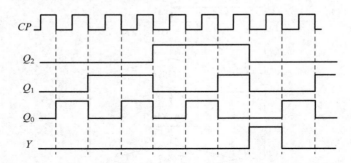

(2) 由波形图可以看到,Q_0 和 Q_1 的时钟都只能是 CP,而 Q_2 的时钟可以选择 Q_1,即

$$CP_0 = CP_1 = CP \quad (CP \downarrow)$$

$$CP_2 = Q_1 \quad (Q_1 \downarrow)$$

JK 触发器在不同的输入条件下的状态转换图如下。

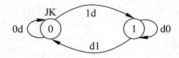

根据时钟方程,结合波形图,得到激励函数和输出函数的卡诺图。

J_0K_0

Q_2 \ Q_1Q_0	00	01	11	10
0	1d	d1	d1	1d
1	1d	d1	dd	0d

$$CP_0=CP \qquad J_0=\overline{Q}_1+\overline{Q}_2,\ K_0=1$$

J_1K_1

Q_2 \ Q_1Q_0	00	01	11	10
0	0d	1d	d1	d0
1	0d	1d	dd	d1

$$CP_1=CP \qquad J_1=Q_0,\ K_0=Q_2+Q_0$$

J_2K_2

Q_2 \ Q_1Q_0	00	01	11	10
0	dd	dd	1d	dd
1	dd	dd	dd	d1

$$CP_2=Q_1,(Q_1\downarrow) \qquad J_2=K_2=1$$
$$Y=Q_2Q_1\overline{Q}_0$$

（3）根据方程，画出电路图（略）。

20．**解**：（1）建立异步十进制加法计数器的原始状态图。

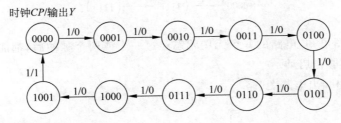

由状态图画出对应的波形图。

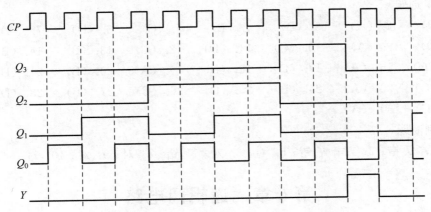

（2）由波形图可以看到：

$$CP_0 = CP,(CP\downarrow);\quad CP_1 = CP_0,(CP_0\downarrow);$$
$$CP_2 = CP_1,(CP_1\downarrow);\quad CP_3 = Q_0,(Q_0\downarrow)$$

假设选定 JK 触发器实现该计数器，则根据时钟方程，结合波形图，得到激励函数和输

出函数的卡诺图。(参考题19,此处省略求解过程)

得到的激励函数表达式为 $J_0=K_0=1,J_1=\overline{Q_3},K_1=1,J_2=Q_0,K_2=Q_0,J_3=Q_2Q_1,K_3=1$。

输出函数为 $Y=Q_3Q_0$。

(3) 检查电路的自启动能力。

无用状态 1010~1111 的检查表如下。

$Q_3^n Q_2^n Q_1^n Q_0^n$	J_3K_3	J_2K_2	J_1K_1	J_0K_0	CP_3	CP_2	CP_1	CP_0	$Q_3^{n+1} Q_2^{n+1} Q_1^{n+1} Q_0^{n+1}$
1010	dd	dd	dd	11	1	0	1	↓	1011
1011	01	11	01	11	↓	↓	↓	↓	0100
1100	dd	dd	dd	11	1	1	0	↓	1101
1101	01	dd	01	11	↓	1	↓	↓	0100
1110	dd	dd	dd	11	1	1	1	↓	1111
1111	11	11	11	11	↓	↓	↓	↓	0000

根据检查表作无用状态转换图。

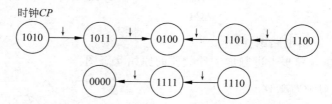

由无用状态图可知,电路的 6 个无用状态经过一个或两个脉冲后,都能回到电路的有用状态中,故电路能够自启动。

(4) 根据方程画出电路图(略)。

自测题答案:

一、单选题

1.(B)　　2.(A)　　3.(B)　　4.(B)　　5.(C)　　6.(D)　　7.(A)

8.(D)　　9.(A)　　10.(C)　　11.(D)　　12.(C)　　13.(B)　　14.(B)

15.(A)　　16.(A)　　17.(D)　　18.(B)　　19.(A)　　20.(B)　　21.(D)

22.(C)　　23.(A)　　24.(B)　　25.(D)　　26.(C)　　27.(B)　　28.(D)

29.(C)　　30.(A)

二、判断题

1. 错;2. 错;3. 对;4. 错;5. 对;6. 对;7. 错;8. 对;9. 对;10. 对。

第 6 章　逻辑门电路

习题答案:

1. **答**:半导体具有掺杂特性、热敏特性和光敏特性。

2. **答**:二极管外加反向电压时处于截止状态;外加正向电压时处于饱和/导通状态。

这一特点满足作为开关的特性要求。

3. **答**：当构成三极管内部的两个 PN 结处于不同的导通或截止状态时，三极管的工作状态不同，电路所起的作用也不同。如下表所示。当发射结正向偏置，集电结反向偏置时，三极管工作在放大状态，这时电路具有放大作用。当两个结都正向偏置时，三极管处于饱和导通状态。当两个结都反向偏置时，三极管处于截止状态。当发射结反向偏置，集电结正向偏置时，三极管工作在倒置状态。

三极管的 4 种工作状态

发　射　结	集　电　结	三极管的工作状态	说　　明
正向偏置	反向偏置	放大	具有放大作用
正向偏置	正向偏置	饱和	近似看作 3 个电极短路
反向偏置	反向偏置	截止	近似看作 3 个电极断路
反向偏置	正向偏置	倒置运用	

4. **答**：三态输出与非门中，当使能端信号有效时，电路完成正常的与非门功能；当使能端信号无效时，输出端对地呈现高阻状态。

几个三态门的控制端不能连在一起集中控制，多路数据通过三态门共享总线时，必须通过不同门的控制端实现数据的分时传送，即每一时刻只能有一个三态门的控制端有效。

5. **解**：电路的输出 $Z = \overline{ABC} + \overline{\overline{A}\,\overline{B}\,\overline{C}}$。

输入对应的输出波形如下。

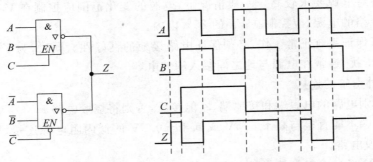

6. **答**：与 TTL 门电路相比，CMOS 门电路有静态功耗低、抗干扰能力强、工作稳定性好、开关速度较高等优点，但其制作工艺相对复杂、成本偏高。

使用 CMOS 门电路时，应该注意以下几个规则。

(1) 电源规则：电源极性不能接反；电源电压应保持在最大极限电压范围内。

(2) 输入规则：多余输入端禁止悬空。通常，多余的与输入端接 V_{DD} 或高电平，多余的或输入端接 V_{SS} 或低电平，也可以通过电阻接地。

(3) 输出规则：除具有 OD 结构和三态输出结构的门电路外，禁止并联使用输出端。禁止输出端直接与 V_{DD} 或 V_{SS} 连接。

7. **答**：TTL 门电路的输入端对地悬空时，相当于接高电平。但悬空时，容易使电路受到外界干扰而产生错误动作。

因此，TTL 与门、与非门电路的多余输入端通常采取接一个固定高电平（如接电源 V_{CC}）的做法。

TTL 或门、或非门电路的多余输入端不能悬空，应采取直接接地的办法，以保证电路逻辑的正确性。

8. **答**：TTL 与非门的输出端不能直接连在一起使用，否则会破坏输出端正常范围的电平值，出现逻辑错误。

OC 门是一种集电极开路门，几个 OC 门的输出端直接连接在一起，构成一个公共输出端。只要有一个 OC 门的输出为低电平，那么公共输出端就会被拉低到地上，输出低电平。当所有 OC 门都输出高电平时，公共输出端的电平取决于外部上拉电阻的电源，即此时输出为高电平。因此，利用 OC 门的这个特性，可以实现多个 OC 门输出信号的线与逻辑运算。

9. **答**：OC 门是一种集电极开路门，几个 OC 门的输出端可以直接连接在一起，构成一个公共输出端，用于实现输出信号的线与逻辑运算。

OC 门的特点及使用时需要注意的问题如下。

(1) 门必须外接上拉电阻 R_L 才能正常工作。

(2) 多个 OC 门的输出可连接在一起构成"线与"逻辑。

(3) 若改变上拉电阻连接的电源，可实现电平转换。

10. **答**：OD 门就是 CMOS 漏极开路输出门（Open Drain Gate），它和 OC 门一样，可以实现"线与"逻辑，正常工作时也必须外接上拉电阻。同时，通过改变上拉电阻所接的电源也可实现电平转换。

11. **答**：使用 TTL 门电路时，需注意以下事项。

(1) 电源和地。

TTL 电路对电源要求较高。一般情况下，电源的变化范围应控制在 V_{CC}（5V）的 10%以内，对要求严格的电源，应控制在 V_{CC} 的 25%以内。

另外，为了保证系统正常工作，必须保证电路接地的良好性。同时，为了降低动态尖峰电流对系统的干扰，通常在电源与地之间接入滤波电容。

(2) 电路外引端的连接。

① 正确辨别电路的电源端和接地端，不能接反，否则将烧毁电路。

② 各输入端不能直接与高于 5.5V 或低于 −0.5V 的低内阻电源连接，否则会产生较大的电流而烧毁电路。

③ 输出端应通过电阻与低内阻电源连接。

④ 输出端接有较大容性负载时，应串入电阻，防止电路在接通瞬间产生较大冲击电流而损坏电路。

⑤ 除具有 OC 结构和三态结构的电路外，不允许并联使用电路输出端。

(3) 多余输入端的处理。

TTL 门电路的输入端对地悬空时，相当于接高电平。但悬空时，容易使电路受到外界干扰而产生错误动作。

因此，TTL 与门、与非门电路的多余输入端通常采取接一个固定高电平（如接电源 V_{CC}）的做法。

TTL 或门、或非门电路的多余输入端不能悬空，应采取直接接地的办法，以保证电路逻辑的正确性。

另外，使用门电路时，还应注意功耗与散热问题。正常情况下，门电路功耗不能超过其最大功耗,否则将出现热失控而导致逻辑错误,甚至使集成电路损坏。

12. **解**：用与非门、异或门、或非门实现一个非门电路。

13. **解**：电路实现的功能如下面的表达式所示。

$$Z_1 = \overline{A+1} = 0$$
$$Z_2 = A \oplus 1 = \overline{A}$$
$$Z_3 = \overline{A+0} = \overline{A}$$
$$Z_4 = \overline{A\&1} = \overline{A}$$
$$Z_5 = A \oplus 0 = A$$
$$Z_6 = \overline{A\&0} = 1$$

自测题答案：

一、单选题

1. (C)　2. (D)　3. (A)　4. (B)　5. (D)　6. (D)　7. (A)
8. (C)　9. (D)　10. (B)　11. (A)　12. (B)　13. (C)　14. (A)
15. (B)　16. (C)　17. (D)　18. (C)　19. (A)　20. (A)　21. (B)
22. (C)　23. (A)　24. (C)　25. (A)　26. (D)　27. (B)　28. (D)
29. (A)　30. (D)

二、判断题

1. 对；2. 对；3. 对；4. 对；5. 错；6. 错；7. 对；8. 对；9. 错；10. 错。

第7章　半导体存储器与可编程器件

习题答案：

1. **答**：只读存储器(ROM)属于非易失性存储器,断电后保存在 ROM 中的数据仍能够长期保存。ROM 通常适合于不频繁写入数据的场合,如计算机和其他数字系统中的存储系统软件、应用程序、常数等信息都存放在 ROM 中。

随机存取存储器(RAM)是一种读写方便、使用灵活的随机读写存储器。但是,一旦掉电,存储的信息就会丢失。RAM 适用于数据需要随时读写的工作环境,如计算机里的内存条、显卡的显存就是典型的 RAM。RAM 具有随机存取、易失性、高访问速度、需要刷新、对静电敏感等特点。

ROM 的种类很多,根据 ROM 存储信息的方式不同,可分为掩膜 ROM、可编程 ROM

（PROM ）、可擦除的可编程 ROM（紫外光擦除的 EPROM、电可改写的 EEPROM 和 FLASH ROM）。

RAM 根据原理的不同，分为静态随机存取存储器（Static RAM，SRAM）和动态随机存取存储器（Dynamic RAM，DRAM）两种。按照集成电路器件的不同，RAM 又分为双极型和 MOS 型两种。

2. 答：目前使用的 PLD 产品主要有：

① 现场可编程逻辑阵列（Field Programmable Logic Array，FPLA）。

② 可编程阵列逻辑（Programmable Array Logic，PAL）。

③ 通用阵列逻辑（Generic Array Logic，GAL）。

④ 可擦除的可编程逻辑器件（Erasable Programmable Logic Device，EPLD）。

⑤ 现场可编程门阵列（Field Programmable Gate Array，FPGA）。

3. 解：$Z_1 = \overline{A}\overline{B}D + A\overline{B}\overline{D} + A\overline{B}D + AB\overline{D}$，$Z_2 = \overline{A}BD + A\overline{B}D + ABD$。

4. 解：

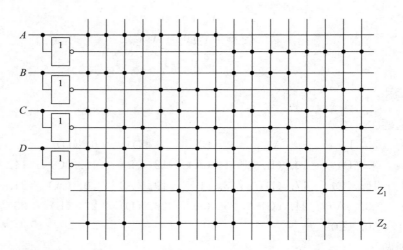

5. 答：可编程逻辑阵列（Programmable Array Logic，PAL）属于可编程逻辑器件的早期产品，由一个可编程的"与"逻辑阵列和一个固定的"或"逻辑阵列构成。PAL 器件是现场可编程的，它的实现工艺有反熔丝技术、EPROM 技术和 EEPROM 技术。

PLA 也是由一个"与"逻辑阵列和一个"或"逻辑阵列构成的，但是，这两个阵列的连接关系是可编程的。PLA 器件既有现场可编程的，也有掩膜可编程的。

两者在结构上最大的区别就在于"或"逻辑阵列，PAL 中是固定的，而 PLA 中是可编程的。

6. 答：CPLD 的基本结构由可编程逻辑宏单元、可编程 I/O 控制模块、可编程内部连线三部分组成的。FPGA 是由许多独立的可编程逻辑模块组成的，用户可以通过编程将模块连接起来实现不同的设计，它集成度更高、逻辑功能更强、设计更加灵活。

CPLD 和 FPGA 相比，主要有以下区别。

(1) CPLD 更适合完成各种算法和组合逻辑，FPGA 更适合完成时序逻辑。

(2) CPLD 的连续式布线结构决定了它的时序延迟是均匀的和可预测的，而 FPGA 的分段式布线结构决定了其延迟的不可预测性。

（3）在编程上，FPGA 比 CPLD 具有更大的灵活性。CPLD 通过修改具有固定内连电路的逻辑功能编程，FPGA 主要通过改变内部连线的布线编程，FPGA 可在逻辑门下编程，而 CPLD 是在逻辑块下编程。

（4）FPGA 的集成度比 CPLD 高，具有更复杂的布线结构和逻辑实现。

（5）CPLD 比 FPGA 使用起来更方便。CPLD 的编程采用 E2PROM 或 FASTFLASH技术，无须外部存储器芯片，使用简单。FPGA 的编程信息须存放在外部存储器上，使用方法复杂。

（6）CPLD 的速度比 FPGA 快，并且具有较大的时间可预测性。

（7）CPLD 保密性好，FPGA 保密性差。

（8）一般情况下，CPLD 的功耗要比 FPGA 大，且集成度越高越明显。

（9）与 FPGA 相比，CPLD 的 I/O 更多，尺寸更小。

7. **解**：（1）各 JK 触发器的激励方程为

$$J_0 = Q_2 Q_1 + \overline{Q_2}\,\overline{Q_1}, \quad K_0 = \overline{Q_2} Q_1, \quad J_1 = \overline{Q_2} Q_0 + Q_2 \overline{Q_0},$$
$$K_1 = Q_2 Q_0, \quad J_2 = Q_1 \overline{Q_0}, \quad K_2 = \overline{Q_1} Q_0$$

（2）由激励方程可以求出电路的状态方程。

$$Q_0^{n+1} = J_0 \overline{Q_0^n} + \overline{K_0} Q_0^n = Q_2 Q_1 \overline{Q_0^n} + \overline{Q_2}\,\overline{Q_1}\,\overline{Q_0^n} + \overline{\overline{Q_2} Q_1} Q_0^n = \sum m(0,1,5,6,7)$$

$$Q_1^{n+1} = J_1 \overline{Q_1^n} + \overline{K_1} Q_1^n = \overline{Q_2} Q_1 + \overline{Q_2} Q_0 + Q_2 \overline{Q_0} + Q_1 \overline{Q_0} = \sum m(1,2,3,4,6)$$

$$Q_2^{n+1} = J_2 \overline{Q_2^n} + \overline{K_2} Q_2^n = \overline{Q_2^n} Q_1 \overline{Q_0} + Q_2^n \overline{\overline{Q_1} Q_0} = \sum m(2,4,6,7)$$

由状态方程可以得到电路的状态转换表。

Q_2^n	Q_1^n	Q_0^n	Q_2^{n+1}	Q_1^{n+1}	Q_0^{n+1}
0	0	0	0	0	1
0	0	1	0	1	1
0	1	0	1	1	0
0	1	1	0	1	0
1	0	0	1	1	0
1	0	1	0	0	1
1	1	0	1	1	1
1	1	1	1	0	1

状态转换图如下。

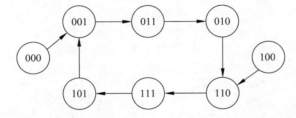

电路有两个无用状态 000 和 100，它们在 CP 作用下分别回到电路的有用状态 001 和110，故电路可以自启动。

自测题答案：

一、单选题

1.（C）　　2.（A）　　3.（C）　　4.（A）　　5.（D）　　6.（A）　　7.（B）

8.（A）　　9.（C）　　10.（D）　　11.（C）　　12.（C）　　13.（C）　　14.（C）

15.（D）　　16.（A）　　17.（B）　　18.（B）　　19.（A）　　20.（D）　　21.（C）

22.（A）　　23.（D）　　24.（A）　　25.（B）　　26.（B）　　27.（D）　　28.（C）

29.（D）　　30.（A）

二、判断题

1. 错；2. 对；3. 错；4. 错；5. 错；6. 错；7. 对；8. 对；9. 对；10. 错。

参 考 文 献

[1] 康华光. 电子技术基础——数字部分[M]. 北京：高等教育出版社, 2008.

[2] 张锡赓. 数字电子技术要点与题解[M]. 西安：西安交通大学出版社, 2006.

[3] 程云长. 可编程逻辑器件与 VHDL 语言[M]. 北京：科学出版社, 2005.

[4] 谢生斌. 数字电路与逻辑设计[M]. 北京：清华大学出版社, 2004.

[5] M Morris Mano, Charles R Kime. Logic and Computer Design Fundamentals [M]. Pearson Education, 2002.

[6] Thomas L Floyd. 数字电子技术[M]. 10 版. 北京：电子工业出版社, 2014.

[7] 王茜. 数字逻辑[M]. 北京：人民邮电出版社, 2011.

[8] 白中英. 数字逻辑[M]. 北京：科学出版社, 2016.

[9] 徐维. 数字电子技术与逻辑设计[M]. 3 版. 北京：中国电力出版社, 2013.

[10] 江维. 数字逻辑[M]. 北京：机械工业出版社, 2017.

图书资源支持

感谢您一直以来对清华版图书的支持和爱护。为了配合本书的使用，本书提供配套的资源，有需求的读者请扫描下方的"书圈"微信公众号二维码，在图书专区下载，也可以拨打电话或发送电子邮件咨询。

如果您在使用本书的过程中遇到了什么问题，或者有相关图书出版计划，也请您发邮件告诉我们，以便我们更好地为您服务。

我们的联系方式：

地　　址：北京市海淀区双清路学研大厦 A 座 701

邮　　编：100084

电　　话：010-83470236　010-83470237

资源下载：http://www.tup.com.cn

客服邮箱：tupjsj@vip.163.com

QQ：2301891038（请写明您的单位和姓名）

资源下载、样书申请

书圈

扫一扫，获取最新目录

课程直播

用微信扫一扫右边的二维码，即可关注清华大学出版社公众号"书圈"。